光明的追求

從獸脂、蠟燭、鯨油、煤氣到輸電網，點亮第一盞燈到人類輝煌文明的萬年演進史

珍・布羅克斯——著　田菡——譯

Brilliant

The Evolution of Artificial Light

by

Jane Brox

臉譜書房 FS0114

光明的追求

從獸脂、蠟燭、鯨油、煤氣到輸電網，點亮第一盞燈到人類輝煌文明的萬年演進史

Brilliant: The Evolution of Artificial Light

作　　者　珍・布羅克斯（Jane Brox）
譯　　者　田菡
編輯總監　劉麗真
責任編輯　許舒涵
行銷企劃　陳彩玉、陳紫晴、薛綸
封面設計　謝佳穎

發 行 人　凃玉雲
總 經 理　陳逸瑛
出　　版　臉譜出版
城邦文化事業股份有限公司
臺北市中山區民生東路二段141號5樓
電話：886-2-25007696　傳真：886-2-25001952
發　　行　英屬蓋曼群島商家庭傳媒股份有限公司城邦分公司
臺北市中山區民生東路二段141號11樓
客服專線：886-2-25007718；2500-7719
24小時傳真專線：886-2-25001990；25001991
服務時間：週一至週五上午09:30-12:00；下午13:30-17:00
劃撥帳號：19863813　戶名：書虫股份有限公司
讀者服務信箱：service@readingclub.com.tw
城邦網址：http://www.cite.com.tw
香港發行所　城邦（香港）出版集團有限公司
香港灣仔駱克道193號東超商業中心1樓
電話：852-25086231或25086217　傳真：852-25789337
電子信箱：citehk@biznetvigator.com
新馬發行所　城邦（新、馬）出版集團
Cite（M）Sdn. Bhd.（458372U）
41, Jalan Radin Anum, Bandar Baru Sri Petaling,
57000 Kuala Lumpur, MalaysFia.
電話：603-90578822　傳真：603-90576622
讀者服務信箱：services@cite.com.my
一版一刷　2020年5月

城邦讀書花園
www.cite.com.tw

ISBN 978-986-235-835-1
售價　NT$ 420

國家圖書館出版品預行編目資料

光明的追求：從獸脂、蠟燭、鯨油、煤氣到輸電網，點亮第一盞燈到人類輝煌文明的萬年演進史／珍・布羅克斯(Jane Brox)作；田菡譯. 一版. 臺北市：臉譜，城邦文化出版；家庭傳媒城邦分公司發行, 2020.05

面；公分.（臉譜書房；FS0114）

譯自：Brilliant: The Evolution of Artificial Light

ISBN 978-986-235-835-1（平裝）

1.照明　2.歷史

448.509　　109004888

獻給

戴恩・厄米（Deanne Urmy）

和

約翰・畢斯比（John Bisbee）

第九章　尼加拉大瀑布：長距離之光……153

第三部

第四部

序 從太空看到的夜晚地球

五百年前，如果你能從上空往下看到地球，那麼城市、鄉鎮和村莊看起來幾乎和橡樹林一般黑暗。傍晚早些時候，或許會有一絲光線透出門口和窗縫，也或許有幾盞燈籠漂浮在巷弄中，但沒有路燈照亮四周。屋裡，蠟燭和燈具沒有比古羅馬時期的照明明亮多少，頂多能夠照亮一碗粥、一本書，或一塊需要縫補的袖子。如果有人取線穿針或長嘆一聲，火焰會隨之一顫，連同陰影也一顫，然後，一切又回到常軌。這種小小的光源很珍貴，只能盡量省著用，人們在熄滅爐火後的晚上大部分時間，都躺在屋子裡花大把的時間睡覺和做夢。如果他們有機會在一個晴朗且無月光的夜晚走出習以為常的黑暗室內，仰望天空，會發覺滿天繁星，真的到了「天衣無縫」[1]地步。

而現在我們的夜晚被內外包夾、持續不懈的光給淹沒了，證據也顯示我們的光比人類走得更遠，能深入太空。在一張從太空所看到夜間的地球地圖上[2]（是用新月之夜拍攝到的衛星照片合成），光源在陸地上一簇簇地綻放輝耀，如同酵母菌生長在溫熱的糖水之中。從城市中心的熾亮，逐漸往郊區遞減，界定出土地的邊緣，但光從未消失。在整個美國和西歐，光源自高速公路和河流向內陸延伸，點綴山麓、高原、草原，只在山區和沙漠中減弱。甚至電力網路以外的許多地方——亞洲、南美洲和非洲的深處——也綴滿了點點光亮。地圖上最璀燦亮眼的地方對應著繁榮興盛的景況，而非人口密度，目前，美國東部沿海地區比中國和印度的任何地方都要光亮，只有部分海洋和極地看上去全然黑暗。

這裡要說的，是只有幾個世紀歷史的光源演進故事，關於技術和權力，也關於政治、不公與階級：有錢有權的人總是最先獲得新式光源，也總是比其他人擁有更多的光源。但光源的故事也關於恆常與神祕，關於美、光彩和暗影，關於現在仍使用著幾個世紀以來的傳統光源的人。即使在現代社會中，舊形式的光源仍然存在，但獲得了新的意義：一直以來，明火——由手勢動作而生，經吹氣而滅——不只是一種實用的工具，也掌有幫助我們觀看、解放我們想像力的力量，是我們創造、思考和夢想之源。「我們幾乎可以確定，火是第一個客體，也是人類思維所**深思的第一個現象**。」[3] 加斯東·巴舍拉（**Gaston Bachelard**）寫道。

本書的故事在於光的實用性和美感，在於光的演進如何改變了生活，它令一天中多出了更多的工作時間，「夜幕」不再難以穿透、夜晚不再空寂，光創造出可以愜意遨遊和盡情利用的夜晚。而為人類精神生活提供了更多的時間——這又代表什麼樣的意義？財富和特權如何形塑這些時間？對延續著舊有形式、不採用新光源的人有什麼影響？我們的身體和心智是否適應了難以感受光陰流動的每一天、也看不到星星的世界？對美洲獅、赤蠵龜和蒼耳（**cocklebur**s）來說，牠們受到哪些影響？把油燈拋諸腦後，眼前盡是電力網路的現下，我們對光的思考方式有什麼改變？理解過去適應嶄新光源的方式，有助於啟發和照亮我們的未來嗎？

參考文獻：

1 Anton Chekhov, "Easter Eve," in *The Bishop and Other Stories,* trans. Constance Garnett (New York: Ecco Press, 1985), p. 49.

2 地圖出處：John Weier, "Bright Lights, Big City," http://earthobservatory.nasa.gov Study/Lights. See also http://visibleearth.nasa.gov (both accessed April 5, 2007).

3 Gaston Bachelard, *The Psychoanalysis of Fire,* trans. Alan C. Ross (Boston: Beacon Press, 1968), p. 55.

第一部

燃燒而逝的時光……

加斯東・巴舍拉／《燭之光》（*The Flame of a Candle*）

Gaston Bachelard, *The Flame of a Candle*, trans.Joni Caldwell (Dallas: Dallas Institute Publications, 1988), p. 69

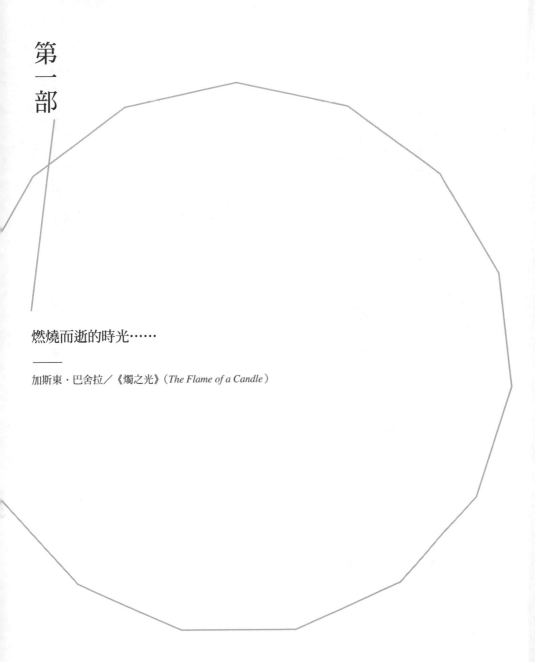

第一章 拉斯科壁畫：第一盞燈

儘管火在柴薪上點燃、壁爐中熊熊燃燒已有五十萬年歷史，但我們所知的最早石燈（由更新世〔Pleistocene〕冰河時期的人類所製造），卻才出現不到四萬年。它悄然的火光比我們的燭光更微弱，但至少比火炬乾淨，便於使用和維持。這種石燈通常只是未經加工的石灰石平板，或是置放小塊動物脂肪的石灰石天然空洞——必須每小時補充一次油脂。有時石燈會經粗略雕鑿一番，將脂塊放置處打造出傾斜的側面，以便融化的脂肪能傾倒出來，而不會淹沒地衣、苔蘚、杜松子做成的燈芯。由於石灰石熱傳導不佳，因此不需要雕刻手柄，可以直接將燈捧在手中。若非上面有煤炭痕跡，石燈可能會被被誤認為小型的臼或磨石盤。

考古學家發現這些石頭燈倒在開放式爐灶附近，也出現在淺淺的岩棚下的烹飪工具和燧石附近。他們還從遠離人類棲居處的法國南部洞穴深處——現在著名的洞穴如拉穆泰洞窟（La Mouthe）和拉斯科洞窟（Lascaux）——中挖掘出石頭燈，畢竟這些地方有著冰河時期人類利用石頭燈光所創造出最美麗的事物。一萬八千年前，洞窟上方有畜群行經山谷向海岸平原前進，人類則挑戰進入日照到不了的深處——他們沿著洞窟裡的石廊作畫，圖畫曲折繞行過狹窄的地方——從記憶中汲取靈感，畫在石灰石牆壁和天花板上。有時候他們創作的範圍非人類高度所能及，人得站在架子或牆上突出的岩石上，才能用手或用浸過氧化錳和氧化鐵的毛刷作畫。更常見的情況是，作畫者口含顏料，直接用嘴噴，或吹過空心的骨頭往岩壁上噴顏料來作畫。濃厚的筆觸一點一點連成了動物明確的輪廓，而較為發散的噴霧則用來上動物腹部和背部的顏色。有些細節鮮明而細緻，有些地方較為籠統，比如用四道條紋代表著貓的頭；有時牆的輪廓恰好代表馬背；有時牆上的一個小突起可以化為一隻眼睛。這些壁畫藝術家知道一條腿要怎麼擺放，頭部要如何扭轉，才得以在作品中創造出視覺上的景深。

在拉斯科洞窟[1]裡，黑色和彩色的動物旋轉如渦旋，流向洞穴的最深處：奔騰的馬匹復馬匹，並行交疊；紅黑相間的駿騎，有時回身，有時滾地；有著各種馬的畫跡。還有黑色雄鹿：游泳的、摔落的雄鹿，或十三支分岔犄角的雄鹿。也有鹿和馬輪廓合而為一、用紅色顏料繪製的無頭馬。有兩頭野牛：一頭野牛的頭、一頭母牛的頭和角——又稱「天花板的紅色母牛」。有在「公牛廳」的一隻孤獨的公牛頭。還有「麝牛（Musk Ox）之壁」、「山羊之壁」、「貓之凹壁」。動物或受傷、或食草、或奔逃、或年幼。考古學家諾貝多．奧茹拉（Nobert Aujoula）說：「最重要的是，這個洞穴的圖像可謂一首生命的頌歌。」[2]人的一切確實都依賴畜群：從食物和衣服（骨頭雕刻出針和錐，肌腱提供了細線），到石燈中的油脂塊都是如此。

沒有證據顯示冰河時期的人們作畫的時候會用上更多的燈源，畢竟在洞窟內積聚二氧化碳——此為深層石灰岩洞內靜止的空氣中常見之事——連維持幾盞燈光的燃燒都無法。較可能的情況是，他們創作時始終只能看到自己作品的一小部分，其餘漸次隱沒在身後的黑暗或上方的陰影之中。法國考古學家蘇菲·德·伯恩（Sophie de Beaune）提到，「沿著一座五公尺長的穴壁，要呈現圖像的完整和準確的顏色感知效果的話，需要一百五十盞燈，每盞燈距離穴壁五十公分。」[3]所以，他們不可能像我們現代人一樣清楚看見自己畫上的紅色、黃色和黑色，這些得在不斷閃耀的電燈泡下，或是在長條橫幅及壁板上的彩色照片之中，才看得清楚。

為了到達拉斯科洞穴最深處的房室，一個人得先熄掉燈，利用扭結纖維做成的繩索將自己降到井底，然後在黑暗中重新點燃他的燈，才能在那裡畫出長毛犀牛（woolly rhinoceros）、半隻馬和憤怒的野牛。長矛刺穿了野牛，內臟從牠體側傾落而下。在牠前蹄下是拉斯科洞穴壁畫上唯一的人：瘦長而受傷的人俯臥著，戴著一個鳥形面具。而在他的下方——直到一九六〇年才發現——放置了一個由紅砂岩雕刻而成的勺形石燈。這座紅砂岩燈與其他石頭燈的不同之處，不只在於石頭的性質和形狀（必須要有手柄，因為砂岩熱傳導極佳，沒有手柄就無法拿起燈），它還別有一種精緻的美感：創作者打造了一個完美對稱的碗形，並打磨砂岩使其表面光滑，還用倒V形圖案刻於手柄上。或許這盞燈是用在儀式中，但我們無法完全知悉當初狀況，只能想像曾經有人握住它，舉起燈便看到牆上的動物從黑暗中顯現出來。一切都不斷地變動，沒有什麼是真正靜止的。陰影仍潛伏在洞穴裡；光線閃過蒼白突出的岩石時，動物彷彿揚起了蹄子，或舉起了頭。當一個形狀出現時，另一個形狀會褪去。一切在想像中徘徊。

光一直以來都是：點亮、燃燒到盡頭，然後又回到黑暗。經過了一些時間，燈具被塑造成貝殼的模樣，然後是形狀像貝殼或鞋子的陶器，設計也逐漸改良：有些陶燈上有著翻轉過來壺口，避免內容物溢出。而有些燈用布或繩芯水平放置在形狀像厚壺嘴的芯管內（靈感可能是來自螺管外形），有助油滲入燈芯和保持火焰穩定。古希臘羅馬時期的燈具有封閉的置燈處，可以保護油脂免受塵土或蠅蟲的汙染，而且使用上也安全一些，但火焰本身沒有玻璃罩防護。

我們認為，古羅馬人可能已經製作出第一支蜂蠟蠟燭。這種蠟燭可產生具有香氣、清晰且穩定的火焰，由於燃燒得十分均勻，還被用來將時間畫分出時制。公元九世紀的盎格魯-撒克遜國王阿佛烈大帝（Alfred the Great）希望「無分日夜，以善良的心靈向上帝獻上他的身體和心靈」[4]。為了在黑暗或陰雨天能準確得知時間，他下了指令，將相當於七十二便士重的蜂蠟製成了六根蠟燭，每根長十二吋。他需要防止氣流影響蠟燭的燃燒時間，因為「風的暴虐猛烈施加在燭火上……晝夜不停穿過教堂的門窗、木製品的縫隙和孔洞、牆上的許多裂縫和薄薄的帳幕」。為了保護蠟燭使其順利燃燒，阿佛烈大帝「下令打造一個用木頭和牛角製成的燈籠，當白色牛角刨成薄片時就如玻璃般清晰……而在這個裝置中會置入六支蠟燭，一個接一個連續燒二十四小時，不會太快也不會太慢。一組燒完後，下一組會繼續點燃」。

稀有而昂貴的蜂蠟長期以來只為羅馬天主教會和富人所獨享。多數人的照明得依賴從手邊的動物、魚或植物所榨出的油，例如海牛、短吻鱷、鯨魚、綿羊、閹牛、野牛、鹿、熊、椰子、棉籽、油菜籽和橄欖油——地中海特選的油。在英格蘭，來自家畜群的牛羊油脂蠟燭提供了主要的光源。最高品質的油脂蠟燭含有高比重的堅硬白色羊脂，而較軟的牛脂是品質較差的蠟燭。然而，窮人沒本錢挑剔油脂來源，任何家中可找到的油，都要將就用作光源燃料，他們的蠟燭通常是以夏末到秋季從沼澤採集來的燈芯草製作而成。製作這種蠟燭的工作通常交給兒童和老人，他們浸濕了燈芯草、剝去外皮，然後在陽光下曬乾髓心，再反覆蘸取融化的脂肪。燈芯草蠟燭的焰光嶙峋，「像拐杖的鬼魂一般，」查爾斯·狄更斯（Charles Dickens）寫道，「如果觸碰它，便會旋即折斷。」[5] 一支簡單的鐵鉗可幫忙燈芯草保持傾斜，因為燈芯草直立時會燃燒太快。而一個製作精良的二呎燈芯草燭大約一個小時會燒光。

光似乎可以從手邊任何活生生的東西取得：在西印度群島、加勒比海、日本和南海群島，當地人利用螢火蟲的光來照明，他們捕捉螢火蟲並保存在小籠子裡。南海島嶼上的居民則在竹子上串起油膩的油果（candlenuts）來製作火把，而溫哥華島上的居民用棍子叉著鮭魚乾來燒。還有謝德蘭群島（Shetland）居民會捕殺並儲存成千上萬隻風暴海燕（storm petrels）。這種海燕據說以聖彼得命名，因為它在水面上捕獵時像在水上行走，因為風暴海燕是海鳥，充滿能浮在水上的絕緣油脂。每當島民需要點一盞燈時，他們會將海燕屍體貼在陶土燈底座上，將一根燈芯穿過其喉嚨，然後就用來燃燒照明。

第一批美國殖民者在定居此地初期還沒有豢養牧群，但因為周遭有豐富的林地，所以經常使用松木結（又稱為「燭木」）來當成光源。松木結燃燒時煙很大，且會滴落瀝青，因此通常是放在壁爐的角落或石板上。而放在鐵鉗上的燃燒木屑可當作攜帶式光源。即使在殖民地開始養牧群後，較貧窮的人仍繼續使用燭木，而農村的家庭也是如此：「據說，對一個謹慎的新英格蘭農民來說，如果木棚裡沒有燭木，便無異於即將入冬時穀倉裡卻沒有乾草。」[6]

新英格蘭人有時會熬煮漿果，用楊梅的蠟質外層製作香味蠟燭。雖然他們一開始牧養羊群和牛群後就改用家畜的脂肪，但也利用鹿、駝鹿和熊的脂肪來製作蠟燭。哈里特．比徹．斯托（Harriet Beecher Stowe）提到婦女花了很長時間苦苦地蘸著蠟燭——「這是一項重任；是嚴肅的大事……甚至比洗衣日還要累上七倍。在廚房生起的火上要懸一個巨大的水壺，裡頭的油脂膏會快速溶成液體，放置蠟燭桿的框架擺在廚房另一頭，下面有一道木板可以接住滴落的蠟燭。」[7]天氣不能太溫暖，否則蠟燭的品質會受到影響。油脂塊必須「切得很小，才可以迅速溶解，在火上加熱了太長時間反而容易燒起來，變成黑色」[8]。燈芯不能太快浸泡到蠟之中，否則蠟燭會變得太脆。浸了三遍之後，「還要澆注與油脂等比例的水，將不純的顆粒沉澱到容器底部」。製作蠟燭的任務無法很快完成，「因為如果水濕透燭芯，會使蠟燭在燃燒時發出劈啪聲，蠟燭會變得不堪使用」。之後，蠟燭必須經過緩慢冷卻，否則可能會變得易裂。蠟燭在溫暖的天氣中會軟化，而且因為是由動物脂肪製成，時間一久，也會慢慢在貨架上變質。它們更須存放在老鼠無法接觸到的地方。

後來，婦女開始使用錫或鉛錫合金的模具來製作蠟燭，這項任務因而變得更簡單、快速，但仍舊很費時費力，因為一個農場婦人必須製作數百支蠟燭才能度過光線微薄的冬天。歷史學家馬歇爾．戴維森（Marshall Davidson）也提到，「就算是愛讀書的人也得吝惜燭光。」[9]在哈佛大學校長愛德華．霍利奧克（Edward Holyoke）牧師一七四三年的日記中，他寫到五月二十二日和五月二十三日他家總共製作了七十八磅重的蠟燭，但不到六個月後，他每天一行的日記會記下當天「蠟燭告罄」。

與現代的石蠟蠟燭不同，油脂蠟燭始終很難持續燃燒。油脂蠟燭會在溫暖的天氣中變軟，燃燒起來也不均勻，愈燒亮度還愈低，而且為了維持火焰的燃燒，還一直得要同時照顧好幾根蠟燭：每半小時必須剪燭花（也就是說，燒焦的燈芯要修剪掉）和重新點燃，以避免淌蠟。（淌蠟是由於熔化的蠟從蠟燭一側塌下，讓油脂燃燒不均勻，造成火焰閃爍。）氣流也會使火焰變形，或將其撲滅。而如果蠟燭沒有正確熄滅，會釋放出過多的煙霧和刺鼻的惡臭，這在富有的家庭中比較麻煩，因為同時可能會有許多蠟燭一起熄滅。強納森·史威夫特（Jonathan Swift）給了負責熄滅蠟燭的僕人詳盡的忠告：

> 你應完全照以下指示所說的熄滅蠟燭方法來做：可以對著壁板捻熄蠟燭末端，燭火便會立即熄滅；也可以把蠟燭放在地板上，用腳踩滅；可以把蠟燭顛倒過來，直到它被油脂浸滅；可以把蠟燭塞進燭台的底座中熄滅；可以用手轉蠟燭讓它熄滅；在你準備上床睡覺時，如廁後，可以將蠟燭末端浸入尿壺熄滅；可以吐口唾液在手指和拇指上，去捏熄蠟燭；廚師可以將蠟燭放入食盆中熄滅；馬夫可將蠟燭放入燕麥容器、乾草堆、或垃圾堆裡熄滅……但是所有方法中最快最好的方法就是呼口氣吹滅它，這會讓蠟燭保持乾淨，之後更容易點燃。[10]

至於燈具，即使用上品質最好的油脂，也需要經常清潔才能繼續使用。油脂很厚，在浸透燈芯（在貧窮的家庭中不過是塊碎布）時會出問題，所以燈芯須時不時提起來修剪掉。如果火焰缺乏燃料，會產生微弱、帶煙霧的光；而加入太多燃料也會產生煙霧。煙霧聞起來有動物騷味，莎士比亞稱之為「燭油臭」[11]。

在每個時代，可輕鬆獲得充足燃料供應的人，就能享受充足的光線——正如各地的富人能盡情揮霍蜂蠟，更能利用珍貴的鏡子來增強火光亮度，照耀家園和廳堂。「在法國路易十四的宮廷裡，沒有任何蠟燭需要重新點燃，宮廷仕女因而可以利用昂貴的燭蠟殘餘的末端大發利市，賺點外快，」歷史學家威廉．奧迪亞（William O'Dea）解釋道，「這似乎一直也是其他皇室的風俗。」[12]但是，對於那些購買蠟燭的人而言，花費過於高昂：「在十五世紀中期的圖爾（Tours），勞動者必須工作半天才足以賺到一磅蠟油。蠟真是無價之寶」[13]。

燈是一回事，點亮它又是另一回事——尤其在十九世紀安全火柴發明之前。最早的點火方法是透過在黃鐵礦上敲擊燧石、或是摩擦硬木和軟木以產生火花。後者得要生火者在地面或膝蓋間放著一個帶有鑽孔的硬木棒，然後將軟木棒插入其中一個孔洞，穩定地旋轉（在整天沒下雨的天氣只要旋轉不到一分鐘），直到磨擦產生足夠的熱讓木頭起火。一看到煙霧開始上升，就要把壓碎的乾樹葉扔在上面，然後用手掌以杯狀掩著冒煙處，在底下吹氣助長火焰燃燒。然後，生火者再把火源轉移到一小堆樹枝和樹葉上，最好先放在珍貴的乾燥枝葉上起火。據說德州卡朗卡哇（Karankawa）印第安人「總是隨身攜帶點火棍，並小心以一層層皮革覆上，用帶子捆綁，精巧地裝成一包，這樣就能令點火棍保持極度乾燥，而且一使用完，也會馬上包回去收著」[14]。

在十八世紀的歐洲點火並不容易。家家戶戶廚房裡的火種箱大概都備有打火鐵、燧石、火種（通常是碳化的麻布）。生火時要用燧石敲擊鐵，在碳化布料上點起火花，再放入更多的火種助燃，用風搧大火焰，如果天氣乾燥且光線充足，這會是件簡單快速的任務。然而，在「寒冷黑暗的早晨，一個人的手被凍得乾裂而麻木時，」某個不幸的人記錄道，「你可能會浪費很多時間用燧石摩擦自己的指關節，卻沒有發現自己在幹嘛。」[15]

火一經點著，會受到悉心保護，許多家庭總在壁爐中保留一些閃爍的餘燼。如果火勢轉弱，他們會派小孩子帶著桶子或鏟子到鄰居家取回滿滿的燒得正旺的煤炭來。《約翰遜傳》（*The Life of Samuel Johnson*）一書的作者詹姆斯．包斯威爾（James Boswell）這樣寫到一個人失去光的下場：

> 大約凌晨兩點，我無意中熄滅了自己的蠟燭，因為我的火是在這般黑暗和寒冷之前點著的，現在要如何點火變得十分困難。我輕手輕腳地下樓，走進廚房，但是，唉，那裡的火光跟冰冷的格陵蘭山脈中一樣稀少。火種箱本來旁邊有道光，每天早上可以利用它點燃火焰，但晚上就熄滅了。但我現在根本看不到這個火種箱，也不知道去哪裡尋找。我於是帶著滿腦子對恐怖夜晚的悲觀想法……回到自己的房間，靜靜坐著，直到聽到更夫叫著「三點到了」，於是我喚他前來我住處的門外等著，他照做，我打開門請他重新點燃家中的蠟燭，沒有發生任何危險。[16]

有時，就算少了一根蠟燭，也會造成致命後果。歷史學家珍妮．內蘭德爾（Jane Nylander）向我們揭示了一份文獻，其中寫說有個一七九六年六月下榻在紐黑文小酒館的「倒楣鬼，他『打算摸黑上床睡覺……卻打開了地窖門，而不是房門，於是摔下地窖，顱骨骨折，第二天一早就過世了』。」[17]

但是，明火引發火災的風險也一直存在。事實上，隨著城市發展，木造房屋漸趨密集，若碰上一盞被翻倒的燈、一點漂來的煤渣、一個拿著蠟燭的冒失孩子，後果就會不堪設想。一位十八世紀的作家說：「英格蘭人休息時，就跟睡在自己的火葬柴堆裡沒兩樣。」[18]

這種危險是在入夜後把小孩快快趕上床的好理由，但其實早睡更可能是出於經濟考量。在十九世紀的礦物油出現之前，所有的燃油也可食用。約翰．斯密頓（John Smeaton）提到英格蘭普利茅斯海岸附近的埃迪斯通燈塔（Eddystone Lighthouse）時說：「全國都該關注這個問題——燈塔管理員物資短少到甚至要食用蠟燭的地步。」[19]

最慘的情況是，有些人的光線來源只是他們的煮菜爐火，或是桌子中央點燃的一根蠟燭或一盞燈（在黑夜降臨之前也不太使用）。最貧困的人可能根本沒有光源可用：靠著一絲微光捱過一項工作、一個小時，度過整頓冬日的晚餐。單憑微弱的燈光，農民就可以修理器械、雕鑿新的斧柄，婦女也可以縫縫補補。但對於更精細的工作來說，這種光遠遠不夠。歷史學家羅傑．埃基希（Roger Ekirch）提到：「十三世紀法國一本《職業手冊》上面寫著，禁止金銀器工匠在天黑之後工作，因為『夜晚的光線不足以讓他們真正履行職務』。」[20]但是「黑暗」的定義往往不太精確：「從復活節到聖雷米節（Saint-Rémi），製革工人將日出和日落定為一個夏季工作天的區間，而冬季工作天，則是用『在當時的光線下能不能區分出圖爾的小硬幣和巴黎的小硬幣』來界定』。」[21]

在工作整天片刻不停的時代，夜晚的來臨可以限縮工時，大概還挺受人歡迎的。耶路撒冷的西里爾（Cyril of Jerusalem）說：「如果沒有黑暗帶來的喘息機會，主人不會讓僕人休息。白天的鎮日操勞後，我們總是靠著夜晚重振精神。」[22]然而，教會認為夜晚不僅是休息時間，還是祈禱的時間，是省思靈魂的時間。「智慧比夜晚更有益嗎？」耶路撒冷的西里爾問道，「我們的心靈什麼時候最適合聖詠和禱告？不正是晚上嗎？我們什麼時候常細思、細數自己的罪過？不也正是晚上嗎？」[23]除了休息和祈禱之外，在室內幽光之中，在那古老年代封閉擁擠的生活中，人們總算可以在自家內找到一點自由，因為黑暗提供了獨有的隱私：沒有人、事、物能被清楚看見。

儘管如此，人們仍然設法增強他們所擁有的微光。有時他們會藉由在火焰前放一個水瓶來聚焦和放大燈光。在歐洲的村莊，婦女傍晚時會聚集在一間小屋裡，環坐在水藍色（寒帶國家會使用雪水）的玻璃球所包圍的立燈周圍。據說，這種顏色可以緩和眩光。這種燈光雖然適合各種近距離的精細工作，仍被特別稱作「蕾絲工匠燈」。格特魯德．惠廷（Gertrude Whiting）解釋說，匠人聚集在一起，處於「一定的階序，最好的蕾絲匠人坐在最靠近燈具或蠟燭台的高凳子上。而所知大約能容納十八名工匠的座位中，外排的凳子和椅子較低，可以捕捉從燈檯上流瀉而下的光線。而按位置之分有不同階序的光就稱為一級、二級和三級光源」[24]。第三級光源如同幽靈一般：婦女面對著同伴背部，收集從她們頭頂或背影的間隙散落下來的光。這些光勉強能照亮手邊的工作。

所以天氣好的時候，看見女人坐在家門口，就著明亮的天光下縫補、製作蕾絲，這個景象就不奇怪了。雖然在十七世紀的阿姆斯特丹，大型窗戶讓室內有良好採光，把從前的人所看不見、躲在角落的灰塵都照得清清楚楚——主婦因而得更費力氣去打掃和擦洗——房間仍然被陰影占據。在維梅爾

（**Vermeer**）的《小小的街》（*The Little Street*）那幅畫中，白天透過玻璃窗瞥見的房屋內部看起來仍然昏暗，就算從敞開的門看進去也差不多。門口坐著一個戴著白色頭罩的女人，專注地縫著她腿上的白布。女子被刷白的牆框住，更外邊是幾個世紀以來砌好、破裂、又再修補好的堅固磚牆。堅固的高牆卻讓荷蘭街道看起來有如冰河時期的淺層岩棚——婦女會屈身用動物肌腱做的線、石頭和骨頭坐的針縫補，一樣坐在露天環境，耐心地度過短暫的一生。

參考文獻：

1 拉斯科洞窟內各處名稱與其中壁畫出處：Norbert Aujoulat, *Las- caux: Movement, Space, and Time*, trans. Martin Street (New York: Harry N. Abrams, 2005), p. 30.

2 出處同上：p. 194.

3 Sophie A. de Beaune and Randall White, "Ice Age Lamps," *Scientific American*, March 1993, p. 112.

4 *Asser's Life of King Alfred*, trans. L. C. Jane (New York: Cooper Square, 1966), pp. 85–87.

5 Charles Dickens, *Great Expectations* (Bos- ton: Bedford Books, 1996), p. 337.

6 Alice Morse Earle, *Home Life in Colonial Days* (Stockbridge, MA: Berkshire House, 1993), p. 34.

7 Harriet Beecher Stowe, *Poganuc People: Their Lives and Loves* (New York: Fords, Howard & Hulbert, 1878), p. 230.

8 Arthur H. Hayward, *Colonial Lighting* (New York: Dover Publications, 1962), pp. 84–85.

9 Marshall B. Davidson, "Early American Lighting," *Metropolitan Museum of Art Bulletin,* n.s., 3, no. 1 (Sum- mer 1944): 30.

10 Jonathan Swift, "Directions to Servants," *Directions to Servants and Miscellaneous Pieces, 1733–1742,* ed. Herbert Davis (Oxford: Basil Blackwell, 1959), pp. 14–15.

11 William Shakespeare, *Cymbeline,* in *The Riverside Shakespeare* (Boston: Houghton Mifflin, 1974), p. 1529.

12 William T. O'Dea, *The Social History of Lighting* (London: Routledge & Kegan Paul, 1958), p. 37.

13 Jean Verdon, *Night in the Middle Ages,* trans. George Holoch (Notre Dame, IN: University of Notre Dame Press, 2002), p. 77.

14 Dr. A. S. Gatschet, quoted in Walter Hough, *Fire as an Agent in Human Culture,* Smithsonian Institution Bulletin, no. 139 (Washington, DC: Government Printing Office, 1926), p. 99.

15 *The Tinder Box* (London: William Marsh, 1832), quoted in O'Dea, *The Social History of Lighting,* p. 237.

16 James Boswell, quoted in Molly Harrison, *The Kitchen in History* (New York: Charles Scribner's Sons, 1972), pp. 92–93.

17 Jane C. Nylander, *Our Own Snug Fireside: Images of the New England Home, 1760–1860* (New Haven, CT: Yale University Press, 1994), p. 107.

18 Quoted in A. Roger Ekirch, *At Day's Close: Night in Times Past* (New York: W. W. Norton, 2005), p. 48.

19 John Smeaton, quoted in O'Dea, *The Social His-tory of Lighting,* p. 224.

20 Ekirch, *At Day's Close,* p. 156.

21 Verdon, *Night in the Middle Ages*, p. 111.

22 Cyril of Jerusalem, in Philip Schaff and Henry Wace, eds., *A Select Library of Nicene and Post-Nicene Fathers of the Christian Church*, 2nd. ser., 7 (New York: Christian Literature, 1894), p. 52.

23 出處同上，pp. 52–53.

24 Gertrude Whiting, *Tools and Toys of Stitchery* (New York: Columbia University Press, 1928), p. 253.

第二章 暗巷時代

過去的光源在室內已如此珍貴，那麼在城市、城鎮和村莊的街道上，也就更稀罕了——在十七世紀之前，世界各地幾乎沒有路燈。一個四世紀敘利亞安提阿（Antioch）的居民聲稱：「太陽的光被其他的光所接替取代……我們在夜晚感受到的城市與白天的不同之處，只在於光照看起來不同。」[1]地理學家段義孚（Yi-Fu Tuan）指出，在中國，「西元一二七六年蒙古人入侵之前，宋朝的首都杭州坐擁官道上那夾道繁華而熱鬧的夜生活。」[2]但是除了春節和皇帝壽辰沿路會有成列的火炬，空中還燃放著煙花之外，中國其他城市平常的夜晚都是黑暗一片。文藝復興時期的佛羅倫斯沒有路燈，羅馬帝國也沒有，傑洛米・卡柯皮諾（Jérôme Carcopino）寫道：

> 街道沒有油燈點亮；牆上沒有蠟燭安放；門楣沒有燈籠懸掛。只有節慶時分，羅馬才擁有更多光源，熠熠生輝，以示羅馬人民的集體歡騰，就像西塞羅（Cicero）從喀特林黨徒（Catilinarian）的陰謀叛亂中拯救出的羅馬一般。平常的日子裡，夜幕降臨城市，就如同萬分危險的暗影……每個人都逃回家裡，關上門躲起來，把入口堵住。商店陷入安靜，門後的安全鏈拴上；窗戶緊閉，裝飾用的花卉盆栽從窗戶處搬離。[3]

在中世紀的歐洲，時而高揚、時而低迴的鐘聲明確宣布了一天的結束：鐘聲來自護城牆與大教堂的塔樓，以及修道院和鄉村教會的鐘樓，以警告有敵人入侵、火災、暴風雨，或報知皇家婚禮或王室蒞臨；或者悼念教區居民的逝世、為逝去的靈魂祈求禱告。鐘聲區隔並定義了神聖的時間——早禱（matin）、晨導（laud）、第一堂早課（prime）；另外也指示日常的時間——工作開始、開市、午休。黃昏的時候，晚禱（vesper）的鐘聲響了起來，呼喚神聖居所的燈光，教堂裡蠟燭和火炬隨即點起。晚禱的「Vesper」意思是黃昏之星，這個字唸起來也像是順著話音，逐漸隱沒在低吟淺唱中：這是向聖母瑪利亞祈禱、感恩敬拜的時間，因為信徒們相信聖母領報（Annunciation）時就是在黃昏。

不久之後，宵禁的鐘聲響了，往往會響超過一百下。在中世紀早期，宵禁鐘聲在黃昏不久後就響起；後來的幾個世紀，宵禁鐘聲在日落後幾個小時響起（尤其在冬天），但始終保持著嚴明的意義：在有街燈照明或有夜巡警力之前，維持秩序的唯一方法是嚴格控制民眾的往來行動，所以一整天的勞動在宵禁後得停止。鐵匠放下手邊拉著的風箱，金匠停止錘鍊擊打金屬；市場裡交易停歇，屠夫和漁女的叫喊聲漸弱；叮噹作響的馬具、吱嘎作響的馬車、步履蹣跚的牛隻——一切都歸於沉寂。依照官府的命令，幾乎每個人都回到他們的住所，鎖上門，關上窗。

生活在護衛區裡的城鎮居民，如果在宵禁鐘響時發覺自己仍在城門外，那就真的得加緊腳步趕回去才行，因為官員為了防止入侵者利用黑暗的掩護進入城內，會將外圍的大門封鎖，在宵禁時分還留在門外的人可能會被罰款，或被拒於門外無法回來。這樣的做法在某些地方甚至持續執行到十八世紀。「離日內瓦城市大概三公里的距離，」尚-雅克．盧梭（Jean-Jacques Rousseau）證實了這件事，「我聽到提醒我該回去的聲響，趕緊加速。鼓聲響起，所以我全速奔跑，跑得氣喘吁吁，一身大汗，心跳如雷響。從遠處看，我看到在瞭望台上守城門的士兵，我邊跑邊叫，甚至被自己嗆著。但到了城門附近，卻發現已經太遲了。」[4]

不只城門關閉，為了防止不法之徒在街道上自由行動，官員們在道路上鋪設了鏈條。「彷彿是在戰爭的狀態，」羅傑．埃基希提到紐倫堡「有四百多套鏈條，每天晚上自大鼓輪上解開，從街道的這一側到另一條街的對側，鏈條懸掛在及腰的地方，有時一次用上兩三條……而一四〇五年，巴黎官員將城市裡所有馬蹄鐵拿去鍛造鏈條，不只打算封鎖街道，還要封鎖塞納河。」[5]有些城市的居民一回到家裡，就要把鑰匙交給當局。「晚上所有的房屋……都要鎖上，鑰匙交由地方官保管，」一三八〇年的巴黎法令如此指示，「沒有人可以進入或離開房子，除非他能給地方官一個好理由。」[6]煮飯的爐火往往是大家唯一負擔得起的室內光源，也被下令在晚飯後就得熄滅，畢竟在中世紀木製和茅草建物構成的小小世界中，夜晚那令人不勝枚舉的恐懼之一就是發生大火災。宵禁的英文「Curfew」源自古法語「couvrefeu」，意思是「蓋掉火焰」。

然而，即使有這麼嚴格的規定、叮噹作響的鐘聲和鏈條，工作日的結束並不是鐵打不動的同一時間。絕對的宵禁實行起來本來就不可能，因為只有守夜人這個角色於黑暗中站在秩序與混亂之間，而守夜人通常也不是自願擔下望哨的責任。許多歐洲城市和大型城鎮中，每個家庭都要出一名年齡在十八到六十歲之間的男子去輪值守夜，寡婦和神職人員也算在這項規定的「家庭」之中，所以他們必須資助來自其他家庭的適合男子，來代替實際派出人力。金匠和裁縫師等勞動者，在一整天工作之後，還要爬上梯子站崗，既無償也沒有裝備（除了喇叭和旗幟），在塔樓和城門上望哨，看有沒有火災或敵人入侵的跡象，「許多城鎮守夜人都被關起來的隔欄所保護，因此他們……不會被誘惑，或者更確切地說，不會在黑暗的掩護下從崗位溜走。他們只得待在崗亭裡，忍受冬日的寒冷和惡劣天氣，耐心地熬過長夜漫漫」[7]。另一個守夜人負責夜間巡邏，要巡視街上有無滋生事端，訊問跑到黑暗中的人，而且他們還有一項任務，就是檢查站崗的守夜人，確定他們沒有打瞌睡或偷跑回家。

所有守夜人都有權逮捕、監禁沒有正當理由在夜裡遊蕩的人，但守夜人自己在宵禁不久後的幾個小時內可能會開始鬆懈，尤其在比較不會有人滋事的時段和地段。雖然有夜晚須停止營業的命令，有些小酒館仍會繼續開著，勞動者可以在回家途中停下來喝一兩杯小酒。在較小的城鎮和村莊，居民會拜訪其他家庭，就著爐火火光聊天；麵包師傅使用烤箱，為隔天一早麵包出爐做好準備工作。而也有專門在夜晚工作的人——拾荒、撿拾肥料和倒夜香的人——正躡手躡腳地行動。但是，到了更深的夜裡，街道就屬於不良分子、小偷和強盜，所以在這個時間點，除非有正當目的、應緊急事件而出門的助產婦、牧師和醫生，在街上出沒的人都會被當作「夜間遊蕩的可疑分子」，免不了接受訊問。

由於守夜人及其他夜間旅行者都沒有街燈的固定照明，當時的人在夜晚街道上看到的燈光都是隨身攜帶的光源。守夜人帶著的火把和燈籠不僅可以照亮道路，也讓身為秩序化身的自己被民眾瞧見。因此沒帶照明的夜行者反而有優勢，他們可以看到守夜人（天黑以後，街上無論是誰理當攜帶燈籠或火把），而守夜人不一定看得到他們。在英格蘭的萊斯特「沒有人可以在九點以後，在沒有光、沒有理由的情況下到貝勒區徘徊，那樣一定會被抓起來」；在里昂，「聖尼扎爾（Saint Nizar）**大令一頒**之後，沒有人敢不帶照明在夜晚出行，因為被發現的話不但要繳上一筆罰金，還得坐牢」[8]。

富人（守夜人在一段距離外即可透過他們的衣服分辨出來）的身邊，總跟著提燈籠的僕人，以及保護他們的護衛。富人也不用遵守其他人得服從的夜間限制——在許多城市，夜間旅行者不得穿戴頭罩和斗篷，不能攜帶武器，也不能集結超過三、四個人。

幾乎所有人都樂於把夜晚的街道留給小偷、亂竄的老鼠，以及一整天下來揮之不去的氣味——腐爛的食物、久放的稻草、馬汗和糞便的臭味。「據說這個黑暗遍及大街小巷的時代，每個人在出行前都簽署了自己的遺囑，準備好意外死亡的可能」[9]。婦女在夜間特別容易受到傷害，而夜幕降臨後還在街上活動的任何婦女，除了助產婦外，都會被視為妓女。

必須在夜間旅行的人，會希望自己有幸能在晴朗的滿月之夜出行，因為盜賊經常會避開這樣的夜晚。滿月也給了旅行者足夠的光線看到前方景觀和道路的大致輪廓。夜間的眼睛功能與白天不同。在黑暗中，人類不是利用視錐細胞，而是利用視桿細胞去看東西，完全適應夜視需要整整一個小時。即使如此，人類的夜間視力也不如白天敏銳，無法區別顏色。在沒有月亮的夜晚，或是月光受到雲層遮蔽，燈籠和火把只能照出正前方一小段路，旅行者得依靠其他感官行走。他們大多在白天已一步一腳印地熟悉了所處的地區，這份熟悉感對他們在黑暗中行動有所幫助。雖然可能看不到地標，但可以透過腳下道路踏起來的感覺來幫自己定位：每一步礫石嘎吱作響的聲音，或每一步沙地踩起來的柔軟觸感；風吹過樹林或氣流經過開闊地區的聲音；還有教堂鐘聲、水流聲、羊咩咩叫的聲音；乾草和剛劈好的木材氣味。任何白色的物品也能幫助夜行人判斷景象：蒼白的馬、沙鋪成的道路、雪。然而，若碰到道路上的宵禁鏈或原木堆路擋，他們也得應付這些問題。遇到不平坦的泥濘道路，他們會從橋上摔下來，掉到運河和煤倉裡；也可能因路上的鵝卵石而踉蹌，或絆倒栽進柴堆和石堆裡。

在光線如此匱乏也禁不起揮霍的時代，任何出現在夜晚的大量照明都蘊含了重大意義。有時大量照明代表一場危機：在火災或衝突期間，市政官員會要求市民集結他們的燈和蠟燭作為防禦或消防的輔助照明。有時大量照明標誌著權力：當皇室抵達某座城市時，當地人經常會在街道、屋頂或篝火上點起火炬來迎接貴客。「一四三〇年四月二十六日，巴黎市府點著了大片火光，就像夏天的聖約翰節一樣……昭告年輕的亨利國王（自稱法國和英格蘭的國王）駕臨布洛涅（Boulognes），他和一大群傭兵準備對抗阿馬尼亞克（Armagnacs）黨的人馬，而對方不被亨利國王放在眼裡」[10]。教會也用火光標記出聖日，在教堂中近乎揮霍地使用著光。在聖誕節前夕的羅馬聖馬克地區，一位旁觀者評論道：「人可以在火中得道。」[11]大量用光提升了教會在社會中的顯赫地位，穿過街道和廣場的燭光遊行也充滿了莊嚴和神祕感。

即使在繁華貿易城市的中心區域，夜晚也必須保持自古以來的深不可測，遠方的群星明亮清晰，而眾人總是躲在家中。然而，時移世易，隨著城市發展以及城市間和城市本身的商業活動增加，日常生活不可避免地漸漸滲透到黑暗時分。在十七世紀〇〇年代後期，歐洲大城市和幾個美國城市的市政當局開始要求戶主在冬季日落後和月光較微弱的夜晚掛燈，或在面向街道的窗台上放置蠟燭幾個小時。就像旅行者需要燈光一樣，窗台燈是為了幫助政府行事。加斯東・巴舍拉指出，窗台上的燈也是「**等待**的燈——它堅持不懈地照看，即是種**守護**。」[12]人們也賦予它這樣的意義，冷淡的秩序感會體現在公共照明中。

幾個世紀以來，照明燈籠的時間和天數都隨著季節、月相和宗教節日有不同變化。最終官方發布了詳細的時間表：一七一九年，巴黎地區行政官員要求：「十二月一日，點燃半支蠟燭（八分之一磅）。從十二月二日至十二月二十一日，點燃一支蠟燭（四分之一磅）。十二月二十二日和二十三日，不點燃蠟燭。十二月二十四日平安夜，點燃十二磅重的蠟燭。十二月二十五日至二十七日，不用任何照明。」[13]

但市民時常惱恨這項義務。比方說，在紐約，「地方長官——談到『貿易場所缺少燈光，之於這個城市何等不便』——命令每間房子在『月光黯淡的黑夜』都要從窗戶『懸掛固定於桿子上的照明』。當屋主反對這項花費時，地方長官便退一步，要求只有在冬天才使用，且每七間房子只要需要出現一組『燈籠加蠟燭』，其他六個屋主可以一起分擔這筆費用」[14]。人們不情願地履行這項義務，不單純是因為費用而不悅，還因為任務相當麻煩——必須一直顧著燈，避免閃爍、冒煙或淌蠟。如果守夜者巡邏時發現了熄滅的燈籠，他會喚醒負責人，並要求他重整燈光。

雖然起初這批「燈籠加蠟燭」的組合在黑暗中很難發揮助力，它們的光不穩定且微弱，無法防風雨，很容易用棍子或石頭就撲滅，但卻也代表我們與夜晚之間新的對話方式的展開，這些光線提供了更多的自由和時間——也許是為了工作，也許是為了經歷不同於原本夜晚的另類生活（享樂的機會或違法的冒險）。這些光源在街頭紛紛出現，像航道標誌一般，標誌出人類在黑暗中活動的社群的出現：這裡一點、那裡一點；這邊還有一點、那邊還有一點。

光似乎總是招致更多的光。夜晚的景觀隨著人群熙來攘往愈來愈活躍，人聲從酒館和咖啡廳流瀉而出——在西元一七〇〇年開始變得普遍——也因為夜間營業和這些店所提供的興奮劑（茶、巧克力和咖啡），維持秩序對政府來說變得更加複雜棘手，需要更多、更可靠的光源來幫忙才行。在波士頓最大街道的拐角處，守夜人保持鐵火籃一直燒出足夠的光亮（因為直到十八世紀後期才會出現路燈），但在此之前，倫敦、巴黎、紐約、都靈、哥本哈根和阿姆斯特丹的政府都在街上設立了固定的路燈，以取代市民的窗台燈。在城市的管理維護和稅收的資金支援下，這些燈光不僅在冬季更頻繁地點亮；在夏季，無論陰晴圓缺，夜晚也經常點燈。

即使如此，對於英國作家威廉．西德尼（William Sidney）來說，十八世紀倫敦的街燈「完全不足以消除冬季籠罩倫敦的浩蕩陰霾」[15]。西德尼還說：

街燈的光線主要來自數千個小錫罐，這些錫罐中裝滿了所能買到質量最差的鯨油，裡面有一些棉花扭轉成的燈芯，放在半透明玻璃的球體中……與其說這些燈提供了微弱的光線，不如說是燈在每天日落到午夜這段時間，讓人看到街角與路口的黑暗，直到午夜有人固定去熄滅這些燈為止（如果它們沒有自己先滅掉的話）。

受雇來維護街燈燈具的燈伕，西德尼稱他們是「油膩的笨拙傢伙……燈伕的一個顯著特點是：站在梯子上時，他們會不可避免地將燈油灑在經過下面的人頭上，偶爾甚至掉落燈罩砸傷路人頭部。」[16]法國作家路易．薩巴斯欽．梅西耶（Louis-Sébastien Mercier）同樣也抱怨巴黎的燈伕：「另一件事，觀察燈伕的工作，他們號稱每晚為燈填充燃料，但實際上卻只用了這麼少的油，到晚上九點或十點半就幾乎耗掉一半，只有偶爾、遙遠的微光才會讓你意識到街道原來是長這樣的。」[17]

某些城市的官員認為路燈鼓勵了犯罪。段義孚指出：「伯明翰謹慎保守的市民不想嘗試新的照明，因為他們認為自己城市的犯罪率低於倫敦是由於伯明翰的夜晚非常暗的關係。」同樣地，科隆的官員們也相信「隨著人對黑暗不再心懷恐懼，醉酒和其他墮落行徑會增加」[18]。他們進一步指出，如果路燈變得普遍，節日和典禮的照明將失去奇觀的感受。但在多數大城市中，執政者都不這麼想，反而會試圖照亮盡可能多的街道，因為如果光象徵了權威，黑暗的街坊就代表了不受政府當局控制的地區，因此會窩藏被燈光驅逐而躲到此處的麻煩人物。出於這個原因，破壞路燈普遍會受到監禁或更嚴厲的處罰：「在一六八八年的維也納，政府威脅任何敢破壞街道燈籠的人，就會被斷右手」[19]。

燈光——以及更多的燈光——產生了意想不到的後果，我們不易將燈光所幫助到的事物與所妨礙的事物區分開來。在燈的光照之下，街道愈顯烘亂。嗜酒之徒不必整夜坐在同一個酒館的凳子上，他們現在可以愜意地從皇冠與船錨酒館晃到白馬酒館，再一路喝到黑爪酒館。一片、一片光亮間夾雜著陰影，對妓女來說是一大幫助，過去在中世紀，妓女主要受限於妓院和浴場裡，但她們現在就可以站在路燈下招攬顧客，再迅速躲到陰影中完成任務。

夜晚時，蘋果、捲心菜、鯡魚和羊肉的小販叫賣聲漸漸止息，由火炬手的叫賣取而代之（這些人也稱為「火把男」或「火把仔」）——他們：

每天晚上十點之後，在街上徘徊，叫喚著：「這裡有你需要的光。」晚飯後是叫賣的最佳時段，對那些臥室面對街道的人（的偏見）來說，這些傢伙整晚都在叫喚和應答；他們成群出現在各種娛樂場所的門口……這些人會幫你照亮你家的門、你的臥室（就算有七層之高），當你沒有僕人時，他們對你大有益處……畢竟時髦的年輕人常出現這樣的窘境——手頭上大部分的錢都拿去買大衣和劇院門票了。這些徘徊的火炬販是種保護，防禦著竊賊，幾乎抵得過一隊守夜者……事實上，他們也與警方有所往來；在他們面前什麼都無所遁形……黎明時他們才上床睡覺，在當天稍晚再向警方報告巡邏時見到的情形。[20]

雖然巴黎的「火把男」與政府機關互通聲息，但根據威廉．西德尼的說法，在倫敦這群人實際上跟竊盜團體沒什麼兩樣。他堅稱讓火炬手參與守夜，「會有相當大的風險，他們的加入比不加入還危險：這些『公眾的僕人』大部分都與匪徒有來往，常會不加遲疑地在接到信號時熄滅火焰並溜走，留下恐懼不已的受害者任由自己的同夥宰割。」[21]

儘管如此，火炬手的事業面對富人階級客層——當他們在外用晚餐、觀賞表演和戲劇時——仍經營得有聲有色。從前，戲劇演出是在下午，在露天劇場或在有大窗戶和開放式屋頂的劇院上演，而且會有音效提示觀眾舞台上的時辰變化：公雞啼鳴代表日出，貓頭鷹的叫聲則代表夜晚。現在，封閉式劇院的夜間表演中，舞台上的黑暗可以隱藏繩索和支撐用的構造，並隱藏換幕的過程。人造光可以表現出自然光，也可以展現情緒。在十六世紀的義大利，「無論是古代還是現代，一直有在街道、屋頂和塔樓上點燃篝火和火把的習俗，是表現喜悅的做法；因此按慣例，戲劇中要模仿節慶場合，燈光也就放在類似的位置——想當然爾是為了模擬……這種歡愉的情緒」[22]。

蠟燭和燈籠會被用作腳燈和聚光燈，以及**球燈**（bozze）（蠟燭放在磨亮的金屬盤上，被裝滿有色液體的球狀玻璃罩住）等燈光，可呈現各式各樣的效果，但這些燈的存在，也意味觀眾眼前的幻象會一次又一次地幻滅。「一直到煤氣燈受到普遍採用，燭火從舞台上消失以前，」一位劇院歷史學家寫道，「為了一項小小的任務，負責剪燭花的人得在劇場中穿梭來去，不得不唐突跑上台。淌蠟的蠟燭也要趕快注意……當舞台燈光開始閃動，或搖曳至幾近熄滅時，舞台上的『眾神』甚至會忍不住大喊『剪燭花！剪燭花！』」[23]

有時，城市的夜晚本身，就像一大片被外圍黑暗鄉村給圈住的公共腹地。在十八世紀維也納一個晴朗夜晚，一位觀察者說道：「絢麗的燈光陳列得如此精緻，如果人直直看向道路那一頭……就有如看著一座盛大的劇場，舞台的布燈優雅，非比尋常。」[24]

當然，延長的夜晚時光並不適合所有人。年輕人或富裕階層才享有路燈帶來的好處。一般的勞動者得日出而作，所以無法真正享受路燈帶來的延長時光。「夜幕降臨，」梅西耶寫道，「當換幕人員開始在劇院工作時，成群的工人、木匠、泥瓦匠走回較貧困的地區。他們鞋底沾上的石膏會留下白色腳印，誰都可以觀察到這樣的痕跡。工人回家睡覺的時候，優雅的仕女們正坐在梳妝台前為晚上的活動準備。」[25]普通市民雖然不再需要在窗台放置燈光，對路燈卻仍心懷怨恨，因為那可是用他們的稅金來支付的。

那時的稅款也用於改善照明。藝術家揚・范德爾・海頓（Jan van der Heyden）為阿姆斯特丹研發的路燈，氣流會沖刷燈罩的內部玻璃使煙灰不積聚在上面。到十八世紀中旬，巴黎街道本來有懸掛在纜繩上的簡易燈籠，後來也被街燈（réverbères）取代，這裡的街燈是雙燈芯、帶兩個反射面以增強火焰亮度的油燈：一個反射面在火焰上方，以把光線向下反射、朝下照映，另一個反射凹面在火焰旁邊，負責將光線向外引導。「在過去，每晚妝點這座城市的八千個燈籠，蠟燭歪斜、淌蠟，或被風吹熄。微弱而搖搖欲墜的光會被一陣陣危險的黑暗所撂倒，」梅西耶寫道，「但現在這些油燈有一百二十盞就夠了，它們發出穩定清晰又持久的光芒。」[26]但梅西耶仍宣稱，即使是燈具和「火把男」也無法保證巴黎的夜晚有足夠的照明：

我曾見識濃濃大霧瀰漫到讓人無法看到燈中的火焰。霧氣過濃，導致車伕不得不從馬車裡走下來，沿著牆壁尋路。而路人，不情不願、不知不覺，在慘澹的街上相撞。你在鄰居家門口徘徊，卻以為是自己的家……有一年，霧氣之密、之厚，有人嘗試了新的辦法，讓盲人、退休老人來當嚮導……因為他們比製作地圖的人更了解巴黎……你抓住盲人外套的衣腳，請他帶路，當你愈疑神疑鬼地跟著，他就愈堅定地踩著步伐帶你抵達目的地。[27]

或許對巴黎而言，城市與街道照明之間的關係比其他地方都還要複雜。在十八世紀後期，破壞燈具（曾經只是流氓的消遣）不僅成為對抗的象徵，更成為反抗國家的手段。「隨著燈具受破壞而蔓延開的黑暗，生出了一個政府力量無法發揮作用的領域，」歷史學家沃夫岡・席維爾布希（Wolfgang Schivelbush）指出，「可以說，破壞燈具等於豎起了一道黑暗之牆。」[28]也或許是——將街道還諸它昔日的黑暗。

在襲擊巴士底監獄之後的幾天，街燈變得更加重要。在革命者採用斷頭台進行報復之前（「巨大的斧頭鍘落，在那裡升了又降，可怕地像心臟收縮一跳一跳的」[29]），他們不選路標或樹木，而是選擇了街燈來懸吊法國官員。「在一七八九年的夏天，法文動詞『掛燈』（lanterner）這個字的意義發生了變化，」[30]席維爾布希寫道，「最初這個詞的意思是『什麼都不做』或『浪費時間』，但在革命開始後，它意謂『把人吊在燈上』。」[31]

查爾斯・狄更斯提到：「這個地區憔悴乾瘦的人觀察燈伕的工作之後，在無所事事和飢餓中卻只想到一種增添光亮的方法，就是用繩索和滑輪將人吊上去，彷彿這樣就可以照亮他們周圍的黑暗。」[32]燈的纜繩原本只能承載一盞小燈的重量，在將人吊上去時，「有時某個倒楣鬼必須一路吊過四到六個街燈，才好不容易有一條夠堅固的繩子，支撐得起他的身體。」[33]吊掛的方法不限於穿過街道的街燈纜繩，無法用橫跨繩索懸吊的人，會被掛在廣場的牆上，路易十六的財務大臣杜埃的約瑟夫-法蘭梭瓦・福隆（Joseph-Francois Foulon de Doue）就是如此。福隆（他曾提議如果人覺得餓了，何不食草）「被轉向格列夫廣場（Place de Grève），面向著人，被『吊在燈上』……為求生他苦苦哀求——但只有充耳不聞的風吹過一旁。一直到用上第三根繩子（因為前兩根斷了，他顫抖的聲音還在懇求），他才徹底被絞死。在他當初建議去『食草』的人的鼓譟聲中……屍體被拖到街上示眾，頭被長矛高高地叉起，嘴裡塞滿了草。」[34]

「吊在燈上」這個動詞對法國鄉村居民的意義不大，他們在黑暗中忍受與巴黎窮人同樣的饑饉和物資匱乏。夜晚原本對所有人一視同仁，但現在，燈光開始徹底區隔鄉村與城市。城市的夜晚漸漸開始影響白日的節奏。那些坐擁光明的特權和富裕階級——當他們的宴會與派對愈是大放光明，地位和權力似乎愈顯強大。這些人也開始習慣在一天稍晚的時候起床，因此「晏起」也代表了特權。這個時代有人抱怨說，朝臣們「讓白晝變成夜晚，夜晚成為白晝，他們得以在他人睡覺時保持清醒，縱情享樂；而之後也趁其他人醒著忙於營生時補眠，補足他們享樂所耗盡的精力」[35]。隨著愈來愈多的人在晚上熬夜，市場的營業時間也有所變化：巴黎的商家本來在早上四點鐘開門營業，「現在到了七點也看不到有人開門」[36]，商店天一亮就營業這件事不再成立。

城市開始發展出自己的季節性規律。而在鄉村，隨著白日愈來愈短、愈來愈冷，天黑漸早，鳥兒在樹幹上、在雪地裡挑挑揀揀，綿羊蜷縮在窩裡，人們只願意待在一兩間被火光溫暖的房間裡。與此同時，城市裡的街景似乎變得更加生氣勃勃，因為富人從夏季的避暑處回來，歌劇、劇院、芭蕾舞之夜興起。在冬天，咖啡廳和小酒館的光和那股溫暖之感特別吸引人。到了二十世紀，一位觀察者會說：「城市與大自然是互補關係；並非炎熱，反而是寒冷才能帶來生命力……在秋冬之際才最洋溢著新生的感覺——有死才有生，否極則泰來。」[37]

照明時間愈長，城市的夜晚愈能進入人類的想像，直到後來，城市燦爛夜晚的魅力和活力幾乎可用以定義何謂都市和都市人：如果一座大都會無法擁有瑰麗又鮮活的夜晚，便會被視為土氣。後來，伊莉莎白・哈德維克（Elizabeth Hardwick）是這樣寫二十世紀波士頓的：

> 波士頓不是小紐約，就如同你不會說孩童是一個小的成年人，孩子就只是另外一種小生物……在波士頓，當地完全沒有紐約狂放、躍動的電氣化盛景——那幅紐約人在計程車、大街小巷、餐館、劇院、酒吧、旅館、熟食店、商店中熙來攘往的黃昏尖峰光景。在波士頓，夜晚降臨是以一種沉重得驚人的小鎮故事感作結：奶牛返家；雞隻歇息；牧場一片漆黑。[38]

參考文獻：

1 Libanius, quoted in M. Luckiesh, *Artificial Light: Its Influence upon Civilization* (New York: Century, 1920), p. 153.

2 Yi-Fu Tuan, "The City: Its Distance from Nature," *Geographical Review* 68, no. 1 (January 1978): 9.

3 Jérôme Carcopino, *Daily Life in Ancient Rome: The People and the City at the Height of the Empire*, ed. Henry T. Row- ell (New Haven, CT: Yale University Press, 1940), p. 47.

4 Jean-Jacques Rousseau, quoted in A. Roger Ekirch, *At Day's Close: Night in Times Past* (New York: W. W. Norton, 2005), p. 63.

5 Fynes Moryson, quoted ibid., p. 61. "maintained more than": Ekirch, *At Day's Close,* p. 64.

6 Quoted in Wolfgang Schivelbush, *Disenchanted Night: The Industrialization of Light in the Nineteenth Century,* trans. Angela Davies (Berkeley: University of California Press, 1995), p. 81.

7 Jean Verdon, *Night in the Middle Ages,* trans. George Holoch (Notre Dame, IN: University of Notre Dame Press, 2002), p. 85.

8 Quoted in G. T. Salusbury-Jones, *Street Life in Medieval England* (Sussex, Eng.: Harvester Press, 1975), p. 139. "Let no one be so bold": Quoted in Verdon, *Night in the Middle Ages,* p. 80.

9 Luckiesh, *Artificial Light,* p. 153.

10 Quoted in Verdon, *Night in the Middle Ages,* p. 124.

11 Quoted in Ekirch, *At Day's Close,* p. 71.

12 Gaston Bachelard, *The Flame of a Candle,* trans. Joni Caldwell (Dallas: Dallas Institute Publications, 1988), pp. 71–72.

13 Quoted in Schivelbush, *Disenchanted Night,* pp. 90–91.

14 Edwin G. Burrows and Mike Wallace, *Gotham: A History of New York City to 1898* (New York: Oxford University Press, 1999), p. 111.

15 William Sidney, *England and the English in the Eighteenth Century: Chapters in the Social History of the Times,* vol.

1 (London: Ward & Downey, 1892), p. 15.

16 出處同上：pp 14–15.

17 Louis-Sébastien Mercier, *Panorama of Paris,* ed. Jeremy D. Popkin (University Park: Pennsylvania University Press, 1999), p. 43.

18 Tuan, "The City," p. 10.

19 Craig Koslofsky, "Court Culture and Street Lighting in Seventeenth-Century Europe," *Journal of Urban History* 28, no. 6 (September 2002): 760.

20 Mercier, *Panorama of Paris,* p. 132.

21 Sidney, *England and the English,* p. 15.

22 Leone di Somi, *Dialogues on Stage Affairs,* quoted in Frederick Penzel, *Theatre Lighting Before Electricity* (Middletown, CT: Wesleyan University Press, 1978), p. 7.

23 William J. Lawrence, *Old Theatre Days and Ways* (New York: Benjamin Bloom, 1968), p. 130.

24 Johannes Neiner, quoted in Koslofsky, "Court Culture and Street Lighting," p. 751.

25 Mercier, *Panorama of Paris,* p. 95.

26 出處同上：p. 41.

27 出處同上：pp. 133–34.

28 Schivelbush, *Disenchanted Night,* p. 106.

29 Thomas Carlyle, *The French Revolu- tion: A History* (New York: Modern Library, n.d.), p. 625.

30 Schivelbush, *Disenchanted Night,* p. 100.

31 Mercier, quoted ibid.

32 Charles Dickens, *A Tale of Two Cities* (New York: Signet, 1997), p. 39.

33 Quoted in Schivelbush, *Disenchanted Night,* p. 100n.

34 Carlyle, *The French Revolution,* p. 164.

35 Philip Balthasar Sinold, quoted in Koslofsky, "Court Culture and Street Lighting," p. 746.

36 Friedrich Justin Bertuch, quoted in Koslofsky, "Court Culture and Street Lighting," p. 744.

37 Richard Eder, "New York," in "Cities in Winter," *Saturday Review,* January 8, 1977, p. 25.

38 Elizabeth Hardwick, "Boston," in *A View of My Own: Essays in Literature and Society* (London: William Heinemann, 1964), p. 151.

第三章　海上燈籠

雖然十八世紀的城市已逐漸擺脫昔日夜晚風情，但世界各處的海洋依然被夜晚團團簇擁著。揚帆航行或定下船錨的船隻可能會在甲板上放置燈籠，但油燈也將典型的火災風險帶到木質帆船的狹窄艙內。為了避免海上發生火災，行船的商人經常在黑暗中吃穿——對他們來說，赫爾曼．梅爾維爾（Herman Melville）寫道，油比「皇后的乳汁更珍稀」[1]。雖然一些旅客可以攜帶封閉式燈籠，但移民船會禁止在甲板下方使用燈具。奴隸則完全沒有任何光明可言。

如果海面上閃現亮光，那可能是捕鯨船：捕鯨船有所斬獲的幾個小時內，會把提取油脂的大鍋燒到沸騰，煙霧瀰漫纜繩和索具，人人忙於把油脂從鯨魚身上剝離，輾碎成小碎塊放進大鍋裡。「油在取脂大鍋裡滋滋作響，」約翰．羅斯．布朗（J. Ross Browne）寫道：

> 有六個船員正坐在起錨機上，他們身穿著油膩的衣衫，經風吹雨打的臉上映著紅色火光……工匠和伙伴正用長木條或鐵條撥弄火焰，使之燒得更旺。甲板、舷牆、護欄、油脂鍋和起錨機上都覆了一層油和黏答答的黑皮，取脂大鍋燒得紅色火光閃閃。船緩慢而頑強地穿過波濤洶湧的大海，看起來像整個籠罩在火焰之中。[2]

十八世紀，數百艘捕鯨船在海上航行，尋找「採油場」，儘管許多人仍製造或購買牛羊油脂蠟燭，歐洲大陸則常常是用（油菜）菜籽油當燈油，但鯨油便宜又充沛，促成了夜晚從家家戶戶和商店發出的絢爛光芒。常見的鯨油也稱為「火車（train）油」，源自古高地德語單詞「trahan」，意思是「掉落」、「滴落」，因為鯨油最初是從鯨脂中一點一滴榨取而來。鯨油的品質和售價不一，最昂貴的淺色鯨油燃燒得既清晰又乾淨，而便宜的棕色鯨油（通常是由年老鯨魚的油脂提煉來的）很容易冒煙且有衰老魚類的臭味。

捕鯨業已經發展了數千年，一開始是捕獲擱淺的鯨魚。鯨魚總是莫名其妙自己游上岸，一旦離開了水，便無法生存很長時間，皮膚暴露在陽光下會灼傷，還會被自己的體重拖垮。「當肉體逐漸消失，留下了骨頭，沿岸居民就會拿來建造房屋，」亞歷山大大帝時代流傳（可能有幻想成分）的一種說法解釋道，「側面的大骨構成房屋的橫梁，較小的骨頭用作打造物件的車床，而顎骨可以製成門。」[3]無論時人是否用鯨骨建造房屋，在世界各地的海灣，都有人將鯨魚屍體切碎當成食物，將脂肪用作燃料和潤滑劑，剩下的東西則讓潮水帶走。

隨著對鯨魚脂和鯨魚骨骼的需求量增加，人類會航行、划船進入海灣，迫使鯨魚游向海岸，來增加擱淺鯨魚的捕獲量。「當鯨魚進入我們的港口時，船隻會上前團團包圍，」一位新英格蘭早期居民寫道，「我們很容易將鯨魚驅趕到岸邊，就像在陸地上趕羊群或牛隻一般。鯨魚一旦離開了潮水就很容易死亡。」[4]然而這種「趕鯨魚」的方法，永遠不比直接捕捉來得有效率。早在十世紀，比斯開灣（Bay of Biscay）沿岸的巴斯克人（Basques）和冰島海岸的諾斯人（Norses）就會直接獵捕鯨魚。久而久之，魚叉捕鯨成為全世界狩獵鯨魚的首選方法。

早期的捕鯨人會急躁地捕獵他們遇上的任一種鯨魚，但到了十八世紀，他們專門狩獵北大西洋露脊鯨（*Eubalaena glacialis*，又稱 North Atlantic right whale）和南露脊鯨（*Eubalaena australis*，又稱 the southern right whale）。這兩種鯨魚名字中有「right」，是因為捕牠們是「正確的選擇」：露脊鯨的鯨脂可以製成優質的燃油。這兩種鯨魚的移動速度很慢，容易被魚叉叉到，死後也會浮上來——不像藍鯨（*Balaenoptera musculus*）游得太快，魚叉無法準確命中，而一旦被擊中，死亡時也總會下沉。「正確的」鯨魚是黑色的，肚子上有一塊塊的白斑，臉上可見到宛如增生疤痕組織的雜色斑點，擁有巨大寬闊的背部——日本人稱為「セミクジラ」（*semi kujira*），意思是「有美麗背脊的鯨魚」。露脊鯨長達六十呎，重達一百多噸。「呼吸道的直徑超過十二吋，」威廉·戴維斯（William Davis）觀察後說道，「空氣通過這樣的呼吸道，與一千馬力蒸汽機的排氣管的聲音一樣嘈雜；一旦受到致命重創，血塊會濺到空中，噴到為之大感噁心的捕鯨人身上……然而鯨魚的眼睛卻不比牛的眼睛大多少，耳朵小到無法塞入一根縫紉針。」[5]

至於鯨魚的油脂和皮毛，戴維斯說「可以鋪滿一個二十二公尺長、八公尺寬的房間，而且平均厚度可厚達四十五公分，」[6]他還說，「鯨魚的嘴唇和喉嚨……應該可產出六十桶油，加上顎骨的話，總共重達相當於二十五頭牛（每頭約四百五十三公斤）的重量。連接喉嚨寬闊底端的是巨大的舌頭，一隻鯨魚的舌頭就足以提煉出二十五桶油。舌頭等同十頭牛的重量。」[7]古老的北歐傳說認為，儘管鯨魚的體積很大，但露脊鯨「完全依靠霧氣和雨水，以及從空中落入大海的各種東西維生」[8]。看上去可能如此，但實際上露脊鯨掠過海洋表面時，會攝入灰綠色海水中的磷蝦、浮游生物和魚群。露脊鯨有濾食器官，以過濾的方式來進食，牠藉由梳齒狀鯨鬚板的毛髮將海水引進（梅爾維爾稱為「奇妙的威尼斯百葉窗」[9]），每天捕獲近四噸小型和微型的海洋生物。每個鯨鬚板長達七呎，從上顎垂下來，在一條鯨魚的嘴裡有超過兩百對。鯨鬚由柔韌的角蛋白組成（與我們的指甲相同的物質），在十八世紀為捕鯨者帶來了很多收益，因為它非常適合製作日常用品：傘柄、馬鞭、魚竿竿尖、車廂彈簧、刮舌器、鞋跋、鞋底支撐、尋水器、警棍和緊身胸衣。然而，還是要屬鯨脂最有利可圖。從一條（經過誘捕在岸上抓到的）露脊鯨的脂肪，可提煉出兩百五十桶鯨油，每桶含有三十一點五加侖（近一百二十公升）的量，總共可產出近八千加侖（約兩萬九千八百公升）的油。

「就像把露天的磚窯搬到船板上，」梅爾維爾描述船上的取脂鍋場景：

下面的木板有經過特殊強化，能承受約十呎長、八呎寬、五呎高以堅固磚塊和砂漿製成的爐灶重量……側面用木材包覆，頂部用板條固定住一個巨大而傾斜的灶蓋。移開這蓋子，下面就是兩口巨大的取脂鍋，一口取脂鍋的容量可裝入好幾桶的油……有時取脂鍋會經皂石和沙子拋光到看起來有如發光的銀色碗公一樣。[10]

在早些時候，海岸上已有取脂鍋的煉油作業，但由於對鯨魚油脂和骨骼的需求增加，以及鯨魚數量日益減少，捕鯨出航的時間愈來愈長，鯨脂（尤其在炎熱的天氣）會隨著時間過去漸漸腐壞。捕鯨港口居民不堪捕鯨船取脂鍋的惡臭與煙霧，可能更歡迎這項任務移到船上完成，畢竟這項工作很難收斂地進行。在航行中第一次生火是透過點燃木材，但「鯨魚未融化的皮膚可當作很棒的燃料，煮鯨時可燃燒鯨油作爐火」[11]。生手要努力習慣這樣的氣味（「審判日的墮落臭味」[12]），畢竟取脂鍋會熬煮整整一個星期，他們也得不斷剁碎鯨魚，努力工作來分到自己一百五十分之一的份額。任何時候，船帆和索具都可能會在船員取脂時著火，會一直從船身燃燒到吃水線為止。如果海浪洶湧，沸騰的油可能會濺出並燙傷人。而因為鯨魚懸掛在船舷的鏈條上，當人員從鯨魚身上剝下油脂時，可能會被掉落的鯨脂塊壓傷。在把脂肪塊切成稱作「毯子塊」的單位時，切割用的鋒利刀片可能會劃傷自己。甲板上的油和血也會令人滑倒。他們會接著把油脂再切成「馬塊」（因為放在外觀似馬的鋸木台上切割而得名）。然後，「馬塊」會再被切成薄片，稱為「頁狀」，其中一面維持完整無傷，看起來非常像一頁經書。「從船員到屠夫都呼喊著『一頁聖經紙！一頁聖經紙！』，」梅爾維爾寫道，「他們工作時會盡可能小心，將『頁狀』鯨脂片切得愈薄愈好，才能加快煉製油脂的進度，讓收穫量大增，也能夠改善油的品質。」[13]

男人們提取完鯨脂後，會將鯨魚剩下的部分倒回海裡，留給飢渴的鯊魚，然後清洗整船的煤渣和灰燼的污垢。但無論怎樣擦洗，他們都無法擺脫鯨魚油煙熏出的惡臭——早已滲入甲板的木板、帆布、衣服和自己的毛孔中。有人說，船在數哩之外行經一艘捕鯨船的下風處，遠遠就能聞到那股氣味。「潔淨之船」唯一的可能性，是在沒有取得任何鯨油的情況下返回港口的船。

難怪梅爾維爾會想像捕鯨水手揮霍油脂的情況。「他們躺在那裡，」他寫裴廓德號上的船員，「在他們的三角形椽木拱頂中彷彿墓穴，水手靜默，燈光閃爍在他們垂閉的雙眼……看看捕鯨人提著他的燈（通常是老舊瓶子做成的），裝取從取脂鍋換到銅製冷卻容器的油，就像撈著桶裝酒一樣。他們燒著最純淨的油……那就有如四月初春嫩草草飼奶油般甘甜。」14

到了十八世紀中葉，隨著城市街道和房屋日益明亮，對油脂（和鯨骨）的需求持續增長，追逐獵鯨魚的船隊數量也增加了。在美國獨立戰爭的幾年之前，超過三百六十艘捕鯨船從新英格蘭和紐約港口起航，而這行業此時還尚未達到巔峰期盛況。但經過幾世紀的不斷獵捕，露脊鯨在棲地已變得稀少，為了追捕鯨魚就得要航行更長距離，去尋找露脊鯨或其他有利可圖的鯨魚種。英國人和荷蘭人向北尋找棲息在極地的鯨魚，現在稱為弓頭鯨（*Balaena mysticetus*），船員稱之為「鯨骨鯨」，牠也有濾食器官。新英格蘭的船隊從紐芬蘭出發，沿著拉布拉多（Labrador）海岸航行，到達格陵蘭島以西甚至更遠的地方，不僅尋找露脊鯨，也尋找抹香鯨（*Physeter macrocephalus*）。抹香鯨在世界各地的海洋中夏季時向北游，冬季則往熱帶水域去獵食魷魚。船隊便跟隨抹香鯨的遷移路徑，前往北極海或南太平洋。

雖然抹香鯨只能產出一百桶油（遠低於露脊鯨），而且沒有鯨鬚板這樣的濾食器官，但由於牠身上的鯨油油質很好，值得捕獵。最好的抹香鯨鯨油非常乾淨，幾乎沒有氣味，但最有價值的是其頭腔中的油性物質——鯨蠟（spermaceti）。鯨蠟不僅能製成燈油，還可以製作最高品質的蠟燭：因為有高熔點，燃燒能發出牛羊油脂蠟燭兩倍的光。而鯨蠟燃燒出的火焰沒有臭味——這可是在蠟燭會散發怪味、燈又暗又臭又油的時代裡非常可貴的品質。鯨蠟蠟燭可能在十八世紀中期首次登場，或許是班傑明・富蘭克林（Benjamin Franklin）所稱的「一種新的蠟燭，非常便於閱讀……它提供了清晰的白光，即使在大熱天裡，也可握在手中不軟化……它能持續燃燒較長的時間，也幾乎不需要剪燭花。」[15]

抹香鯨身長可達六十多呎，體重超過六十噸，擁有幾乎一呎厚的脂肪，但其最大的特點是傷痕累累的巨大頭部，那是魷魚吸盤攻擊的痕跡。

> 巨大的抹香鯨身軀上，神祇般與生俱來的至尊威嚴在這樣的外表下更為強化，當人凝視著牠，直面其正面，會感受到其他生物無法帶來的強烈神性和恐懼的力量。因為看不到任何一點、牠也沒有透露出任何一點明顯特徵，沒有鼻子、眼睛、耳朵或嘴巴；沒有臉，什麼都沒有——只有前額寬闊如天，眉宇布滿褶皺，默默在大小船隻與人類跟前陷入難堪噩運。[16]

抹香鯨頭部裡有大約十八磅（約十八公斤）的大腦（世界上最大的大腦），包含兩個腔室，捕鯨人稱之為「盒子」或「舊廢品」。頭頂上半部的「盒子」充滿了油和鯨蠟的混合物，那也稱為「頭部物質」，是清澈的琥珀色或玫瑰色蠟質液體，捕鯨人會用水桶把油和鯨蠟從屍體的頭部中撈出來。而一旦「頭部物質」離開鯨魚軀體，暴露在冷空氣中，就會結晶硬化成純白色物質，捕鯨人再將結晶裝入桶中，在後續航行中儲存起來。平均一隻抹香鯨中可能有多達五百加侖（約一千九百公升）的頭部物質，更大的抹香鯨甚至有九百加侖（約三千四百公升）那麼多。

而位於前額下半的「舊廢品」含有浸有鯨油的海綿狀物質。從「舊廢品」擠出的油也是最好的燈油。此外，捕鯨人也可從抹香鯨的脂肪中獲取油。油的價格往往取決於供需狀況，以及本身的品質，即使在同一種鯨魚中，每隻鯨魚的油質也有所不同。但抹香鯨的鯨油價格總是較高，是普通鯨油的三到五倍。一八三七年，美國船隊的抹香鯨油年產量超過五百萬加侖（將近一千九百萬公升），每加侖售價為一美元二十五分。抹香鯨鯨油價格在一八六〇年代達到巔峰，每加侖要二美元五十五分。

與牛羊油脂不同，廚房裡的家庭主婦不能蘸取鯨蠟製成蠟燭，因為製作鯨蠟燭過程複雜，需要耗時幾乎一年才能完成。當鯨蠟到達港口後，會被帶到蠟燭製造商的製燭工坊，在那裡將其煮沸以過濾雜質，然後存放至天氣冷到蠟燭能完全凝結時。在和煦的冬日，趁鯨蠟稍微軟化之際，再將它們鏟入羊毛袋裡，並用大型木葉片螺旋壓榨機榨出油來。這些從鯨蠟擠出的油就稱為「冬季壓榨抹香鯨油」，清澈乾淨，作為燈油出售價格最高。剩下的鯨臘就儲存到春天，將其再次加熱以過濾更多的雜質，然後冷卻，模製成糕狀後再削成小塊，最後再搾取（這次放在棉袋中，使用更大的壓力）出「春季壓榨抹香鯨油」，品質較差。袋子裡還剩下的鯨蠟經第三次壓榨會成為「緊壓油」或「夏季油」。這三次壓榨後剩餘的固體幾乎是純鯨蠟，呈現蠟狀，帶褐色或黃色，且有灰色條紋。製造商會存放到夏季時再次加熱，這次就要用鉀皂漂白澄清鯨油，讓油色清澈如泉水，在製成蠟燭之前，就可賣得牛羊油脂蠟燭兩倍價錢。除了蜂蠟之外，鯨蠟的確無與倫比，而且就跟蜂蠟一樣——永遠都是富人獨享。所以，一支直徑略多於兩公分、重七十五公克的純鯨臘蠟燭所穩定發出的清晰火光，就這樣從其他臘燭和燈具中脫穎而出，成為了衡量光線強度的標準：一燭光；連第一顆電燈泡也是以此單位來衡量。

人們對鯨蠟和抹香鯨油的渴望和需求，推動著捕鯨產業進入十九世紀的盛況。一八四六年左右，船隊的規模達到了顛峰，當時有超過七百艘船自二十個美國主要港口和一些較小的港口出發，其他國家也有數百艘船在捕鯨場上逡巡。這一年帶回港口的油和鯨臘總共值八百萬美元。梅爾維爾本人也提出了一個問題：「無論這種利維坦般的巨獸可否長期忍受如此大陣仗的追捕、如此無情的討伐；無論牠最後是否從水中絕跡，最後的鯨魚大概也會像世界上最後一個人那般，抽上最後一口菸斗，然後在自己吞吐的煙霧中消失。」[17]在大肆捕撈之前，全球海洋中大約有一百一十萬隻抹香鯨。我們不知道抹香鯨在十九世紀中期還剩多少隻存活，但今天「復甦」後的群體數量大概是三十六萬隻。

雖然抹香鯨是珍貴的漁獲，但捕鯨船也會盡可能捕獵所能找到的其他種鯨魚。一八五一年，超過一千萬加侖（約三百七十八萬公升）的一般鯨油（每加侖〔約三點八公升〕價錢約為四十五美分）抵達美國港口。數百萬加侖的其他鯨油和抹香鯨鯨油在全球流通，這表示比起從前，更多人（尤其是城市居民）取得光源相對容易了。人們在夜間開始點亮更多家用燈具，並維持更長時間的照明。對，更多的光——與舊有的當地油品和牛羊油脂製成的油不同，這種光可讓他們遠離髒兮兮的製燈原料，人們第一次可以遠離光源生產的整個製程。梅爾維爾書中的主角以實瑪利這樣提到自己和同伴：「他們認為我們的職業與屠宰沒什麼兩樣，而我們的確被各種各樣的污穢所包圍。屠夫嗎？我們的確就是……但是，全世界雖然都蔑視我們捕鯨人，卻也無意中向我們致以最深的敬意，是的，無比崇拜！因為世界上所有油燈、大大小小的蠟燭，在許許多神龕上燃燒不輟——正是在向我們致敬、彰顯我們的榮耀！」18

十八世紀的捕鯨人有自己特殊的職業風險，但海洋對所有水手來說都很危險。大多數導航工具都很簡陋，圖表也不精確。一旦夜幕降臨或壞天氣逼近海岸，水手航行時就幾乎沒有光可引導他們避開沙洲、礁石或沉船碎片。沒有燈光能幫助他們，通常只有岬角上煤炭或燒柴的明火，或是在長桿上燃燒瀝青或橡木的火籃，所以水手難以穿透濃霧和黑暗，也無法抵禦襲來的狂風暴雨。維繫光源的工作可能須片刻不間斷才行：在颳風的夜晚要維持明火燃燒，可能會消耗大量的煤炭和原木；而燈塔對燃料的無止盡需求，是丹麥海岸安霍爾特島（Anholt）森林消失的主因之一。

有些燈塔的燈被煙霧籠罩，照明效果並不好。這些燈的火焰（有時是開放式的，最多也就用玻璃或犀角罩住，或是用反射器或凸透鏡來放大燈光亮度）通常小而不穩定。燈塔的燈通常配有許多燈芯，所以必須經常剪燭花以維持火焰燃燒，不時還要搧風、添油。這種燈在寒冷天氣中難以點燃，而且守護燈的燈塔管理員（人力嚴重匱乏，因為這個工作既孤單又薪水微薄，還得受風吹雨打）需要在燈籠中添置熱煤炭以防止油污凝結。即使燈塔管理員努力工作，單單英國海岸——十八世紀初的英國有世界上最先進的燈塔設施——每年就有五百多艘船遇難沉沒。

有時船隻沉沒卻是因為燈光本身造成的，燈塔燈善意的出發點，竟成了一種誤導。在十八世紀，幾乎所有燈塔都是固定的，不像之後的閃光信號燈系統，可用以區分不同的燈塔。雖然固定燈塔的燈光能幫助熟悉這些水域的水手定向，但對於不確定自己方位的船員卻幫不上多大忙。經過漫長顛簸的航行之後，準備靠岸的船隻可能已偏離原本航線，因此領航員可能誤將所看到的光源當作海岸另一頭的燈塔。又或者，燈塔上的燈光很可能會熄滅，領航員原本期待該有的燈光不在那裡，導致迷航。而這些地表上的人工光源，有時也可能看似天體的光芒。老普林尼（Pliny the Elder）談到羅馬時代的海上信號，他寫道，「唯一的危險是，當這些燈火不間斷燃燒時，可能會被誤認為星星，畢竟遠看火光真的挺像星星的。」[19]

燈光也可能被刻意用來欺瞞：意圖洗劫商船的強盜有時會在黑暗的岬角上設置燈籠，希望它被當成真的燈塔，不過他們常用的技倆如以下所述——根據燈塔歷史學家D. 艾倫·史蒂文森（D. Alan Stevenson）的說法——「屁股後拖著兩個燈籠，表現得像行進中的船隻，引誘船靠近附近的岩石和淺灘而遇難。」[20] 劫盜者不是少數的惡徒。歷史學家貝拉·巴瑟斯特（Bella Bathurst）指出：「許多沿海村莊會以劫掠異國來的撞毀、破損船隻維生，他們視搶劫為討海生活的一種補貼，並強烈抗拒打算干涉他們行徑的任何嘗試……這些打劫者對『更安全的海域』這類前景極為不滿。」[21]

據說，目前我們所知世界上第一座燈塔法羅斯（Pharos），它的火光在一百哩之外就能看見。雖然必定有誇大的成分在，但法羅斯的結構令人印象深刻：在公元前三世紀，燈塔為了亞歷山大港而建造，它的光（由曲面鏡或拋光的金屬圓盤加強和投射）安置在穹頂中一個大理石長方形結構內，高出埃及低窪海岸四百呎。當時比燈塔高的建築物就只有金字塔了。相形之下，十八世紀海岸的燈光遜色許多。晴朗的夜晚裡，維護良好的燈塔燈光可以照到五、六哩，甚至到七哩之遙，但仍遠不及海域一些潛在的嚴重危險的分布範圍，如距離英格蘭南部海岸外九哩的埃迪斯通礁石，它延伸了半哩範圍，幾乎都藏在海面下，在漲潮到最高點時，最突出的岩石只露出水面三呎。根據巴瑟斯特所寫：

銹色的片麻岩有著鑽石般的韌性，即使在浪潮最平靜的日子，經過岩石的水流也會突然爆出水花。一般都認為這是個「脾氣暴躁」的地方，充斥憤怒和扭曲的情緒，到了十六世紀，埃迪斯通毀滅船隻的惡名昭彰，已經遠超出康瓦耳（Cornwall）海岸……商船對於埃迪斯通地區的破壞性非常警覺，通常會繞行海峽群島（Channel Islands）或法國北部海岸，試圖避開它。22

在礁石完全露在海面上的埃迪斯通區域，由亨利．溫斯坦利（Henry Winstanley）設計、建造的第一座海上燈塔於一六九八年完工。溫斯坦利將十二根鐵桿插入礁石區中最高的岩石，再用石頭圍住長桿來穩固結構。天氣晴朗的時候，幾乎每天都有玻璃匠、鐵匠、泥瓦匠和木匠從普利茅斯（Plymouth）出發。即使在波濤洶湧的大海上，他們也能將大量的物料從船上移到岩石區，並在漲潮開始包圍工人前完成工作。史蒂文森寫道：

仲夏時分，這群燈塔建造工決定進駐燈塔塔樓，希望節省在普利茅斯和礁石區通勤耗費的時間和體力。但就在第一個晚上，這個季節預料之外的嚴重風暴發生了，沒有任何船隻可以接應他們。而這裡幾乎沒有遮風避雨的設施……一群人被水困在尚未建屋頂的燈塔中十一天，最後終於在快滅頂的情況下上了岸。當天氣好轉後，他們沒有受這次不愉快的經驗所影響，還是返回礁石區繼續完成燈塔工事，最終也於十一月十四日啟用、點亮燈塔……在接下來的幾個月裡，海浪卻打上了燈籠放置的高度，溫斯坦利見狀，認為有必要再建高燈塔。23

第二年，溫斯坦利擴大了燈塔的結構，將高度抬升了四十呎。他的第二座燈塔屹立了三年，最後毀於險惡的冬季天候中。當溫斯坦利再次回到礁石區監督燈塔維修工作時，他和工人連同整艘船在該海岸遭遇有史以來最猛烈的風暴、撞上了礁石。天氣放晴後卻沒有任何人存活的跡象，燈塔留下來的也只是一些扭曲的金屬碎片——那些將燈塔連接到岩石上的長桿基座殘餘物。

埃迪斯通的第三座燈塔由約翰．魯迪亞德（John Rudyard）打造，它就像裝滿石頭的木質刀鞘，佇立了五十年，但後來裝有燈火的木製燈籠意外著火。從英國海岸往外看燈塔的延燒大火，火光照出去範圍之大，超過了原本正常運作的燈塔光亮。史蒂文森寫道：

> 大火快速席捲了塔樓，火焰向下直燒到人們頭頂，他們從一個房間跑去另一個房間，直到在岩石縫隙中找到可躲藏的地方為止……同時，燃燒的餘燼和燒得熾燙的螺栓如雨點般落下……其中一名燈塔看守員……宣稱，就在他們從失火燈塔往下逃的時候，他向上一看，一些熔化的鉛落入他的嘴裡並穿過他的喉嚨掉了進去。他不曾感到疼痛，而幫他檢查的醫生不相信他的故事，但十二天後他去世了……埃迪斯通的可怕經歷讓另一名燈塔管理員害怕不已，抵達陸地後，人就跑不見蹤影，再也沒人聽過他的消息。24

然而，礁石上第四座燈塔建造計畫又啟動了，這次由工程師約翰．斯密頓設計，他根據英國橡樹的形狀構想了自己的設計，認為喇叭形基座可以賦予燈塔更高的穩定性。超過一個世紀以來，這個創新設計成了燈塔建築的典範。斯密頓完全採用石頭作為建材，他用花崗岩當地基和外牆，並使用柔軟的波特蘭石（Portland stone）作為內裝。沿海城市普利茅斯的泥瓦匠於一七五六年八月開始切割一噸重的石頭，在隔年夏季開始造燈塔。根據史蒂文森所寫：

> 固定在岩石東側的擋板可防止船隻造成的磨損。另也裝了剪切機和起錨機，用來從船上抬起石塊，並直接吊裝一艘載有船員的沉重長船進行測試……六月十二日星期日，搬來重達兩噸的第一塊石頭固定就位，也鋪滿了砂漿。隔天，石匠再擺放這一批的另外三塊石頭。第十五天，大浪捲走總共十三塊石頭中的五個……但普利茅斯夜以繼日工作的泥瓦匠在兩天內就完成了重建工作。25

工匠有時得在黑暗的夏夜中工作，只能依稀看到點燈或火炬的閃爍微弱閃光，而完成重達一千多噸、高出岩石底部八十呎的燈塔，還需要三年多的時間。一七五九年十月燈塔首次點亮，斯密頓所建之塔的燈光與前代的埃迪斯通燈塔光相比沒有什麼不同，亮度甚至也沒有較強：二十四枝蠟燭的枝形吊燈（每個蠟燭體積相當於現在的餐宴蠟燭），需要每半小時剪一次燭花，再放回原位以維持火焰。如果玻璃潔淨，光線維持良好，最遠在七哩之外可以見到燈光：「肉眼看上去非常清晰明亮，就像一顆四等星。」[26]這次埃迪斯通燈塔在礁石上挺立了一百二十年。

在十八世紀，海上交通流量大幅增長，埃迪斯通燈塔的故事不僅說明了光源對航海者的重要性，而且也體現出人類為了讓光再多亮一點點也好——甘願卯足了勁打拚。除了再多一點點光亮，人們真的別無所求。儘管充斥鯨魚屠殺、取脂鍋的臭味，以及製作鯨蠟燭那複雜而神祕的過程，十八世紀的光源並沒有比羅馬時代的光亮多少，製燈技術幾乎沒有什麼長進。部分原因是當時的科學家甚至都不了解（他們在夜晚直盯著瞧的）火焰特性為何。而在歐洲大陸的實驗室裡，終於有了第一次可測得的光亮度增加的實驗，地點在遠離捕鯨船上滿是油污的甲板之外的另一個世界。

在法國大革命和美國革命戰爭時期，科學家堅決認為所有物質多少都含有「燃素」（phlogiston），一種在燃燒過程中傳遞進空氣中的致燃物質，「只要空氣能從可燃物質中接收到燃素，物體將繼續燃燒，」當時在哈佛大學教書的塞繆爾．威廉姆斯（Samuel Williams）教授提到：

> 當空氣中燃素飽和、無法再接受新的燃素時，就會停止燃燒，因為不再有燃素可從燃燒的物體中逸出或釋放出來。因此，一有新鮮空氣接收到燃素時，燃燒即會再次發生。於是，從中我們得出「有燃素空氣」和「去燃素空氣」兩詞彙。「有燃素空氣」指的是裝載、充滿燃素的空氣；而「去燃素空氣」則是不含燃素、不含致燃物質的空氣。[27]

在十八世紀的最後二十五年，不少科學家嘗試燃燒的實驗，最著名的是英國的約瑟夫．普利斯特里（Joseph Priestley）和法國的安東萬・拉瓦節（Antoine Lavoisier）。普利斯特里在空氣中發現了氧氣，但他仍堅持著燃素理論。而拉瓦節在巴黎做的實驗奠基於前者對於氧氣存在的理解之上，拉瓦節的結論是物質燃燒並不是往空氣中傳遞燃素，而是因為空氣中的氧氣能助燃。

瑞士科學家法蘭棱瓦－皮耶・阿米・阿甘德（François-Pierre Ami Argand）曾在拉瓦節的實驗室工作過，他利用拉瓦節和普里斯特里的研究結果，創造了燈具史上第一個重大改良。阿甘德燈的設計中，最重要的結構是放在兩個金屬圓筒之間的管狀燈芯。圓筒底部有開口可讓外部和燈內的空氣接觸燈芯上的火焰，氧氣量增加了，所以比起以前的燈，阿甘德燈能燃燒出更旺的火焰。而燈芯在更高的溫度下燃燒，碳顆粒幾乎被消耗殆盡，因此產生的火焰更乾淨。阿甘德燈只會產生很少的煙灰和煙霧，幾乎不需要剪燭花。後來，阿甘德將燈芯封入燈囪管（先是用穿孔的金屬、然後採用玻璃當材料），不但保護燈芯不受風吹氣流的影響，也可以向上通風，將空氣導向火焰。此外他還設計了一種升降燈芯的構造。根據某些紀錄，阿甘德的燈光比六支牛羊油脂蠟燭還明亮。也有其他人宣稱，如果加了鯨蠟蠟油，阿甘德燈產生的光亮度約為普通燈的十倍，它的火焰不是常見的橙色，而是「非常白、非常生動，燦爛得令人目眩，遠遠超過任何之前的燈所能發出的光芒。」[28]

但經調查，實驗室裡製造出的這種光，對私人住宅來說似乎太明亮，亮到人眼無法承受。有個說法提到「由於阿甘德燈發出的光線對脆弱而易受刺激的眼睛來說太耀眼，我們建議使用一個小屏障，與火焰的範圍等比例，置於光線一側，從讀者的眼睛這側隔開，不用影響到其他人的光線，也不會讓整個房間變暗。」經過這麼多個世紀，人們一直夢想要擁有愈多愈好的光，此時卻開始用雲母、犀角和裝飾玻璃遮擋了火焰。第一批燈罩於是誕生。

阿甘德燈也遇到了困境：儘管發光效率很好，但較大的燈芯和較高的氧氣用量，就表示要比以前的燈耗掉更多燃油，這不僅使點燈照明的成本變高，也令阿甘德燈無法單靠燃油爬上燈芯的毛細作用來維持火焰，因為當時黏稠的動物和植物油脂在燈芯上爬升過慢。阿甘德設計了一個儲油裝置，靠近燃燒器但位置略高於它，可以靠重力為火焰提供燃料，但儲油裝置會遮擋部分光線，投下陰影。

「阿甘德燈（或在法國稱為康克燈〔Quinquet〕）這種代表性燈具，通常由青銅、銀、瓷、水晶和其他昂貴的材料製成，與一般人的荷包絕緣。」[29] 歷史學家馬歇爾・戴維森（Marshall Davidson）觀察後說道。但不僅僅是燈具本身的成本讓阮囊羞澀的人卻步，此種燈消耗的油量更徹底提不起他們的購買意願。光明需要付出代價，而人們深知此事——「北方錫鐵匠在一七八九年推廣親民版本的阿甘德燈並沒有成功，」戴維森提到，「聽起來很荒謬，但就是因為阿甘德燈給了太多的光，才使光被更大力遮掩，得變得更弱才行，甚至於火光還沒有一根蠟燭燭光亮，真不切實際……就算它光芒更璀璨、有更好的照明效率，同時卻也要燒掉更多的油，對普通家庭來說仍十分不經濟。」[30]

至於在航海界，阿甘德燈就非常寶貴。一個裝有拋物面鏡以放大燈光的燈塔，這種燈光照明更亮了，是舊燈塔光的好幾倍，而且光源更穩定可靠。正如史蒂文森所述，採用阿甘德燈的海上信號燈光，再加上當時有更多的燈塔落成，代表著「一八一九年最強大的燈塔光遠超過了一七八〇年所有燈塔燈光加起來的總和」[31]。而我們現代人依舊在使用中、最偉大的燈光發明，接下來才要粉墨登場。

一八二二年，法國物理學家奧古斯丁－讓．菲涅耳（Augustin-Jean Fresnel）設計了「一窩」燈。他的菲涅耳透鏡燈（置於牛眼型玻璃中，由同心圓燈芯組成的燈，周圍繞著一環環的玻璃棱鏡）可以彎曲光線、聚光成明亮而狹窄的光束。他最大的燈由一千個棱鏡構成，高度超過十呎，可幫助船隻沿著最迷霧繚繞的危險海岸航行。當菲涅耳透鏡燈設置在海平面上一百呎左右的高度（高度足夠補償地球的曲率時）時，光束可以照亮半徑二十哩的範圍。菲涅耳製作了六種不同尺寸的燈面，用於港口和海灣的是最小的六階鏡頭，直徑只有十二吋，高十八吋。

在整個十九世紀，燈塔除了裝設菲涅耳透鏡燈、用更可靠的電燈或煤氣燈取代舊式油燈之外，還開始採用間歇閃燈系統，以區分不同的海上地點標示。就算不熟悉該處海岸的水手，也可以在太陽下山後（白天可透過燈塔上的彩繪圖案來辨識），靠閃燈燈光信號來搞清楚方向。而燈船和光浮標，以及音哨、鈴鐺和霧角等聲音信號，也經常用來標誌出較為危險的淺灘。

儘管如此，沉船事件到二十世紀仍屢見不鮮。一九二〇年代早期，在鱈魚角（Cape Cod）南岸五十哩處有十二個海岸防衛隊工作站運行，帶著燈光的衝浪救生員巡邏海岸，搜尋船隻遇難的水域。「他們每天晚上都出隊，一年到頭每個夜裡，我們都在東部海灘上看到鱈魚角巡岸隊不斷奔走。無論冬天還是夏天，他們一而再、再而三地巡迴，午夜穿過東北風暴的凍雨狂風，到了安穩的八月……沿著遠處逐漸消失的海灘足跡反覆追縱，」[32] 亨利．伯斯頓（Henry Beston）記錄了鱈魚角海岸救難隊的生活：

剛剛海岸上出現了大片殘骸，是今年冬天以來的第五度，也是最糟糕的一次……大型的三桅帆船蒙特克萊爾號（Montclair）受困在奧爾良，在一小時內被摧毀殆盡，五名船員淹死……而老經驗的人會告訴你傑森號如何在帕梅特（Pamet）附近遭冬季暴雨襲擊，而船骸和倖存者又是怎麼被打到午夜的海岸上；其他人還會跟你說雪花飄落的二月陽光下，悲慘的松栗號（Castagna）和船上凍僵的男人離開人世的故事。去小屋裡走走，你可以坐在從巨大殘骸收集來的椅子上，使用從另一艘船拿來的桌子；在你腳下打著呼嚕的貓可能是曾經從沉船上獲救的水手。[33]

任何十八世紀的水手想必都難以想像，會有這麼一天——埃迪斯通礁石上的信號燈能夠發出相當於五十七萬支蠟燭的光芒；應該也無法置信有一天這種光對於船隻能否安全行經礁石區，也不再必要。甚至有這麼樣的一天，領航員幾乎不需緊盯著尋找地平線，因為獲得資訊有其他管道——雷達、GPS系統、電子海圖。數據已成為新的明燈。

參考文獻：

1 Herman Melville, *Moby Dick* (New York: Penguin Books, 1992), p. 466.
2 J. Ross Browne, quoted in Richard Ellis, *Men and Whales* (New York: Alfred A. Knopf, 1991), p. 198.
3 From Arrian's description of the conquests of Alexander the Great, quoted ibid., p. 33.

4 Levi Whitman, quoted in James Deetz and Patricia Scott Deetz, *The Times of Their Lives: Life, Love, and Death in Plymouth Colony* (New York: Anchor Books, 2001), p. 248.

5 William Davis, *Nimrod of the Sea,* quoted in Alexander Starbuck, *History of the American Whale Fishery* (Secaucus, NJ: Castle Books, 1989), p. 157.

6 出處同上：p. 156.

7 出處同上：p. 157.

8 *The King's Mirror,* trans. Laurence Marcellus Larson (New York: American-Scandinavian Foundation, 1917), p. 123.

9 Melville, *Moby Dick,* p. 297.

10 出處同上：p. 461.

11 Ellis, *Men and Whales,* p. 198.

12 Melville, *Moby Dick,* p. 462.

13 出處同上：p. 460.

14 出處同上：p. 466.

15 *The Papers of Benjamin Franklin,* quoted in Richard C. Kugler, *The Whale Oil Trade, 1750–1775* (New Bedford, MA: Old Dartmouth Historical Society, 1980), p. 13n.

16 Melville, *Moby Dick,* p. 379.

17 出處同上：p. 501.

18 出處同上：pp. 118–19.

19 Pliny the Elder, *The Natural History of Pliny,* trans. John Bostock and H. T. Riley, vol. 6 (London: Henry G. Bohn, 1858), p. 339.

20 D. Alan Stevenson, *The World's Lighthouses Before 1820* (London: Oxford University Press, 1959), p. xxiv.

21 Bella Bathurst, *The Lighthouse Stevensons: The Extraordinary Story of the Building of the Scottish Lighthouses by the Ancestors of Robert Louis Stevenson* (New York: HarperCollins, 1999), p. 26.

22 出處同上：p. 54.

23 Stevenson, *The World's Lighthouses,* p. 115.

24 出處同上：p. 121.

25 出處同上：p. 124.

26 John Smeaton, quoted ibid., pp. 125–26.

27 Samuel Williams, quoted in *Harvard Case Histories in Experimental Science,* ed. James Bryant Conant, case 2, *The Overthrow of the Phlogiston Theory: The Chemical Revolution of 1775– 1789* (Cambridge, MA: Harvard University Press, 1964), p. 15.

28 Quoted in Brian Bowers, *Lengthening the Day: A History of Lighting Technology* (Oxford: Oxford University Press, 1998), p. 28. "as the light emitted": A.F.M. Willich, *The Domestic Encyclopaedia, or A Dictionary of Facts, and Useful Knowledge,* vol. 3 (London: B. McMillan, 1802), s.v. "lamp," http://chestofbooks.com/reference/The-Domestic-Encyclopaedia-Vol3/Lamp.html (accessed June 29, 2009).

29 Marshall B. Davidson, "Early American Lighting," *Metropolitan Museum of Art Bulletin*, n.s., 3, no. 1 (Summer 1944): 37.

30 出處同上。

31 Stevenson, *The World's Lighthouses*, p. xix.

32 Henry Beston, *The Outermost House: A Year of Life on the Great Beach of Cape Cod* (New York: Henry Holt, 1992), p. 128.

33 出處同上：pp. 116–17, 121.

第四章 煤氣燈

雖然在十九、二十世紀之交，多數人仍在使用古老光源來照明，但在未來幾十年內，情況會改變。更明亮、清潔的礦物燃料取代了牛羊油脂和鯨油，而人類光源的故事也將不止侷限在蠟燭和燈的範圍，那會是個超越線性、由相互纏結得密不可分的種種發明和技術改良所構成的故事：煤氣燈、安全火柴、電弧燈、煤油、愛迪生的白熾燈泡和特斯拉的交流電即將登場。當新的照明形式取代了過時的光源，它們之間的彼此競爭會使社會分層化；更強化了鄉村和城市、家庭和工業的分野。

在十九世紀第一個十年，至少對英國的城市居民和工廠工人而言，煤氣燈引領了這種轉變。當時的煤氣燈燃料是煙煤蒸餾成焦炭（碳化的煤炭）的副產品，而焦炭生產在煤炭作為經濟基礎的英格蘭已有超過一世紀的歷史。英格蘭人喜歡在他們的家庭和工業爐灶中燃燒堅硬而輕質多孔的焦炭，因為狀態較原始的煙煤會產生多煙的黃色火焰，而焦炭燃燒更有效率，有著平均且強烈的熱度，不太產生火花、煙灰和煙霧。「焦炭不太需要（令英格蘭人感到倦怠的）撥火。」[1]當時一位作家寫道。

焦炭製造得將煤炭鏟入稱作蒸餾器（retorts）的容器中，放入大型烤箱，然後加熱——此過程中煤炭裡的焦油和氣體會逸散。在十八世紀，焦炭製造商會保留並銷售用於煅燒船舶的焦油，但他們將煤氣當作廢棄物釋放到空氣中。儘管人們早就知道這種氣體可燃燒、發出亮光，但科學家縱使實驗過點燃充有煤氣和其他可燃物的氣囊，卻到十九世紀初都還未成功研發出可燃氣體的實際應用方法。

一八〇一年，法國科學家菲利普．勒邦（Philippe Lebon）在巴黎展示了他的熱能燈（Thermolamp），這是第一次公開展示的煤氣燈：一座爐子裡裝有蒸餾器，將蒸餾出的可燃氣體（在這種情況下應該是木煤氣）送入冷凝器，再通過一系列管路到出口。勒邦想像他的熱能燈可以用於家用照明和加熱：「可燃氣體隨時可將最明顯的熱量和最柔和的燈光擴散到各處，一起使用或分開使用都可以。我們能讓燈光從一個房間傳到另一個房間……沒有任何火花、煙灰或煙霧帶來的困擾。煤炭或木材都不會燒焦，不會使我們的公寓變黑、變髒而需要清潔整理。」[2]勒邦替自己的房屋配備了熱能燈，為引起公眾的興趣，還開放售票參觀。許多人對他的發明很好奇，但很少人被說服，熱能燈沒有進一步進展。

煤氣燈最先是應用在英國機械商行和布料、製紙工廠，因為在這些地方工作特別能感受到燃燒牛羊油脂或鯨油燈光的限度，尤其在冬天，工人需要在黑夜降臨後工作好長一段時間，傳統油燈搖擺不定的光照會對精細工作帶來困難。為照亮工作區域，一些大型工廠需要數百盞甚至數千盞牛羊油脂蠟燭或鯨油燈，而每項需要維持照明的任務（點燈、燭剪花、更換、添油、清潔）——更別提臭味、刺激性煙霧和溫度升高的問題——中若出現任何小事故，都可能致災。一些大型工廠的業主因為擔心發生大火，甚至有自己的消防設施。維繫這些光源的費用也很高，史學家M.E.佛克斯（M.E. Falkus）指出：

工廠……在冬季月份使用了大量的油和脂肪塊。在一八〇六年，曼徹斯特最大紡紗廠之一——麥康納和肯尼迪（McConnel & Kennedy）工廠中，在日照最短的時節，蠟燭得至少燃燒八小時，而在一年中有六個月平均每天要燃燒四小時……一八〇六年，麥康納和肯尼迪工廠的年度照明成本約為七百五十英鎊。這家公司平均每晚燒掉一千五百支蠟燭，而一年中有整整二十五週如此，所以一年總共消耗超過一萬五千磅（約六千八百公斤）的動物油脂。3

威廉・穆迪（William Murdoch）是波爾頓與瓦特公司（Boulton and Watt，英格蘭最著名的公司之一）的首席工程師，也是第一台蒸汽車的建造者，在勒邦開發熱能燈的同時，他也試驗了煤氣。雖然其他人也在研究如何使用煤氣，但穆迪是首位真正取得成功者。他的系統與勒邦的唯一不同之處在於規模：穆迪打造了帶有蒸餾氣體管道的蒸餾器，稱為儲氣槽（gasometers），而儲氣槽上裝有排氣管，可以在需要煤氣時通過主管道輸送氣體，然後再藉著較小的管道排放到出口外。

穆迪用最初的實驗成果點亮了自己的小屋，然後在一八〇二年，他替位在伯明翰蘇活（Soho）這個地方的波爾頓與瓦特公司的工廠鍛冶區打造了更大的系統。此系統的成功促使他又再擴大了系統，將蘇活整個地區之內的作坊都涵蓋進來。一八〇五年，他開始在曼徹斯特的菲利浦斯和李（Phillips & Lee）棉織廠建造煤氣燈系統，幾年後才完成。

據估計，九百多個燃燒器產生的光相當於兩千五百支牛羊油脂蠟燭，每個工作天平均約燃燒兩小時。工廠包含十一個儲氣槽、六個蒸餾器和超過兩哩的氣體管路。該工廠的總支出超過五千英鎊，煤氣成本約為六百英鎊，再加上設備折舊和作為副產品的焦炭銷售……若換作牛羊油脂蠟燭要產生相當的照明，成本大概為每年兩千英鎊。4

這些初代煤氣燈系統可能無法顯著改善工作區的照明品質。當時多數的觀察者聲稱一個煤氣燈燃燒器的亮度比普通油燈亮三到六倍，但他們沒有真正準確的方法來測量差異，只是用陰影來比較，那時他們是這麼解釋這種「陰影比較法」的：

假設要知道阿甘德燈的亮度等於多少支制式蠟燭的光，可將燈放在壁爐架的一端，而蠟燭放在另一端，拿起鼻煙盒、一本書或任何可以搭配光源，在對面牆上的白紙投射出陰影的物體，放在壁爐架的中線上。燈會產生一道陰影，蠟燭會產生另一道陰影，當陰影同樣黑暗時，燈光相等，而燈光愈強，產生的陰影愈黑暗。5

煤氣燈有利的地方在於，它可產生比油燈甚至是阿甘德燈還大的火焰，因為它不受燈芯尺寸的限制。與最簡單的燈和蠟燭所燒出的橘紅色火焰相比，煤氣在理想情況下燃燒得更完全，會產生更白、更清晰的火焰。然而最初的時候，煤氣燈離這樣的情形還差得很遠。起初，煤氣燈的過濾器很少，煤氣中含有硫化氫和碳酸，也因此隨煤氣燈光而來的，就會是燃燒油臭味。（雖然穆迪在菲利普斯和李工廠中的系統採用石灰過濾氣體，以吸收硫化氫和碳酸，但卻無法完全淨化。）而煤氣本身品質參差，煤氣設備粗糙，傳輸管路也不可靠。威廉・奧迪亞寫道：「燃燒器只是中間穿有孔洞的鐵管；煤氣除了品質良莠不齊、照明效果較差之外……燃燒器也會很快被鏽蝕；即使燃燒器還很新，也容易讓火焰熄滅。」[6]儘管如此，煤氣系統不需要像照顧油燈那樣，需要人力時時刻刻的關注、維持，也不會出現什麼外溢和傾倒的情形。雖然煤氣會留下烏黑的煤氣煙灰，但它確實比油燈更乾淨。

雖然說煤氣燈更清潔，但其取得過程產生的污垢卻與獲取鯨油的過程不相上下。如果在十九世紀早期，你潛入英國的煤礦坑裡一探究竟，便能驗證這件事情。當時一位作家是這麼說的：

> 整潔有秩序的礦工將自己染成一身黑，進到黑色煙霧迷漫的無底坑洞裡，在那裡你會感到人類的肺部無法發揮作用，血液也無法流經心臟。一進到洞裡，你會看到其他人的樣子漆黑如煤炭、渾身汗濕、疲憊不堪。我在一個黑暗的夜晚，站近一個被懸掛爐篦（grate）照亮的坑口，爐篦內正燒著燃煤……這座坑裡冒出的煙霧像蒸汽機煙囪排放出來的煙一樣濃稠密集。而那些一臉烏黑汙垢男人……眼睛炯炯有神。[7]

除了在井口處懸掛的爐篦外，幾乎沒有什麼能照亮礦工的視野。他們用著少量蠟燭，因為甲烷氣體（即沼氣）存在於許多礦井中，會被明火點燃。但是仍需要一些照明來幫助他們採煤炭，也要用來檢查周遭環境，以便發現礦井中的結構脆弱之處。因此在工頭檢測完氣體的組成成分後，礦工仍得冒著使用蠟燭燭火的風險。首先，工頭在地上點燃一條修剪過的乾淨蠟燭，並將手掌遮在它前方，這樣就只能看到火焰的尖頂。然後他將遮著的蠟燭慢慢舉到礦井的頂部，因為沼氣比空氣輕，會集中在上方。如果沼氣存在，火焰的尖端會變成藍色。「當蠟燭往上舉，火焰尖頂變大、呈現更深的藍色時，就代表可燃氣體比例增加，然後會到達燃燒點，」那個時代有這樣的說法，「但是有經驗的礦工都知道，蠟燭『展現』出來的變化，很少真的達到燃點——除非突然有可燃氣體排放出來。」[8]

最佳情況是，當工頭發現有沼氣，為了操作上的安全，他會先離開礦井，再將點燃的蠟燭或充滿煤炭的鐵籃放入礦井內。但若他在遠端偵測沼氣，就必須派另一個人來點燃蠟燭：「男子穿著從頭到腳用水浸濕的衣服，拿著一端有點燃蠟燭的長桿慢慢爬往地底下。若爆炸了，他會面朝地向下撲倒，夠幸運的話，便可躲過礦坑頂端噴射出的火焰而逃脫。」[9] 擔當此職務的人有時稱為「懺悔者」。

儘管付出了這樣的勘查努力，礦工還是認為爆炸及人員傷亡是免不了的。煤礦的歷史也是死亡、燒燙傷和創傷的歷史。「爆炸把一切炸飛到空中，大約超出井口兩百碼的高度，」有這樣的紀錄記載道「大多數的礦工及時察覺到危險而離開礦坑，安全脫逃，沒有受傷，但是有些男孩還在後頭沒有逃出，一個男人甚至喪生在礦坑裡。」[10] 另一段紀錄提及這四個人的狀況：

空氣著火時，四名男子距離礦井約三百碼，傾刻間礦井牆壁裂開，像加農砲般很快速地爆裂開來。一群男人立即面朝下撲倒，否則會在一瞬間被燒死。其中一人（英格蘭人安德魯）是教徒，開始呼求上帝垂憐，但很快呼吸就停止了。其他三人用手併膝蓋努力爬著，兩人爬到井邊，被拉了起來，但其中一人在幾分鐘內死亡。最後，有人下去救約翰．麥柯比（John M' Combe），他從頭到腳都被燒傷，但還能感謝讚美主。然後他們去找另一個安德魯，他已全無知覺——但也因此保了他的小命，因為已無知覺，他平躺在地上，所以大部分的火焰就只掠過他上空。[11]

礦工和礦業業主一直在尋找蠟燭的替代品。因為時人認為蠟燭較小不會讓沼氣點燃，礦工的蠟燭非常小（最重只有零點六磅），而任何代替物所能提供的光，甚至比單獨一塊小油脂塊產生的光還要暗。在地表下礦工的光源之黯淡、不穩定，實在難以想像有人能在這種光線下工作。所以出現了一種裝置：燧石磨。男孩把燧石磨綁在腿上或掛在頸上，陪同礦工下到礦坑。燧石磨由裝在鋼架上的小鋼盤組成，有個手柄連在一個平齒輪上，可讓人轉動圓盤。當男孩用燧石抵住鋼盤時，可以操作手柄旋轉鋼盤，產生的火花便能照亮礦工的工作。火花因為溫度太低無法點燃煤氣——但也有例外的時候。

而如果礦工連燧石磨都不能用，他們就幾乎沒有其他照明了。在沃爾森德礦井（Wallsend Colliery）的燧石磨爆炸意外釀成九名礦工之死後，「礦工就得在沒有燧石磨的情況下繼續在礦坑中工作，因而遇上最大的困境。有一段時間礦坑作業是在完全黑暗中進行的，只有陽光照射通過鏡子反射而來的光」。在泰恩礦山（Tyne mines）也許可說出現了最奇怪的光源——稱為「泡沫光」或「食物光」。在當地，煤礦工人「有時試圖用磷和腐爛的魚發出的微弱光線來工作」[12]。

第一個實用的礦工安全燈於一八一五年左右發明，而倫敦皇家學會會長漢弗里．戴維（Humphrey Davy）爵士設計的安全燈最受歡迎。戴維用金屬絲網圓筒封住火焰，分散火焰的熱量，防止燈具外的空氣溫度達到沼氣的燃點。雖然他的燈很快在礦坑內被大量採用，但卻沒有減少礦坑的死亡人數。

由於戴維的安全燈採用金屬絲網，亮度只有普通燈六分之一左右，因此礦工經常得配合蠟燭燭光來工作。而使用了安全燈，也促使礦工往礦井更深處開採炭礦，那裡有易燃的炭層，礦坑因此變得更危險。一位礦業歷史學家表示，安全燈的發明者「為礦工提供了一種防禦武器；但因為它，礦工被驅往前方以應對更新的危險。發明者試圖保障礦工生命安全，卻達成了煤炭產量的增加。」[13]

在戴維研發礦工安全燈的同時期，煤炭產量的增加變得至關重要：不僅工業革命進程加速，煤氣本身的經濟價值也提升了，到了一八一五年，煤氣除了照亮工廠工作區外，也照亮了倫敦市區街道、商店和住宅。但推廣者得持續努力才能將煤氣燈系統擴及工廠之外的應用，他們得克服鯨油和動物油脂既得利益者的反對，也得面對當時著名科學家的質疑。漢弗里・戴維爵士本人就認為這個想法很荒謬，甚至質疑這些人「是否打算將聖保羅教堂的圓頂當作煤氣儲氣槽？」[14]在穆迪成功啟用蘇活工廠煤氣系統的五年後，煤氣路燈首次亮相：一八〇七年，帕摩爾（Pall Mall）部分街道安裝了煤氣燈以慶祝國王壽辰。又過了五年，德國裔企業家弗里德里希・阿爾伯特・溫瑟（Friedrich Albert Winsor，原本姓溫澤〔Winzer〕）在倫敦創辦了世界上第一家煤氣燈公司：皇家特許煤氣燈與焦油公司（Chartered Gas Light and Coke Company）。

溫瑟知道勒邦的熱能燈系統後，以此設想了為整個街坊而打造的家庭照明系統。正如沃夫岡・席維爾布希所說：「溫瑟不是最初的煤氣燈發明者……但他樹立了煤氣燈從獨立使用轉向普遍化的概念，也是中央生產的煤氣通過輸氣總管向消費者提供煤氣的想法。」[15]溫瑟公司憑藉單一煤氣儲氣槽，為西敏寺和南華克（Southwark）及周邊地區（包括西敏寺橋）提供街道、商場和富裕屋主的煤氣照明。煤氣燈明亮而相對清潔的優點，相當顯著且吸引人。據說煤氣燈光「似夏日午間般明亮，但又柔和如月光……只燃燒油脂作燭光照明的人，對煤氣燈的好處並不了解。煤氣燈光可以照亮整個區域，同時卻對人的眼睛溫和可親，如同白晝般自然明淨，洋溢溫暖氣息，令我們精神感到快慰」[16]。

煤氣燈系統一建立之後，在倫敦迅速蔓延。到十九世紀二〇年代初，有將近五十個煤氣儲氣槽和長達幾百哩的地下煤氣總管，點亮了街道上超過四萬座公共煤氣燈。燈伕相對容易完成點燈任務，只要在長桿的末端放上一盞點燃的油燈即可。「我預見……我們的職業走到盡頭，」狄更斯筆下的角色，一位燈伕，很快就這樣說道，「再也不用拋光錫反射面……再也無需清晨兩點剪棉芯的巧技；再也沒必要在日光下去巡迴修剪街燈，或是心血來潮把**髒東西**滴到女士紳士們的帽子上取樂。隨便一個毫無技術可言的人都有辦法點燃煤氣燈。一口氣便能統統點亮！」[17]

至於家庭的私人空間中，或許這種奇怪的新光源不像油燈和蠟燭那樣需要時時關注和維護，但也有其缺點。儘管一段時間後煤氣吊燈終於內建了自己的通風系統，但煤氣燈較大的火焰製造出相當多的煤煙灰和酸性殘留物，破壞了織物和壁紙，也消耗了大量的氧氣，導致人會在通風不良的房間裡頭痛。但也許更重要的是，隨著煤氣燈的出現，人類不得不重新想像光源在家中的存在方式。充滿抽象性的光「未來之光」已然登場：沒有什麼需要親自處理，不會看到消耗的燈芯、融化的蠟或滴油的儲存槽。火焰的大小可以用開關控制，火不會搖擺、閃爍或淌蠟。火焰直挺著，也可以從中心往側面或由上而下射出火焰，形狀可以是魚尾、蝙蝠翼或扇形。它不需要用水浸泡或吹氣熄滅。火本身似乎穿透管道而來。「有個奇怪的迷思是，人們認為輸送氣體的管道一定很熱！」工程師塞繆爾・克萊格（Samuel Clegg）驚嘆，「當通往下議院的通道有燈照亮時，建築師因為怕火，堅持管道要放置在距離牆壁四、五吋的地方，而好奇的人也會戴上手套才敢摸管子來確認溫度。」[18]

不僅火焰本身的性質發生了變化，無論多麼微弱的光，直到煤氣到來之前，一直都是各自獨立地存在於各個場所。而煤氣燈系統將光（當然還有生活）與過往自給自足的傳統一分為二。現在所有人的關係都是相互聯繫、偶然且錯綜複雜的。當人開始安裝煤氣設備時，他們為了外部利益放棄了對光的控制權，不再購買蠟燭或燃油回家，而是透過量表記錄用量，以立方單位來計算燃料的購買量。而燃料在要使用時隨傳隨到。自己的家與鄰居的家、陌生人的家、工廠以及街道連結了起來，承擔共同的命運。這標誌了我們現代人生活方式的伊始：我們的聲音、訊號、脈動皆在一片網絡統轄之中，在其明滅閃爍之時，我們卻失去了以往的控制權，無能為力。

雖然幾十年來煤氣燈都是富裕社區專享，但所有人均會受到整個城市街道下所挖掘的煤氣管波及：碰上線路沿線及燈柱附近的不平整接合處與縫隙，或發生管路意外破裂時，都會導致氣體洩漏。爆炸剷平了建築物，磚塊和碎片齊飛——重創甚至奪走附近麵包店和肉店店員、住戶、行人和購物者的小命。受影響最嚴重的地區往往是最貧困的地區，那裡的人必須忍受煤氣廠的存在，巨大儲氣槽出現在周圍建築物上方，爐子冒出滾滾濃煙，硫磺的惡臭無孔不入。煤氣廠排放的氨和硫污染了附近的土壤，深及底土層，污染了水源，使周圍地區陷入衰退。當時一位評論家指出：「大都市內只要有煤氣廠在（有許多這樣的地區），就會輻輳出一片骯髒、貧窮和疾病的鄰舍中心。沒有任何方法可以改善受影響的街坊——沒有新的街道、沒有更好的住宅，甚至在方圓四分之一哩的範圍內也不可能有花園，連窗台上的天竺葵也無法好好生長。」[19]

煤氣商堅稱煤氣的氣味對健康有益，但結果證明恰好相反：「阿拉賓（Arabin）先生是一位室內裝潢工，居住在……離煤氣燈公司大樓兩百碼的地方…… 他觀察到每天從煤氣燈公司散發出極其惹人厭的東西：一種鹽水蒸氣的煙霧，又酸又辛辣的味道衝擊他的感官，更嚴重影響了呼吸……」[20]另一名目擊者則說：「外頭有蒸氣煙霧時，他無法打開窗……肺部受傷了，胃部也湧上一陣噁心感，那種像硫磺酸的味道也出現在他的口腔裡。過盛的火焰造成了大量煙霧，煙霧開始肆虐之際，他就只好緊閉門窗。」[21]另一位目擊者說詞也呼應了前兩人的說法：「湯瑪斯．愛傑立（Thomas Edgely）是煤炭商人，並擁有一座毗鄰煤氣廠的碼頭，但他從煤氣廠那裡聞到持續傳來的惡臭……他從來沒有在生活中聞到這麼令人反感的東西，就連**煤礦工人**也會受不了，抱怨這味道噁心。相信我，**『讓煤礦工人感到噁心』**並不容易。」[22]

對於煤氣儲氣槽爆炸的恐懼，也成為這個時代特有的焦慮。《泰晤士報》（*The Times of London*）寫道：「我們現在很清楚了，每座儲氣槽就是一個火藥庫，而在西敏寺、聖保羅或橋樑附近的煤氣廠，就跟我們在維多利亞堤岸（Thames Embankment）儲放火藥沒什麼兩樣。」[23]隨著時間過去，這些恐懼並沒有得到緩解，因為技術進步的緣故，儲氣槽只會更加顯眼，規模變得更大。在儲氣槽內部，被巨大的爐子與熊熊火焰襯得十分矮小的男人得將煤鏟入蒸餾器。在古斯塔夫·多雷（Gustov Dore）一八七二年的木版畫《蘭貝斯煤氣工程》（*Lambeth Gas Works*）中，可以看到這些人從苦役中喘息的時刻，一群人擁擠、疲憊且衣衫襤褸。在他們身後是平坦的磚牆、有拱頂石的拱門（人的兩倍高度），以及閃閃發光的煤氣管道，堅固無比，就像在畫面較後方的爐邊工作的人一樣——似乎成為機器的一部分，動作也如機械整齊劃一，他們背部直挺、僵硬地屈著手為爐子添加燃料。而休息中的人不是受到這巨大的結構所庇護，相反地，他們處於煤氣工程的支配之下。這些人筋疲力盡，肩膀垮下，襤褸的衣衫敞開——離開機器不是鬆一口氣，而是早就被工作擊潰了。

儘管如此，煤氣燈系統在倫敦取得了巨大成功，也因而促成英國其他城鎮快速打造了同樣設施。歷史學家史蒂芬·戈得法布（Stephen Goldfarb）指出：「一八二一年，英國任何人口超過五萬的城鎮中尚沒有半家煤氣公司；但到了一八二六年，就只有少數幾個城鎮沒有煤氣公司；而截至本世紀中葉，『人口數只要超過兩千五百的城鎮絕大多數都會有煤氣公司。』」[24]在經濟仍以木材為基礎的歐洲大陸和美國，煤氣燈出現得較晚，進展較慢，主要是先出現在都市之中。「一八一四年，巴黎有五千盞油燈路燈照亮街道，由一百四十二個燈伕操作……一八二六年，巴黎已有九千個煤氣燃燒器；而到了一八二八年，數量來到了一萬盞」[25]。在美國，一八一七年巴爾的摩是第一個採用煤氣燈照明的城市。費城和紐約在同一時期嘗試使用煤氣燈但未能成功，部分原因是因為牛羊油脂蠟燭製造商的反對。紐約的第一個煤氣燈出現在一八二五年;而費城要到一八三〇年代才設立。

羅伯特・路易斯・史蒂文森(Robert Louis Stevenson)在讚美煤氣燈時寫道:

普羅米修斯的工作又邁進了一步。人類的晚宴派對不再受到瀰漫區區幾哩的海霧宰制,日落不再使人行道空空如也,一天的時間遂了人們的心願得以延長。都市人擁有自己的星光,聽話的、受馴化的星光……確實,這些早期的煤氣燈不是那麼穩定,也不那麼清晰,光輝亦不如頂級蠟燭那般優雅。但「遠火不如近火」,煤氣做成的星星近在咫尺,比遠如木星的光還要有效。的確,它們並沒有隨著地球的運轉自然地放光,但在人們有需要的時候,燈火便沿著天際陸陸續續冒出來。每個晚上燈伕都帶著喜悅的心情,飛也似地奔跑。[26]

在煤氣燈下,真正的星星愈顯黯淡。「巴黎的秋季將會非常美麗……,」一八八八年,來自亞爾(Arles)的文森・梵谷(Vincent Van Gogh)寫信給弟弟西奥(Theo),「這裡的小鎮什麼都沒有,晚上一切都是黑的。我認為是大量的煤氣燈光(黃色和橙色)增強了藍色,因為在夜晚,這裡的天空看起來(很奇怪地)比巴黎更黑。如果我能再次到訪巴黎,我該試著畫一些煤氣燈籠罩之下的林蔭大道。」[27]梵谷提到的可能是霞光,是光污染的一種情況,夜空會在燈光閃爍之下顯得略帶紫色。

到了十九世紀中葉,若你遠遠看一座城市的煤氣燈夜景,定會著迷不已——「整個巴黎都鑲滿了金色圓點,」一份城市指南提到,「緻密如閃爍著金色光芒的天鵝絨禮服。而很快地,它們便無所不在地熠熠閃動，你無法想像有比這更美麗的東西，但最美麗的風景還在後面：當你看著點點燈光，會浮現出光的線條，線條又勾勒出輪廓；而一條條燈光星羅棋布，目所能及，都是滿滿的光道。」[28]然而，如果你靠近觀察，又是另一回事，畢竟城市夜間照明的魅力不單是路燈造就的，而還有明確的城市秩序在作用，無論是煤氣或燃油，皆是實用主義的體現。一個城市的夜晚在萬家燈火中生生不息——在商店的櫥窗和招牌、劇院入口、小酒館、家庭中——在煤氣燈密集的街區，光亮度呈指數級增長，又回過頭來繼續助長夜晚街道的活力。生活在煤氣燈照明區的人愈來愈習於這樣的亮度，照明愈強，愈有安全感。而那些仍然依賴微茫且髒兮兮的油燈的地區（通常是工人階級的貧窮社區）則看起來像另一個國度，生活環境較佳的人可能也不願意冒險涉足，油燈的陰暗彷彿畫定了他們的疆界。

在煤氣燈時代，新興中產階級在晚上有更多的閒暇時間，也花得起更多的錢。隨著瀏覽櫥窗購物逛街這種消遣活動興起，晚上就成了消費者時光，也可說是玻璃窗的時光。自從一六〇〇年代以來，玻璃愈來愈清晰，一開始是小玻璃窗格取代了紗窗和油紙，而到了這個時期，商店櫥窗的玻璃不再是小窗格，店家會安裝一片大型平板玻璃。而煤氣燈也不同於油燈和蠟燭，它可以照亮窗內陳列之物。煤氣燈穩定且無聲的光，灑落在假人模特兒身上的連衣裙亮片、羊毛大衣、絲質領帶、天鵝絨展示座上的手錶和項鍊、香水、肥皂、銀燭台、中國瓷器、印度香料、布料、奶酪和肉類。

當人們可以透過平面玻璃看清商店內部的景色時，在咖啡館的嘈雜光景則是：燈光無休止地散落在玻璃吊燈、威士忌、苦艾酒瓶、高腳杯和玻璃杯之間，鏡子將燈光進一步增強：「白晝的確教人清醒，」巴黎的卡爾·古茨科（Karl Gutzkow）寫道，「但到了晚上，卻因煤氣燈的火光，使人更加活躍。令人眼花繚亂的幻覺藝術在此發揮得淋漓盡致，連最普通的小酒館也不遺餘力地欺騙你的視覺。沿著牆壁延伸的鏡子，成排對映出商品，這些借力於煤氣燈光的設計，讓空間在想像中變得更寬敞。」[29]

煤氣燈和聚光燈也改變了劇院。聚光燈首先被測量員用作信號燈，然後在十九世紀三〇年代應用在劇院。不再有剪燭師打擾劇場，光線也可以更輕易調暗和調亮，帶來更繁複的照明效果。舞台比劇院其他地方的照明更強烈，形式上將台上的演出與台下的觀眾區隔開來。演員必須適應新的光線。劇院歷史學家弗雷德里克・潘澤爾（Frederick Penzel）指出：「新的照明模式使老牌名演員難以施展……他們的專業技巧。突然間，他們肢體動作會顯得太大，面部表情也過於誇張。在煤氣燈時代之前的陰暗燭光下有效的表演技巧，現在反而失色。就連化妝現在看來也太過花俏。從前若隱若現的事物已經一覽無遺，所以現在一切都必須低調再低調。」[30]

煤氣燈光也改變了街上的人群：有人瞪眼、有人盯著看、有人眼神迴避、有人眼睛半開半閉。無數的聲音和顏色，或封閉、或開放——一切都在光的照耀之中。行人若不是「某種滿載意識的萬花筒」[31]，把靈魂交給街道，讓它的力量把自己帶走，那還會是什麼？夜晚的人潮如海。「黑暗來臨，人群隨即增加，」埃德加・愛倫・坡（Edgar Allen Poe）寫道，「當燈光點亮時，夾道的密集而連續的人潮一陣陣湧過門口。」[32]但是，正如愛倫・坡所見，路燈也照出人性的不同面向：

夜深了……不僅是人群特色本質上發生了變化（守秩序的溫和人群逐漸退去，更難搞的人從巢穴中冒出來，惡行惡狀隨之渲洩釋放），煤氣燈光也改變了，從起初與暮色將盡的向晚日光較勁的稀薄微光，到現在占盡優勢、大放異彩，一切事物都染上了陣陣炫目的光芒。本質上是黑暗的，卻大放璀璨光華。33

光展現了活潑輕佻，或爽朗不羈的個性。光不僅延長了一天的可用時間，似乎也憑空創造出生命力，讓人不同的性格特質得以表現、發揮。而中世紀的城市確實已埋在鋪路石下，古老的城門也消逝在時間洪流中。「夜」：一個古老、緊綳的音節，曾經充滿恐懼和憂慮的色彩；但現在不再如此。十九世紀中葉，一個新的詞彙出現了：「夜生活」。

但如果又返回昔日的夜晚，會發生什麼事？因為總會有煤氣爆炸、煤氣工人罷工的事件發生。但這種情況不會讓整個城市變暗，因為無論城市規模大小，通常都有不同家煤氣公司競爭，而每家煤氣公司也都同時握有不同地區的合約。此外，當蒸餾器壞掉或爆炸時，煤氣系統中還有殘留的氣體可供應燈光在完全消失前慢慢變暗，再持續發亮一小段時間。儘管如此，幾個世紀下來，人對煤氣燈的依賴增加了，即使幾個小時的黑暗也會引起很大的警覺心，造成人心惶惶。《紐約時報》（*New York Times*）的一篇報導〈光芒頓失〉詳細說明了一八七一年十二月二十三日，在大都會煤氣廠爆炸後，紐約三十四街到七十九街在一片漆黑當中發生的故事。爆炸震碎了窗戶，磚塊飛揚，鐘停擺，馬受驚。幾個小時內有火災發生，導致一名消防員受傷，但其中最有新聞價值的部分是人心的「焦慮」：

有些人挨家挨戶打聽，而清楚狀況的人跑去包圍警局……商店老闆盡可能用蠟燭和燈具照亮商店，但很難有足夠的光亮……他們買了幾磅蠟燭，湊合用水果和蔬菜臨時製成的鄉村風味燭以展示商品，但無濟於事，因為市民似乎過於擔心會失去煤氣，沒心情去買水果或消費其他物品……多年來這城市的市民大都沒有在這麼早的時候休息過。銀行職員緊張激動不已，在第一次警報時就趕到警局，得到強大護衛警力後，旋即就在保險箱周圍安裝帶反光鏡的煤油燈。[34]

這種時刻，富裕階級比那些靠油燈和蠟燭生活的人更受到影響，也更無助。這種時刻，富人不再享有夜晚的特權，焦急盼望著有誰來幫助都好，趕快恢復燈光，使生活回復原本匆忙的步調。但此時，他們只能回歸到昔日靜謐的夜晚中等著——這時的光暫且又是輝映成圓圈、放射狀了。

參考文獻：

1 Thomas Cooper, *Some Information Concerning Gas Lights* (Philadelphia: John Conrad, 1816), p. 23.

2 Philippe Lebon, quoted in Wolfgang Schivelbush, *Disenchanted Night: The Industrialization of Light in the Nineteenth Century,* trans. Angela Davies (Berkeley: University of California Press, 1995), p. 23.

3 M. E. Falkus, "The Early Development of the British Gas Industry, 1790–1815," *Economic History Review,* n.s., 35, no. 2 (May 1982): 219.

4 出處同上：p. 223.

5 Cooper, *Some Information Concerning Gas Lights,* p. 12.

6 William T. O'Dea, *The Social History of Lighting* (London: Routledge & Kegan Paul, 1958), p. 115.

7 Quoted in Francis D. Klingender, *Art and the Industrial Revolution* (London: Noel Carrington, 1947), p. 111.

8 John Buddle, quoted in T. S. Ashton and Jo- seph Sykes, *The Coal Industry of the Eighteenth Century* (New York: Augustus M. Kelley, 1967), p. 44n.

9 出處同上：pp. 44–45.

10 出處同上：p. 42n.

11 出處同上：p. 49n.

11 T. E. Forster, "Historical Notes on Wallsend Colliery," *Transactions of the Institution of Mining Engineers* 15 (1897–1898), http://www.dmm-gallery.org.uk/transime/u15f-01.htm (ac-cessed February 1, 2009).

12 Ashton and Sykes, *The Coal Industry,*p. 51.

13 出處同上：p. 53.

14 Sir Humphry Davy, quoted in Samuel Clegg Jr., *Practical Treatise on the Manufacture and Distribution of Coal-Gas* (London: John Weale, 1841), p. 17.

15 Schivelbush, *Disenchanted Night,* pp. 26–27.

16 Quoted in Clegg, *Practical Treatise,* pp. 20–21.

17 Charles Dickens, *The Lamplighter: A Farce* (Lon- don: Printed from a Manuscript in the Forster Collection at the South Kensington Museum, 1879), p. 10.

18 Clegg, *Practical Treatise,* p. 17.

19 Quoted in Lynda Nead, *Victorian Babylon: People, Streets and Images in Nineteenth-Century London* (New Haven, CT: Yale University Press, 2000), p. 94.

20 Cooper, *Some Information Concerning Gas Lights,* p. 131.

21 出處同上：p. 133.

22 出處同上：pp. 134–35.

23 Quoted in Schivelbush, *Disenchanted Night,* p. 35.

24 Steven J. Goldfarb, "A Regency Gas Burner," *Technology and Culture* 12, no. 3 (July 1971): 476.

25 Quoted in Walter Benjamin, *The Arcades Project,* trans. Howard Eiland and Kevin McLaughlin (Cambridge, MA: Belknap Press of Harvard University Press, 1999), p. 565.

26 Robert Louis Stevenson, "A Plea for Gas Lamps," in *Virginibus Puerisque and Other Papers* (New York: Charles Scribner's Sons, 1893), p. 274.

27 Vincent van Gogh to Theo van Gogh, letter 550, in *The Complete Letters of Vincent van Gogh,* vol. 3 (Greenwich, CT: New York Graphic Society, 1959), p. 75.

28 Andreas Bluhm and Louise Lippincott, *Light! The Industrial Age, 1750–1900* (New York: Thames & Hudson, 2001), p. 182.

29 Karl Gutzkow, quoted in Benjamin, *The Arcades Project,* p. 537.

30 Frederick Penzel, *Theatre Lighting Before Electricity* (Middletown, CT: Wesleyan University Press, 1978), p. 54.

31 Charles Baudelaire, quoted in Walter Benjamin, "On Some Motifs in Baudelaire," in *Illuminations: Essays and Reflections,* ed. Hannah Arendt, trans. Harry Zohn (New York: Schocken Books, 1969), p. 175.

32 Edgar Allan Poe, "The Man of the Crowd," in *The Unabridged Edgar Allan Poe* (Philadelphia: Running Press, 1983), p. 648.

33 出處同上，p. 650.

34 Bereft of Light: Terrific Explosion at the Metropolitan Gas Works," *New York Times,* December 24, 1871, p. 5.

第五章 臻至完美之焰

十九世紀的第一個十年，享受煤氣燈光籠罩人生活中出現了顯著變化，而那些繼續依賴油燈和蠟燭的家庭情況也有所改變。蠟燭製品變得更便宜，品質也提升了許多，即使是普通家庭中最微弱的燈光，也有蜂蠟和鯨蠟蠟燭等級的光亮。而這些改進有部分是多虧了燈芯的編織法和硼酸浸漬的技術，可有助減少淌蠟的情形，但大部分還是有賴蠟燭本身原料的改良。商用牛羊油脂蠟燭商開發了一種方法來改良動物脂肪，使其燃燒時不再冒煙或發臭。著名科學家麥可・法拉第（Michael Faraday）在他寫的《蠟燭的化學史》（*The Chemical History of a Candle*）一書中解釋了此種製程：

> 你知道，現在的蠟燭不像一般牛羊油脂蠟燭那樣油膩，是乾淨的。首先要將脂肪或油脂塊用生石灰煮沸、製成肥皂，然後再用硫酸分解它，帶走石灰，使脂肪重新排列為硬脂酸（stearic acid），同時產生出一定量的甘油……然後再將油壓出來……油性的部分會漂亮地帶走雜質……最後我們再將所剩的物質融化，鑄成蠟燭。[1]

到了十九世紀中葉，蠟燭由石蠟製成，石蠟源自瀝青頁岩（bituminous shale）的蒸餾產物。那時的紀錄將石蠟描述為「白色、光亮，無臭無味。絲綢般的光滑感及物理構造類似於鯨蠟……而石蠟（paraffin）之名來自兩個拉丁詞，*parum*代表『稀少或無』，*affinis*意謂『親和力』。因為石蠟是中性物質，穩定度很高……可提供強大、清晰的火焰，且沒有煙灰。」[2]石蠟的命名似乎已說明了一切：光線不受有害氣味和煙霧的影響，也不需要看顧，可輕易散發出恆定、清晰而明亮的光芒。採用石蠟作為光源演進的一步，似乎代表了地球原始之光的燃燒來到了盡頭：一般的蠟燭最終遠離了農舍和屠宰場、遠離了血肉和骨頭，不會再走回頭路。梅爾維爾在十九世紀中寫道，「油燈依賴鯨魚而生，而人竟然也以油燈來源的鯨魚為食」[3]，就算是發生在捕鯨船的肚腹中，也夠奇怪的了。

常見的燈油燃料也改變了。在十九世紀三〇年代「燃燒液」——從松節油中蒸餾出的莰烯（camphene）和酒精的混合物，但通常直接簡稱為莰烯——抵達美國市場。雖然莰烯很薄很輕，在燈芯上可以快速蔓延，但它的閃燃點（flash point）——油揮發出足夠的氣體到達自燃溫度*——很低，所以較不穩定，有任何火花或過熱的情況都可能導致爆炸。所以需要將莰烯燈的火焰與燃油儲存槽保持一定距離。鯨魚油和動物油脂的油燈設計有金屬芯管延伸到油壺（font）中，可傳導一些熱量來溫暖油，使油在燈芯中爬升的毛細作用更有效率。但在莰烯燈裡，從遠離燈中心的油壺向上延伸的燈芯管窄而長，於是火焰與燃油儲存槽便可保持一定距離。你也不能用嘴吹莰烯燈的火焰，一點火星就可能點燃儲油槽，所以莰烯燈燃燒器常附有滅火蓋帽（extinguisher cap）。而即使燈具內裝置了所有這

＊譯註：原文寫的是閃燃點，但說明所指的應是自燃溫度，而非閃燃點——閃燃點是在火源接觸下會點燃的最低溫度。

些預防措施，每年仍有數千人因萜烯燈爆炸事故死亡或受傷。《紐約時報》在一八五四年一篇文章說到：

> 我們須耗費多年的寶貴經驗，才能證明「燃燒液」之於各種居家用途並非安全無虞……然而沒有人會因這個說法停止使用「燃燒液」。所以讀者們，現在該做的是：請立即將手邊的燈帶到燈具店，並全部改裝成添加萜烯油之外的其他燃油。如果你做不到，那就繼續聽之任之吧，不妨再用火藥填充你的枕頭和床墊，為你家正值青春期的兒子買一條響尾蛇當寵物。[4]

「燃燒液」如此受歡迎真是神祕無比。雖然萜烯比抹香鯨油便宜，但在一八五〇年代初，它的零售價大概也要每夸脫（近九百五十毫升）二十五分。時人說它能產生明亮的白色火焰（或許亮到讓人甘於鋌而走險），但歷史學家珍妮．內蘭德爾說：「『燃燒液燈』產生的光線比動物油脂蠟燭或單燈芯的鯨魚油燈更暗。」[5]或許可能是「燃燒液燈」的做法很新穎，又直接排除了古老的動物燃料，所以才吸引人吧。

而無論使用什麼燃油，燈和蠟燭都變得更容易點亮，因為已不再需要用現成的火、煤炭或火種箱來點火。在十九世紀早期，也只有富人能使用這些方法以外的少數替代方案，他們可能會攜帶磷酸做的點火木片（或稱「精油火柴」〔Ethereal Matches〕）。精油火柴是把一條沾了一點磷的紙條放在窄玻璃管中，若使用者打破玻璃，磷會爆炸燃燒。所以利用這種火柴的點火方式也帶有類似的危險性，如果小玻璃瓶意外斷裂，就會發生爆炸。

一八二六年，英國人約翰・沃克（John Walker）改良了火柴，我們現在對火柴的概念由此而來。他將小木條浸入含有氯酸鉀、澱粉糊、硫化銻、阿拉伯樹膠和水混合成的糊狀物，製成了「摩擦光」（friction-light）。之後再將小木條擦乾，夾在折疊的砂紙之間摩擦點燃。早期的火柴點火時會發臭，這種「光明的墮天使」（火柴當時得到的綽號）令人這麼警告道：「盡可能避免吸入它的燃燒氣體。肺部敏感的人絕不應使用『光明的墮天使』。」[6] 一位巴黎人也說：「毫無疑問，化學火柴是目前為止文明所製造出最邪惡的裝置之一……多虧了它，人人都在口袋裡放著火……我……憎恨永恆的火之瘟疫，隨時隨地會引發爆炸，最微小火焰也無時無刻考驗著人類。」[7]

火柴最後改成用白磷包覆，對於攜帶在身的人來說變得相對安全，但對於製造者來說則不然。長時間暴露於磷蒸氣的火柴製造工會遭受疼痛、毀容——致命的磷毒性頜骨壞死（phossy jaw）——折磨，患者的下頜骨磷沉積會化膿，骨頭被侵蝕，最終因器官衰竭而亡。雖然在十九世紀中期火柴製造商開始用毒性較少的紅磷取代白磷，但一直到二十世紀初，白磷仍被用於製造「易點燃火柴」。

十九世紀初，普通鯨油燈的使用漸趨普遍，在阿甘德燈的革命性發明後，五花八門的新燈具設計可見於市場上：由壓製玻璃、錫鉛合金、銀、鐵、黃銅、鎳板，和塗有亞洲漆錫器（japanned tin）製成的壁燈、檯燈、床頭燈、讀書燈和吊燈紛紛問世。另外也出現了更複雜的設計，試圖要改善黏稠的鯨油和菜籽油送往燈芯的成效，以取代阿甘德燈會擋光的儲油槽。卡瑟爾燈（Carcel lamp）使用發條幫浦來輸送燃油；調節燈（moderator lamp）在強力彈簧壓下活塞時，可將油噴射到一根細管之中；無影燈（Astral lamp）則有著環形的油壺。這些燈構造複雜，也需要相當多的燃料，對經濟條件不佳的人來說高不可攀。但即使是最簡單的燈具，製燈商也採用了空心燈芯和玻璃燈囪罩，好讓氧氣流量增加，也讓火焰比較穩定。新型燈具則通常有兩到三支的燈芯，代表一盞燈可以用不同的強度燃燒，產生不同強度的光，這是現代三通燈泡（three-way bulb）的雛型。

自從阿甘德燈發明以來，十九世紀下半葉燈具最明顯的演進，伴隨著煤油出現而有所進展。「我們夢想著一種燈，可將光亮的生命力賜與黑暗的物質，」加斯東・巴舍拉這樣寫煤油燈，「在知道石油的詞源是石化的油之後，身為敏於文字的夢想家，怎能不受感動？燈召喚著從地球深處上升而來的光。」[8] 幾千年來，世界各地的人從岩層滲出石油的區域收集來「岩油」，並利用這些原油，主要是當作潤滑劑或藥物。北美印第安人用毯子浸泡以收集地面上的油，當作藥膏使用，或當成獨木舟的防水塗層。

一八四九年，加拿大地質學家亞伯拉罕・格斯納（Abraham Gesner）研發出一種方法，可從瀝青（asphaltum，一種礦物瀝青）中提取他所謂的「煤油」——隨後煉油廠發現可以使用格斯納的技術從石油中提取煤油，但這項製程沒有商業化。直到一八五九年，艾德溫・德雷克（Edwin Drake）在賓夕法尼亞州泰特斯維爾（Titusville）成功開採了首座油井，才為煉油提供了可靠的石油供應來源。

家庭主婦有利用煤油的一百種方法：她們在寢具、廚房牆壁和紗門上塗抹煤油以防止蟲擾；把油澆在蟻丘上，也用油清除黃銅汙斑；利用煤油清洗瓷器水槽、大理石洗碗槽、窗戶和爐灶；另外也用煤油去除塘瓷用具上的鐵鏽、剛沾上去不久的油漆和油脂；甚至還將煤油加入熱的澱粉漿中，以避免在衣服上漿時太過沾黏。但對主婦們來說，煤油最高的價值在於它產生的光：雖然煤油燈的火焰品質會隨著燃油的品質、燈具和燈芯的尺寸大小和清潔度有所不同，但煤油燈在最好的情況下，燈光清晰，幾乎沒有煙，也相對無味，一盞燈等同五到十四支蠟燭的亮度。

煤油與動物性燃料不同，不會因為時間一長就在貨架上漸漸變質。一般認為優質煤油安全而穩定，是因為閃燃點高，而且很輕（比鯨油和菜籽油輕得多），所以不需要發條或活塞來推動油去攀上燈芯。那時一般家用煤油還不必跟引擎內燃機競爭石油供應，所以油價經濟實惠，比鯨油或煤氣便宜。在一八八五年，據說這種新燃料「大概只消十美元就能滿足一個家庭整年的需求」[9]，而十美元大概是富裕家庭每個月的煤氣花費。煤油正如威廉・奧迪亞所說，是「數世紀以來人人夢寐以求的油」[10]。

對煤油的迫切需求迎來了石油時代。在德雷克開採第一口油井之後，幾個月內，泰特斯維爾周邊的土地價格大幅上漲，人口增加了數倍。一年之內，賓夕法尼亞州和匹茲堡的石油產區有許多煉油廠開始營運。早期石油運往新英格蘭和中大西洋地區各州。南北戰爭結束後煤油開始運往中西部，再漸漸滲透到戰後的南方。後來，超過一半的美國石油運往歐洲，再輸送到俄羅斯，這種對外貿易就造了約翰・戴維森・洛克斐勒（**John D. Rockefeller**）和他的標準石油公司（**Standard Oil**）的財富。然而，石油供給似乎多少有些不穩：在最初幾十年的鑽油井期間，所有的煤油皆採自賓夕法尼亞州的油田，油田儲量不可見，也不得而知。然而，煤油對現代生活舉足輕重，以至於一八七三年泰特斯維爾晨報（*Titusville Morning Herald*）宣稱：「石油生產在世界上已有商業和社會層面的重要性，如果突然停產，沒有什麼物質能夠取而代之，如果這樣的事件真的發生了，除了大災難之外，我們看不到任何有其他可能性的未來。」[11]

在這樣的世界裡，鯨油幾乎沒有立足之地。德雷克設立鑽油台（oil rig）後的一年內，煤油取代了鯨油成為熱門燃料。事實上，到了一八五九年，美國東北部的捕鯨船隊數量已開始衰減。雖然抹香鯨沒有滅絕，但在十九世紀後期已變得稀有，因此，尋找鯨魚更耗時、更艱鉅，成本也更高。南北戰爭爆發時，謹慎的東北部捕鯨業者將他們的船綁在港口（不值得冒著被南方的美利堅邦聯巡洋艦繳獲的風險），而幾年後，這些捕鯨船的船體在碼頭邊漸漸腐蝕。戰爭期間，北方的美利堅合眾國為了封鎖查爾斯頓（Charleston）和薩凡納（Savannah）的港口，購買了四十艘舊的捕鯨船，並將它們裝滿石頭沉入海中。戰爭結束、和平到來時，捕鯨船隊的船隻數量只剩原來的一小部分，由於原本的鯨油市場很大一部分被煤油所取代、侵蝕，多數業者選擇不更換新船隻，繼續使用原本的舊船。也確實，捕鯨船出航得承擔愈來愈多風險，航程比以往更久，還要在北方冬季的天寒地凍中，冒著整艘船被冰封的風險，才能滿載而歸——而利潤卻愈來愈少。

事實上，東北部的捕鯨船隊在蒸汽時代也未能跟上現代化的腳步——這對他們來說正是關鍵的失策，因為捕鯨場大部分轉移到北極海，那裡的環境對船員和船隻來說都是很嚴酷的挑戰。要確保航船的方向舵不能有冰，但在極度寒冷的情況下，連索具上也會結冰，船因為結冰而增加的重量使其有傾覆的危險。在一八七一年的初冬，三十二艘船被困在北極冰層中，只有想辦法靠自己游到開闊水域、上了那裡其他船隻的船員倖存，而失去更多的船也代表東北部捕鯨船隊幾乎走向終結。

雖然燈具不再需要動物油燃料，但人們對弓頭鯨和其他鯨脂產品（人造奶油、肥皂、潤滑劑）依然有需求。從舊金山和北歐出發的蒸汽捕鯨船捕獲了傳統捕鯨模式無法捕到的物種。雖然抹香鯨已經變得稀少，它仍持續遭到獵殺，因為抹香鯨油在極端溫度下仍舊能保持潤滑，所以在最後一盞鯨油燈熄滅後，人類仍持續使用抹香鯨油來潤滑工業時代的機器很長一段時間。在一九八二年全球禁止捕鯨之前，由於抹香鯨油是從可下潛超過四千呎、哺乳類深潛之冠的鯨魚身上取得的油，因此它甚至能用作太空航行精密儀器的潤滑油。

儘管煤油大受歡迎，但還是有一些缺點。在開始煉製煤油的頭幾十年裡，對煤油供應商的監管很少，無良的貿易商會用苯或石腦油（naphtha）摻假，降低了閃燃點，導致煤油較易揮發。紐約州水牛城貿易局的委員指出：

> 國內充斥摻有各式各樣化合物、混合物和油脂的偽劣仿冒煤油，特別是精煉油，沒有道德底線的人將低成本的油和液體流通到市場、到整個國家，卻完全不受懲罰……檢查員應該履行職責，為油的合法檢驗標牌。真是難以想像：光為了利潤，煉油廠和經銷商竟然隨便就加入幾加侖可能致死的石腦油，危及人們的生命和財產。[12]

有心的家庭主婦必須對自己購買的石油品質保持警惕。凱瑟琳・比徹（Catherine Beecher）和哈里特・比徹・斯托在她們一八六九年撰寫的家政學指南《美國女性家庭》中建議：

> 將好的煤油倒入茶杯中或地板上，在火源接近時並不易燃燒。品質不良的油在同樣情況下會立即點燃。因此，裝有劣質油的燈破裂時，總伴隨著失火的巨大危險。我們當去除高揮發性的危險煤油，這樣不僅能大幅提高安全性，也能提升照明品質。因此，要選用好的煤油，這種油顏色清澈，不會有任何會黏上燈芯的物質干擾燃油的循環和燃燒。好的煤油應該要安全無虞。13

即使選用優質煤油，家庭中最簡單的燈也需要每日無微不至的關注，因為唯有保持燈的清潔，才能發出品質好的光，燈芯修剪不好的話，火焰會搖曳不定、冒出煙霧，並在燈罩上留下煤煙灰，飄得整個房子都是。春季大掃除的重點就是清理冬天從爐灶和燈具飄出來的煤煙灰。但每日的燈具清潔也是保障居家環境安全的重大任務。在十九世紀後期，單單美國每年就有五、六千人死於煤油燈事故，儘管其中許多原因是摻假油、（笨拙和粗心大意導致的）油燈外溢和破損——比如說，把燈放得太靠近窗簾或寢具，或在吹熄前未能調低燈芯，又或者試圖藉由吹倒燈囪罩來熄滅燈——家務管理時漫不經心或缺乏經驗，會增加煤油燈使用上的危險。如果燃燒器髒了，可能會讓燈罩過熱，使玻璃破裂。如果儲油槽中的油太少，或當有人不小心搖動燈具時，蒸氣就會點燃。一份康乃狄克州的當地報紙《威利曼蒂克紀事報》（*The Willimantic Chronicle*），經常報導「燈爆炸」的煤油燈事故：

> 一八八〇年九月一日星期三：丹尼爾森鎮（Danielsonville）的喬治・列文思（George

Leavens）的房子上週因煤油燈爆炸而被燒毀……一八八三年八月二十九日星期三：星期六早上，在南港國家銀行的後院發現了西蒙．B．斯奎爾（Simon B. Squires）的遺體，以令人震驚的方式遭焚毀。據說，他在晚上起來，而煤油燈爆炸、燒到身上的衣服……一八八四年四月二十三日星期三：來自紐黑文、七十三歲的瑪麗．麥戈德里克（Mary McGoldrick）夫人，以及來自賓夕法尼亞州伊利市、三歲的艾瑪．歐布萊恩（Emma O' Brien），昨日因煤油燈爆炸事故死亡。[14]

一八九四年出版的《婦女手冊》（*The Woman's Book*，一本家庭管理指南）的作者對燈具的清潔有冗長而精細的討論：

燈具的照顧與水煮雞蛋一樣需要訣竅。首先，要每天整理燈具……將燈帶到廚房或儲物間，放在雙層報紙上，如果有瓷做的燈罩，要先擦拭……如果燈需要清洗，請將它放入一盆熱水中，用少許氨或硼砂軟化汙漬……接下來是燈芯，用細棒或火柴刮掉燒焦的邊緣……取下燃燒器的邊框，用舊的法蘭絨擦拭……再來，補充燈油，要盡量小心……在你裝好油並關上儲油槽後，把儲油槽外面擦乾淨，因為持續滲出的油是種浪費。要確定沒有油滴在燈的外面……最後擦拭每盞燈的外部，放回燈囪罩、燃燒器邊框和外燈罩，並心懷感謝地結束任務，畢竟這是家管的勞務中，最不愉快的事項之一。[15]

無論煤油燈在照顧上多麼麻煩，對於生活在沒有煤氣燈系統的城鎮、村莊和農場居民來說，煤油給家庭帶來了更多的光。每盞燈更亮，成本更低，鼓勵著人更頻繁地使用燈具，也購買更多燈具——煤油相關商品如儲油槽、燈芯、燈囪罩也是一般商店和產品目錄的必備廣告項目。伴隨煤油燈的便利而來的，或許是人們輕忽危險的態度，但也有對火焰之美的欣賞。時人可在更少的負擔下閱讀和編織，在燈光下穩定地工作。自十九世紀下半葉，封閉的木材或煤炭爐開始取代開放式爐灶後，煤油燈就成了家裡最後的明火，經常是晚上家庭活動的聚集中心。

甚至，有些有煤氣管路的城市居民，在自家的實用空間（如走廊和廚房）會使用煤氣，但在更私密的起居廳和臥室則繼續使用油燈。歷史學家沃夫岡．席維爾布希認為，多數人對於完全採納煤氣這件事猶豫不決，不是因為煤氣燈的明顯缺點（煤煙灰和空氣品質的考量）；更準確地說，是因為煤氣的工業化源頭，會令人想起滿是磚塊的灰色陰鬱世界——提醒著使用者的生活與城鎮上的燒結廠（sinter）相互依存和依賴的關係。另外，「藉由保留獨立的燈光，人就可以象徵性遠離中央資源供給這件事，」他寫道，「起居室裡的傳統油燈或蠟燭表達了不情願與煤氣總管相連的態度，以及至少想要保留光源燃料的『可見性』的心情，哪怕只有一點也好」。[16]

而有些人只是喜歡傳統光源的溫和火焰。「我自認為是阿甘德燈之友，」一位巴黎人將阿甘德燈與煤氣燈相互比較時說道，「說實話，這些光線就已足夠，又不會太炫目。」[17]也許，對城市人來說，隨著油燈變成了過去式，其音符因其他聲音的增強而漸漸弱化，但它的私密感變得更令人渴望，人們留戀那宛如霧中幽靈流連不去的身影。「看來，我們私密的黑暗角落只能容許搖曳的微光存在，」

加斯東・巴舍拉寫道，「這種微光可以上溯、連結到人類早期的光源：煤油燈是拉斯科壁畫旁的動物油脂石燈的極致典範，是最後一種自給自足的火焰。」[18]

參考文獻：

1 Michael Faraday, *The Chemical History of a Candle* (Mineola, NY: Dover Publications, 2002), p. 13.

2 Campbell Morfit, *A Treatise on Chemistry Applied to the Manufacture of Soap and Candles* (Philadelphia: Parry & McMillan, 1856), p. 543.

3 Herman Melville, *Moby Dick* (New York: Penguin Books, 1992), p. 325.

4 "Camphene and Burning Fluid," *New York Times*, November 28, 1854, p. 4.

5 Jane Nylander, "Two Brass Lamps...," *Historic New England Magazine*, Winter/Spring 2003, http://www.historicnewengland.org/nehm/2003winterspringpage04.htm (accessed February 12, 2009).

6 Quoted in Charles Panati, *Panati's Extraordinary Origins of Everyday Things* (New York: Harper & Row, 1989), p. 109.

7 Quoted in Walter Benjamin, *The Arcades Project*, trans. Howard Eiland and Kevin McLaughlin (Cambridge, MA: Belknap Press of Harvard University Press, 1999), p. 568.

8 Gaston Bachelard, *The Flame of a Candle*, trans. Joni Caldwell (Dallas: Dallas Institute Publications, 1988), p. 66.

9 Daniel Yergin, *The Prize: The Epic Quest for Oil, Money, and Power* (New York: Simon & Schuster, 1992), p. 34.

10 William T. O'Dea, *The Social History of Lighting* (London: Routledge & Kegan Paul, 1958), pp. 55–56.

11 *Titusville Morning Herald,* quoted in Harold F. Williamson and Arnold R. Daum, *The American Petroleum Industry: The Age of Illumination, 1859–1899* (Evanston, IL: North- western University Press, 1959), p. 371.

12 Quoted in Kathleen Grier, *The Popular Illuminator: Domestic Lighting in the Kerosene Era, 1860–1900* (Rochester, NY: Strong Museum, 1985), p. 10.

13 Catharine E. Beecher and Harriet Beecher Stowe, *The American Woman's Home* (1869; repr., Whitefish, MT: Kessinger Publishing, 2004), p. 190.

14 *Willimantic Chronicle,* quoted in "The Dangers of Kerosene Lamps," http://www.thelampworks.com/lw_lamp_accidents.htm (accessed June 3, 2009).

15 *The Woman's Book,* vol. 2 (New York: Charles Scribner's Sons, 1894), quoted in Grier, *The Popular Illuminator,* pp. 7–8.

16 Wolfgang Schivelbush, *Disenchanted Night: The Industrialization of Light in the Nineteenth Century,* trans. Angela Davies (Berkeley: University of California Press, 1995), p. 162.

17 Quoted in Benjamin, *The Arcades Project,* p. 562.

18 Bachelard, *The Flame of a Candle,* p. 4.

第二部

轉動蝶形螺釘，光就亮了起來。

《紐約時報》，1882 年 9 月 5 日

New York Times, September 5, 1882, p. 8

第六章 電力生活

人類的光有其聲響：火柴擊擦；蠟燭在風中呢喃；旋塞轉動而氣體或嘶鳴燃燒、或嘶啞而湮滅。現在則是：電流劈哩啪啦的聲響。電，幾千年來都是個謎，經過幾世紀個別進行的實驗、觀察、推導和發現，才為我們帶來光明。而通電所發出的光帶來了新的詞彙：安培、伏特、瓦特、焦耳、伏打電池（galvanic cell）……電是沒有火的光、白熾的沉默——「開關小小的喀噠聲響用同樣的音色應答著『開啟』、『關上』」[1]。我們駕馭了這樣神奇的事物，而這奇蹟至少可追溯自古希臘人看到琥珀摩擦一小塊羊毛產生的電光。古希臘人只能斷定裡面必有靈魂，因為電光「栩栩如生，對一段距離外的事物也能產生吸引作用」[2]。希臘人認為琥珀是太陽神的眾女兒們——赫利阿得斯姊妹（Heliades，她們是法厄同〔Phaeton〕的姊妹）——的眼淚，這些天神之女在兄弟法厄同淹死的河邊哭泣不已，神憐憫她們，將她們變成了楊樹。

儘管琥珀的靜電特性已眾所周知，但一直到西元前六百年左右，生活在該時代的哲學家泰利斯（Thales）才是第一個於著作中提到琥珀火花的人。據說，希臘人足踏電鰻治療痛風，但是琥珀對他們有無實際或宗教上的目的，就只能靠推測，一如我們發現年代可追溯回西元前兩百年巴格達附近的古老電池時，它的用途也只能靠猜想。那些「電池」每一個都是五吋高的陶土容器，裝有一個封在銅圓柱中的鐵棒。如果在裡面裝滿醋或葡萄汁、檸檬汁，就可提供些許伏特的電力。考古學家在這些古老電池附近發現了針狀物，或許這種電流被使用在針灸上。又或許，這些電池曾被串聯起來，為電鍍提供更大的電荷。也可能這些電池會接到神明的塑像上，小小的電流得以激起信徒更大的敬畏。

電力的現代化過程可以追溯到一六〇〇年的倫敦，當時伊麗莎白女王的外科醫生威廉．吉爾伯特（William Gilbert）在他的《論磁石》（*De Magnete*）一書中說明火花不僅來自琥珀，還來自玻璃、寶石、樹脂、硫磺、封蠟和其他十餘種物質，他稱這些物質造成的火花為「電」（*electrics*），名稱由來為拉丁文的琥珀（*electrum*），該字又是從希臘語的琥珀（*elektron*）衍生而來。吉爾伯特在《論磁石》出版後幾年就去世了，但接著幾年中，其他科學家從他的發現中再擴展了能產生「電」的清單，包括鑽石、白蠟、石膏。而要到馬德堡（現今德國境內）市長奧托．馮．格里克（Otto von Guericke）製造出一台靜電機（**electrostatic machine**）之後，電的概念才不只是紙上談兵。靜電機是放在木架上一個直徑約六吋、以硫製成的固體小球，上面附有把手可以轉動。當格里克旋轉把手並快速摩擦裝置時，不僅會發出閃光、放出火花，還會吸引較輕的東西貼上前來。

格里克說，電可以排斥或吸引物品。為了娛樂朋友和訪客，他旋轉著小球吸引羽毛，一路引導它飄過客廳，使之落在客人的鼻頭。之後的幾十年，電（被理解為一種「能」）相當程度上仍被視為可帶來娛樂效果的謎團，對其性質的研究沒有太多進展，充其量只在娛樂之餘偶爾觀察到少數有用的現象。

在十八世紀早期，英國人斯蒂芬・格雷（Stephen Gray）確認了電的傳導性，他擦拭玻璃管底部後，發現連軟木塞蓋也會帶電。透過實驗，格雷還發現了某些物質的絕緣性質：

他用包裹繩水平懸掛著長長的麻線，但無法用它傳遞電力。然後，他改用絲綢線圈懸掛絲線，並成功透過七百六十五呎的絲繩傳遞了「有吸引力的能」。他起初以為絲綢能夠傳導成功是因為它很薄，但原來的絲線圈斷掉，他改用其他更細的線替換後，卻發現反而無法導電。最後得出了結論：絲線之所以有效，不是因為它們很薄，而是因為它們是絲。[3]

格雷利用這些知識發展出他的「懸起的男孩」實驗，此實驗在接著幾年內於英國各地的客廳大為流行。他用一條粗絲繩把一個小男孩吊起來，而男孩除了頭、手和幾根腳趾外，全身用絕緣衣包裹起來。男孩的一隻手拿著棍子，棍子上懸垂著一顆象牙球，另一隻手則可自由伸展。格雷把帶電的玻璃管放在男孩露出的腳趾上時，男孩的髮絲豎了起來，而堆在男孩下方地板上的黃銅葉子會朝著象牙球、男孩伸展的手和他的臉部冉冉升起。格雷甚至邀請觀眾站在導電物質上觸摸男孩，以感受電流。

而產生靜電的硫磺球，以及後來取而代之的玻璃球，只能產生但無法儲存電。電力最早儲存成功的紀錄可以追溯到一七四五年德國的卡敏（Cammin），埃瓦爾德・馮・克拉斯特（Ewald von Kleist）在寫給朋友的信中提及一個實驗：

把釘子或黃銅線裝入小藥劑瓶並使其帶電，效果會很明顯，但小瓶子必須保持在非常乾燥、溫暖的狀態，所以我通常會先用手指沾些許白堊粉，再揉搓小玻璃瓶。如果在小瓶內加入少許水銀或幾滴烈酒，實驗也會更成功。而一旦讓釘子和小藥瓶離開帶電玻璃，或離開它們接觸的主要導體，瓶中會升起「一管火焰」，可維持得非常久，我手裡拿著這具燃燒裝置，還能走上六十步……也可以帶著這個玻璃瓶到另一個房間，用它來點燃烈酒。而如果它還帶著電，當我用手指或拿著一小塊金子去碰釘子的話，電流會電得我的手臂和肩膀一震。[4]

荷蘭萊登（Leyden）的科學家們改進了馮．克拉斯特的小玻璃瓶裝置，成為後來大家所知道的萊登瓶（Leyden jar）。最完備的萊登瓶是一個裝滿水的玻璃容器，外側和內側塗有金屬箔，底部有金屬屑，上面蓋著軟木塞或木製的蓋子。導體（通常是一根頂端有金屬球的黃銅金屬桿）會從瓶子頂部穿出，而下方接著的金屬鏈會垂降到瓶中。實驗者可將電荷從產生電荷的旋轉球體轉移到桿子頂端的金屬球上，電荷沿著金屬桿和金屬鏈傳遞到水和金屬箔上。如歷史學家菲力普．德雷伊（Philip Dray）所說，因為萊登瓶可以保存電荷數天，實驗者「可以將電力分階段來轉移操作，而就不會僅是摩擦實驗中，物體間的電光一閃而已」[5]。

萊登瓶的第一批實驗者中有人發現，瓶中有足夠的能量讓他全身體顫動。「建議你最好不要自行嘗試，」這個實驗者寫信給同伴說，「在上帝的恩典中倖存下來後，就算是為了整個法蘭西王國，我也不想再經歷這樣的事情。」[6]但是，在接下來的數十年，不少歐洲和美國人真的嘗試了施加電力在自己身上的實驗。這些男人對鳥類、小動物，乃至自己和妻子施加電流，讓實驗對象遭受流鼻血、發燒、抽搐和虛弱之苦，但他們仍不停試驗。阿貝・讓・安托萬—諾萊特（Abbé Jean-Antoine Nollet）在路易十五的凡爾賽宮廷中，試圖藉實驗來測試電流可以傳導多遠。他先施加電流在手拉手的一百八十位士兵身上，很滿意地看到他們都一齊跳起來。然後他再找來七百五十名加爾都西會（Carthusian）僧侶來實驗，每個僧侶手中拿著線，以這根五千四百呎長的線連起一條人龍。當阿貝・諾萊特施加的電流通過他們身上時，所有僧侶都在同時間跳了起來。

萊登瓶實驗者們讓鈴聲響起、讓蘭姆酒著火、在鍍金相框周圍發出火花，並透過懸掛一名年輕女子（一如格雷的「懸起的男孩」把戲）製造「電之吻」。他們邀請觀眾中的男性親吻女子的臉頰感受電力，有時電力太充足甚至會讓牙齒裂開。儘管如此，電仍然「如一個國度般廣闊無垠，而我們只了解一些邊陲省分」[7]。但大眾認為萊登瓶實驗者做的事不過是兒戲，畢竟仍沒有人找到電力的實際應用方法。

班傑明・富蘭克林是十八世紀最勤奮不倦的「電學家」之一（electricians，是他創造的詞彙）以他的電力實驗揚名全世界，卻「有點懊惱：迄今為止無法以這種方式生產適用於人類的任何東西」[8]。因為他接觸過相當大的電流（至少那麼一次），了解到電真正的威力：「我最近做了一次關於電的實驗，而且希望永遠不要再試一次。」他在寫給波士頓朋友的信中解釋道：

> 兩天前，兩個大型玻璃瓶的電力（相當於四十個一般小藥瓶電氣火〔electrical fire〕），差不多可以殺死一隻火雞，我卻不小心拿起來，手臂連同身體整個接觸到……在場其他人……說閃光

非常強，爆裂聲如槍響。而我的身體感知瞬間消失了，我沒看到、也沒聽到他們說的那些現象，也不曾感覺手被擊中，後來才發現手上被火焰擊中的地方有一個大小如半顆手槍子彈的圓形腫包，或許可依此判斷電氣火的速度，那似乎比聲音、光線、動物的感知速度還要快。[9]

富蘭克林憑著多不勝數的實驗和大量的研究著作提升了人類對電力的理解，澄清了一些謎團。菲力普・德雷伊說，富蘭克林「是第一個發現萊登瓶中的電荷並非如其他人所認為的儲存在水中，而是在玻璃瓶中。玻璃是電介質（dielectric），代表它能存儲電並讓電通過，但無法導電。」[10]也許其中最重要的是，富蘭克林（就和斯蒂芬・格雷和阿貝・諾萊特一樣）懷疑閃電和他們實驗中產生的電荷是同一種物質，儘管時人一般認為閃電是「天火」，乃獨特的現象，為上帝意志的表現——也可能教堂和修道院高聳的尖塔和鐘樓常在暴風雨中受到閃電襲擊，也強化了這一信念。關於英國教堂的歷史研究提到，「英格蘭很少有修道院未被天上的閃電燒毀過。」[11]許多人認為暴風雨時用教堂鐘聲可以擊退閃電，然而這種做法只造成了更多敲鐘人的死亡。

富蘭克林提出了一種抵禦閃電破壞建築的新方法。「我在實驗物體的尖端時發現了一些事情……尖銳物體可吸引電火，也可以將它傳導走，」他寫道，「這背後的原理非常引人好奇，而它們的效果真的很出色……我認為房屋、船隻，甚至塔樓和教堂都可以透過這種方法有效抵禦閃電。」[12]當他開始推廣在建築物上使用避雷針時，遇到來自教會領導者相當大的阻力，他們聲稱這些尖桿會褻瀆上帝，並警告說，從天空中吸引閃電將引發地震。然而，富蘭克林沒有氣餒，也持續觀察了避雷針的作用，最後促成了他最著名的實驗，更證明了「天火」和萊登瓶內的電並無不同。

一七五〇年七月，富蘭克林提議建造一座可容納一名男子那種大小的崗哨箱，並從內部向天空升起一根尖桿，崗哨箱要有一個電座讓桿子通過——如果電座：

能保持清潔與乾燥，雲朵低空飄過時，可能放出電荷和火花，那支尖桿會從雲朵把火花引向那個人。如果擔心人會有危險（雖然我認為沒有），可以讓他站在那個崗哨箱的地板上，偶爾把金屬線圈拿近桿子。金屬線圈的一端是綁在下導體上，那個人以蠟製的把手（幫他絕緣）拿著線圈。這樣一來，尖桿導電時，火花會從尖桿傳往線圈，不會影響到那個人。13

一七五二年五月，在富蘭克林的實驗之前，一位法國物理學家遵循了富蘭克林的建議，成功地完成了實驗。富蘭克林對法國發生的事情一無所知，而接下來的一個月，他自己用絲質風箏、麻繩和鑰匙進行了類似的實驗，後來也詳細說明：

一旦有任何雷雲越過風箏，尖端的線會從雲吸引電火，風箏和所有的繩子將帶電，而麻繩上各處鬆散的細絲會跑出來，手指一靠近就會吸引它們。當雨水弄濕風箏和纏線，風箏可以更自由地傳導電火，這時你會發現當指節碰到鑰匙時，電火會不斷竄出。這個鑰匙可以給萊登瓶充電，所以從它獲得的電火也可以點燃烈酒和操作各種電力實驗。原先這種電往往得靠摩擦玻璃球或玻璃管才會有，現在則證明了閃電與我們所謂的電是沒有兩樣的。14

富蘭克林將天堂的力量與人類自首次摩擦琥珀產生火花後，一直備感困惑的「能」聯繫在一起，這麼做也形同把電從兒戲般的科學和娛樂用途，提升到更高的層次。如菲力普・德雷伊所說：「富蘭克林的實驗結果需要電力、重力、光、熱和氣象等學問的結合，也要整合哲學家對奧妙大自然運行方法的解釋。」[15] 富蘭克林的風箏實驗過了半世紀之後——充其量算是阿甘德燈照亮的十八世紀末，人類對電的理解幾乎沒有什麼進展，部分原因是電力實驗受到萊登瓶本身的限制，可存電量有限。

在十八世紀後期，義大利的亞歷山卓・伏特（Alessandro Volta）對路易吉・伽伐尼（Luigi Galvani）的實驗理論提出質疑。伽伐尼認為用黃銅鉤掛在鐵架上的青蛙會抽搐，是動物本身自己帶電所引起的。而伏特則認為，抽搐是黃銅和鐵之間接觸產生的電所引致的現象。伏特創造出第一個現代電池、證明了自己的理論。伏特在一八〇〇年寫給倫敦皇家學會的一封信中說明道：

> 我用直徑約一吋的幾十個銅、黃銅，或好一點以銀製的小圓板和小圓盤，當作實驗用的硬幣，另外還有相同數量、形狀和尺寸的錫板，或用上好一點的鋅板……我準備充足的紙板或布料盤……能夠吸收並保留相當多的水分……我通常先把一個金屬板水平放在桌子或其他基座上，比如先放了銀盤，然後再放上鋅板，在鋅板上接著放上濕潤的紙盤，然後又放了銀盤，緊接著是鋅版，然後是被我弄得很濕潤的紙盤，我繼續放下去……始終朝著同一個方向堆疊……意思是，我繼續依次用這樣的組合，立起一個夠高也足以保持直立的圓柱。[16]

只要液體和各種金屬之間的電化學持續相互作用，電就會持續存在。伏特創造了持續且連續的電流。帕克．班傑明（Park Benjamin）在十九世紀寫道，伏特的發明「使電力變得易於掌握。他將閃電襲擊當下的電光石火降低成相對緩慢，但極其強大的電流。這種電流未來注定會把人的話語從世界的一端帶到另一端，並產生僅次於太陽光的璀璨光芒。」[17]

伏特的「電堆」立刻引起歐洲和美國科學家的興趣，至少漢弗里．戴維（第一批礦工安全燈的創造者之一）算是最感興趣者。戴維身為化學家，在十九世紀初是倫敦皇家學會的成員。他最後改良了伏特的成品，在皇家學會研究所的地下實驗室建造出大型電池。他用這組大型電池進行了一連串實驗，包括示範了第一個電燈照明：一八〇二年，他成功注入電流使鉑絲發光——但只是暫時的。接著在一八〇九年，靠著他目前為止製造出的最大電池（由兩千對板盤構成的電池），他打造了第一個可持續由電力提供照明的燈，即電弧燈（voltaic arc）。戴維用一根木炭棒作為電導體，讓電流通過，然後用另一根木炭棒接觸第一根木炭棒，火花會從第一根跳到第二根，當他把兩根木炭棒拉開時，一道明亮的藍白色光芒穿過木炭棒之間的灼熱空氣。而光不僅僅由電弧產生，碳也貢獻了白熾的光芒。

戴維從未在實驗示範的場合外使用電弧，因為有相當大的難題得克服——持久而實用的電力燈光還要再等上幾十年才會真正問世。戴維的木炭電極燃燒太快而且不均勻，隨著炭棒愈燒愈短，兩個碳棒的間隙變寬，最終發出劈啪一陣聲響，電弧光轉眼就消失了。因此，科學家必須研發能夠穩定而緩慢燃燒的電極，維持彼此之間的距離不變。然而最大的挑戰在於：得要有比戴維示範所使用的電池更持久的電力系統才行，而電弧照明要普及化更得仰賴可靠的發電機（electric generator，或 dynamo），而這要到一八三一年麥可．法拉第發現了電磁感應原理之後，才可能成真。

早期的電弧燈依靠電池和小型蒸汽發電機來運作，但就如沃夫岡．席維爾布希所說，它比煤氣燈還「倒退一步」，因為電弧燈沒有廣大、相互連通的系統，使用上只限於戶外工作區和燈塔，或是用於特殊展示和景觀布置，比如一八五六年沙皇亞歷山大一世的加冕典禮，當時「懸掛在克里姆林宮舊鐘樓的電弧燈照亮了莫斯科，鍍金的穹頂閃閃發光，與近在咫尺的舊教堂古雅拱門形成了鮮明的對比。而莫斯科河閃爍如銀河」[18]。

到了十九世紀七〇年代末，俄羅斯發明家保羅．亞布洛奇科夫（Paul Jablochkoff）大幅改善了電弧燈。在亞布洛奇科夫的設計中，直立且並排放置的炭棒用石膏絕緣材料隔開，自頂部點燃這種「電蠟燭」再往下燒。亞布洛奇科夫將其中四根炭棒放在玻璃球裡——比露天燃燒更有效率。他也設計了一個調節器，當其中一根炭棒（可維持約兩小時）熄滅時，隔壁的炭棒會自動開始燃燒。而同時，電力開始採用改良後的發電機驅動——比利時人澤諾布．格拉姆（Zénobe Germme）已打造出一種相當強大的蒸汽發電機，足以驅動一排排的路燈。亞布洛奇科夫的「電蠟燭」首先照亮了公共大廳和百貨公司，然後在一八七八年，首個電弧燈街燈出現在倫敦和巴黎的歌劇院大街，每盞相當於八百燭光，比傳統煤氣燈亮非常多，所以放置間隔可拉開到約一百五十呎的距離，一盞就可取代六盞煤氣燈。

直到電弧燈出現之前，路燈的照明方式是以緩慢的步調演進，窗台上的油膩蠟燭讓位給燈籠，然後被煤氣燈取代——燈光每一次的逐步改良都被視為重大突破，也為夜間生活增添新的生氣。舊式光源退守遙遠的街道、出現在鮮為人知的街區、盤踞在新式光源視而不見、視若無睹的地方。但一座座的路燈盛放著光，沿街夾道排列，每個燈柱下的光環隨距離漸遠消逝在陰影之中。人們在燈下往來，離開、又進入光照之中。路燈是街景不可或缺的一部分：街燈與家裡的燈、咖啡館的燈、餐館的燈光交流對話；與黃昏呢喃低語；也與整個夜晚相互長談。

而電弧燈光本質上改變了這一切。電弧光亮度約為五百到三千燭光，遠比之前的任何光都亮，光的品質也全然不同：即使在效果最好的油燈和煤氣燈下，我們的眼睛也如同在黑暗中是用視桿細胞來看東西，但電弧光與日光非常相似，所以在其光照之下眼睛如同在白晝中觀看，是用視錐細胞來看東西。電弧光照之強，導致它們必須掛得比原本的煤氣燈和煤油燈路燈高很多，遠高於人類視線，它的光線大片大片地傾瀉而下：街道不再由是一盞盞路燈串起：「燈火首尾相連排成一列」，相反地，大塊燈光明亮打上牆壁、穿進房屋，據說幾條街外的燈就可讓人看清牆上的蒼蠅和閱讀報紙。男男女女「突然發現自己沐浴在陽光一般明亮的光之浪潮中，還可能真相信太陽升起了。這種錯覺效果之大，連從睡夢中醒來的鳥兒也開始歌唱……女士撐起了傘……保護自己免受這神祕新太陽的『日曬』」[19]。

對某些人來說，這種光太灼人。羅伯特．路易斯．史蒂文森在倫敦第一次見到電弧燈，然後在巴黎也見到了，他寫道：

> 一種新型的都市星星每晚閃耀，恐怖、怪異又傷人眼，這是宛如噩夢的燈！這樣的亮光只該用來照亮謀殺和公共危險罪，或是放在瘋人院的走道，讓恐怖去加劇恐怖。而煤氣燈卻讓人一眼就愛上，它帶來的是適合用餐的溫暖居家照明。人類啊，你們可曾想到，該為普羅米修斯替你們

偷來的火心滿意足，而不是帶著風箏上窮碧落下黃泉，企圖捕捉和馴化狂暴的野火。[20]

但大部分的人不會那麼快就否定電弧燈，因為人們長期以來想要的就是更多亮光。有了豐富的照明資源後，就能繼續測試光的極限。無論城市規模大小，市政當局都開始推行電弧燈的公共照明系統。在美國，發明家查爾斯・布拉什（Charles Brush）在亞布洛奇科夫開發「電蠟燭」的同時，手邊也正在改造電弧燈，布拉什率先用他的電弧燈系統照亮了不那麼富裕的美國中西部中心區域。第一個地點是印第安納州沃巴什（Wabash），在布拉什安裝新系統時，只有六十五個煤氣燈照亮此區。在城中心的法院上方，布拉什懸掛了四個三千燭光的電弧燈（發電機由打穀機的引擎驅動）。在一八八〇年三月三十一日的黯淡陰雨之夜，電弧燈正式啟用：「法院時鐘敲響了八點鐘，成千上萬雙眼睛朝著漆黑的法院大樓向上看，看到燈光從一個點灑下，光點小而穩定，第一個燈光出現後的幾秒內，光變得更加輝煌，教人徹底眼花繚亂……人們站定，敬畏無比，好像直面超自然景象。」[21]電弧燈讓人感到雙重不可思議，不只令人目眩，布拉什還以更少的經費提供了更多光線，光的強度不再與成本正相關：「這個城市的六十五盞煤氣燈（人們認為尚不夠用）每年花費一千一百零五美元，不包括維修和保養。而布拉什的燈大概等同在城市中布置五百盞煤氣燈那麼明亮，每年卻花不到八百美元。」[22]

沃巴什照明系統盛名遠播，布拉什和其他電弧燈製造商便迅速在克里夫蘭和其他較小的美國城市設置電弧燈路燈，比如丹佛、聖荷西、弗林特、明尼亞波里斯和底特律，最後甚至在商業中心建造了頂部採用電弧燈照明的光塔——通常沒有任何裝飾性可言，比如聖荷西的光塔就高出城鎮兩百多呎，它的六個電弧燈在商業區上展開了兩萬四千燭光的光傘，但鋼管構成的高塔橫跨兩條主要幹道的交匯處，看起來就好像建在監獄廣場周圍的柵欄。電弧燈的支持者認為電弧燈不僅是保障市民安全、促進商業的手段，更是歷史上與都會的概念八竿子打不著的偏遠地區也能建立新城市的契機。歷史學家大衛．奈（David Nye）強調，對這樣的城鎮來說，「照明……是一種技術進步和文化優越的迷人象徵。」23

而沃爾夫岡．施韋爾布什也覺得電弧燈更「民主」：

以電弧燈照亮的城市就像生活更平等的烏托邦。事實上，平等正是支持這種照明的主要論據。密西根州弗林特市議會提出「光會覆蓋整個空間……」這一點，就是要證明引入塔式照明系統的決定是合理的。稱電弧燈是窮人之光可能不失公允，因為它深遠而有穿透力的光芒可一視同仁照亮市中心與郊區……璀璨之光，在城市中無遠弗居。24

最終卻證明光「太多」了。當然，大膽明亮的用光總有其吸引力，如時代廣場的裝飾燈光、沙皇的加冕典禮造景，但這畢竟不是日常街道的燈光——人們發覺留有陰影的生活也是有價值的。原本大力擁抱電弧燈塔樓照明的市政當局決定拆除，並嘗試更溫和、傳統的東西：延續那種會在一天內保有與白晝不同景象的光；要能引導人，但也有所保留、具神祕感；一種不支配人，而與他們在世界上同存共處的光。而當時的人不但遠離了電弧燈光，也與電弧燈光塔太強調功能性的外觀分道揚鑣。在明尼亞波利斯市中心，布拉什公司打造了「電月亮」（由高聳燈柱上八個電弧燈組成的燈光裝置），市議會「跟隨許多其他進步城市的做法……消除了笨拙的鐵柱……取而代之的是，所有主要商業大街都有一座上面有五盞燈、設計精美的燈柱」[25]。為了讓這些燈更顯優雅，他們還在新的燈柱上放了懸掛式盆栽。

雖然小城市在電弧燈撤離之前，可能已使用過頭，但在紐約市，電弧燈的命運卻略有不同。紐約人習於相對明亮的光線，即使如此，電弧燈的耀眼程度仍使他們吃驚，從最初就帶來了一絲不安。布拉什在一八八〇年末沿著原本煤氣燈照亮的街道安裝了他的第一個電弧燈街燈系統。他的燈柱並非高如指揮塔，但確實也是煤氣燈高度的兩倍，據《紐約時報》報導，「一盞燈相當於六個煤氣燈燃燒光芒的十倍，

> 當耀眼電火花出現的那一刻，人們的目光從商店櫥窗轉向了燈光。敬仰和讚揚的感嘆詞從四面八方傳來，大家同時比較了煤氣公司提供的照明效果……就跟所有電燈一樣，白色強光相當強，對於不習慣者和眼睛較衰弱的人來說，多少減損了光帶來的享受。然而，這會因時間久了便逐漸適應，也會因持續使用而改觀。另外，藉由打磨的瓷器和有色玻璃燈罩加強或柔化光線，可創造出各種效果。就像昨晚，眼睛可以從路燈強烈白光射出的明亮光彩，轉向商店櫥窗柔和的金色光輝中緩和休息——路燈和商店櫥窗的燈光形成了這種對比。[26]

久而久之，瓷器燈罩確實仰制了光線，電弧燈在這種較溫和的形式中，照亮未來幾十年的城市街

道。但電弧燈也令人習慣了全新的亮度，相形之下，十九世紀初曾吸引城市人的煤氣路燈那柔和美麗的光芒，此時卻顯得寒酸，一如煤氣燈剛出現時煤油燈的處境。到十九世紀末，紐約的煤氣燈多年來已變得比從前更加明亮可靠，卻被視為屬於往昔的燈光。「由於電燈在街道上已經相當普遍，因此幾乎每個煤氣燈街區都會抱怨自己被唬弄打發，沒有得到該有的燈光，」一八九八年一篇報紙評論說，「偶爾甚至有人會抱怨煤氣燈不比煤油燈好，認為煤氣燈的照明能力每況愈下。」[27]

參考文獻：

1 Gaston Bachelard, *The Flame of a Candle,* trans. Joni Caldwell (Dallas: Dallas Institute Publications, 1988), p. 64.

2 Park Benjamin, *The Age of Electricity from Amber-Soul to Telephone* (New York: Charles Scribner's Sons, 1888), pp. 2–3.

3 出處同上：p. 11.

4 Ewald von Kleist, quoted ibid., p. 15.

5 Philip Dray, *Stealing God's Thunder: Benjamin Franklin's Lightning Rod and the Invention of America* (New York: Ran- dom House, 2005), p. 49.

6 Quoted in Jill Jonnes, *Empires of Light: Edison, Tesla, Westinghouse, and the Race to Electrify the World* (New York: Random House, 2004), p. 23.

7 Albrecht von Haller, quoted in Dray, *Stealing God's Thunder,* p. 46.

8 Benjamin Franklin, "The Electrical Writings of Benjamin Franklin and Friends," collected by Robert A. Morse, 2004, Wright Center for Innovation in Science Teaching, Tufts Uni- versity, Medford, MA, p. 24 (pdf p. 35), http://www.tufts.edu/as/wright_center/personal_pages/bob_m/franklin_electricity_screen. pdf (accessed June 29, 2009).

9 出處同上：p. 58 (pdf p. 69).

10 Dray, *Stealing God's Thunder,* pp. 54–55.

11 出處同上：p. 67.

12 Franklin, quoted ibid., p. 57.

13 Franklin, "The Electrical Writings," p. 45 (pdf p. 56).

14 出處同上：p. 95 (pdf p. 106).

15 Dray, *Stealing God's Thunder,* p. 83.

16 Alessandro Volta, quoted in Edwin J. Houston, *Electricity in Every-Day Life,* vol. 1 (New York: P. F. Collier & Son, 1905), pp. 347–49.

17 Benjamin, *The Age of Electricity,* p. 32.

18 Francis R. Upton, "Edison's Electric Light, *Scribner's,* February 1880, p. 532.

19 Quoted in Wolfgang Schivelbush, *Dis- enchanted Night: The Industrialization of Light in the Nineteenth Century,* trans. Angela Davies (Berkeley: University of California Press, 1995), p. 55.

20 Robert Louis Stevenson, "A Plea for Gas Lamps," in *Virginibus Puerisque and Other Papers* (New York: Charles Scribner's Sons, 1893), pp. 277–78.

21 Quoted in John Winthrop Hammond, *Men and Volts: The Story of General Electric* (New York: J. B. Lippin- cott, 1941), pp. 31–32.

22 Richard B. Biever, "Indiana's Bright Lights," *Electric Consumer,* Indiana Statewide Association of Rural Electric Cooperatives, http://indremcs.org/ec/article (accessed Feb- ruary 13, 2009).

23 David E. Nye, *Electrifying America: Social Meanings of a New Technology, 1880–1940* (Cambridge, MA: MIT Press, 1992), p. 54.

24 Schivelbush, *Disenchanted Night,* p. 126.

25 Howard Strong, "The Street Beautiful in Minneapolis," in *American City,* vol. 9 (New York: Civic Press, 1913), pp. 228–29.

26 "Lights for a Great City: Brush's System in Successful Use Last Night," *New York Times,* December 21, 1880, p. 2. "the moment the dazzling": Ibid.

27 "Lights in Street Lamps: Bright Electric- ity Makes the Old-Time Gas Look Dim," *New York Times,* June 20, 1898, p. 10.

第七章　白熾

電弧燈光即使加上遮罩，光線仍顯得太強烈，不適合照亮居家內部照明，而人們也無法降低電弧燈的強度——十九世紀的科學家會說電與強光這兩件事是「不可分割的」。那麼，該如何使電燈照明夠舒適可親（相當於煤氣燈十到二十燭光的亮度），適合家用？這是與冰河時期人類所面臨的難題相差無幾的困境，那時的人藉由燃燒油脂燈（如拉斯科洞窟發現的那盞燈）來馴服他們的爐火。

科學家花了近八年的時間來「分離」電燈光。自一八〇二年漢弗里．戴維於皇家學會科學研究所讓鉑絲瞬間發光之後的幾十年中，遍布德國、英國、法國、俄羅斯和美國的幾十位研究者，都致力於研發白熾燈泡。但因為他們慣用的燈絲——封閉在真空中或用氮氣包圍的碳、鉑銥合金或石棉——遇到了難以跨越的障礙。碳總會迅速燒完耗盡；而耐氧化的鉑在加熱到白熾狀態時易熔斷，而且鉑的價格昂貴。幾個實驗者設法在真空燈泡中用鉑製造出短暫的燈光，光芒最持久的是威廉．格羅夫（William Grove）的成品，在一八四〇年照亮了英國劇院整場演出時間，但是燈光昏暗，且所費不貲。

到了十九世紀七〇年代，科學家在整個十九世紀所遇到的白熾燈問題統統都仍未解決，而此領域依舊充斥著努力想讓燈泡保持真空，並製作出更耐久燈絲的人，其中包括美國的海勒姆．馬克沁

（Hiram Maxim）、莫塞斯・法瑪爾（Moses Farmer）、威廉・索耶（William Sawyer）和阿爾班・曼（Albon Man）；英格蘭的聖喬治・雷恩-福克斯（St. George Lane-Fox）和約瑟夫・斯萬（Joseph Swan）。斯萬曾花了三十年試圖製造白熾燈，新堡（Newcastle）化學會一八七八年十二月會議交流紀錄中提到，斯萬「描述了他最近製造光的實驗，讓電流通過一根密封於氧氣被耗盡的球體中的細長碳棒……碳棒被劇烈加熱時會發出巨大光芒。」[1]不過，斯萬的光轉瞬即逝，玻璃燈泡迅速被煙灰蓋滿。

湯瑪斯・愛迪生（Thomas Edison）在一八七八年夏末加入了研究白熾燈的行列。「一切盡在眼前，」他後來說道，「我看到事情還沒發展得太難望項背，我還有機會。眼前的成果都還沒有實際用途。電燈強烈的光沒有被『分離』到可以帶入私人住宅。」[2]愛迪生自己知道，他不僅得找到適合燈絲的耐用材料和理想形狀，還須製造出充分絕緣的燈泡，更要弄清楚該如何快速、高效、徹底地從玻璃燈泡中排出空氣。他也得建立一個有效的電力傳輸系統（表示得研發出可用的開關和線路）以及高效的發電機。發電機的製造尤為艱鉅，因為早期電子設備（如電報和電話）都可以使用電池。愛迪生拜訪工程師威廉・華萊士（William Wallace）在康乃狄克州的工廠後，找到了解決這個問題的方法。華萊士同時生產電弧燈和發電機。在那裡，愛迪生見到了華萊士的「電機台」（telemachon），那是一種強大的發電機，足以同時點亮八盞電弧燈。「電機台」徹底為愛迪生帶來靈感。與愛迪生一起參訪的《紐約太陽報》記者說，愛迪生「從這台機器跑到燈的前面，又從燈那邊跑回機器前。他單純如赤子般趴在桌上，埋頭做各種計算。他算出了機器和燈的功率，估計了能量傳輸中可能的損失，以及這台機器分別在一天、一週、一個月、一年中可節省的煤炭量，還有省下煤炭消耗對製造生產的影響。」[3]愛迪生自己說：「現在我有一台（華萊士的）機器可用來發電啦，我可以隨心所欲地做實驗。」[4]

愛迪生所面臨的挑戰不僅是技術問題。系統需要有具成本效益而且可供一般使用的實用性，設計上也要與舊有形式近似，好讓公眾適應。這代表：要設計出比主導十九世紀晚期都會區室內照明的煤氣燈更清潔、高效、經濟的系統。但正如與愛迪生一起工作的數學專家法蘭西斯·厄普頓（Francis Upton）所寫：「錯誤的觀點已浮上檯面：這種新的光芒要和太陽光一較高下，但其實它的參考點應該要是既有的煤氣燈才對。」[5]而愛迪生也真的把煤氣燈系統當作設計參考的原型和競爭對手。在早期電燈系統的安裝中，愛迪生將電線穿過現有的家用煤氣管道，調整既有的煤氣系統來搭配他的電燈裝置。他以當時的煤氣表為基礎，開發了一種可確定每戶家庭用電量的方法，而且還設想了像煤氣系統那樣與相鄰住宅連通的電力系統，最後連接到一個中心站來取得供電，這也表示系統的成本效益將取決於用戶的密度——小範圍內應密集使用為佳。

愛迪生從一開始就設定他的系統要以都會區為目標，他的資金來自紐約，研發過程受到紐約媒體密切關注，而他也視紐約為成果最重要的試驗場：他計畫在曼哈頓安裝第一個商用中央電燈照明系統。在好天氣裡，他可從大概三十哩外紐澤西門洛帕克（Menlo Park）的實驗室（在這裡他進行了第一次電燈實驗），看到地平線上的紐約市。門洛帕克地區的房地產一直低迷不振，只有山丘上的一簇小房子和賓夕法尼亞鐵路線上的小火車站，所以當愛迪生開始嫌原本的紐瓦克（Newark）實驗室太擁擠狹窄、要尋找新環境時，在門洛帕克發現了夠大且便宜的獨立空間，適合建造他的實驗場所。

當你第一眼看到理查德・奧特考特（R.F. Outcault）畫的一八八〇、一八八一年之交的門洛帕克實驗室冬景，會感受到那裡與世隔絕，有一般靜謐謹肅的氣氛。實驗室看起來像是進入冬休的農場，格局也幾乎與農場相同：以尖樁籬柵圍起的方形大院正好位於空曠的田野中。旁邊的道路消失在地平線盡頭的林地裡。前景中的圖書室兼書房是不起眼的兩層樓護牆板房，後面有護牆板圍成的實驗室，若沒有每層樓的小陽台，看上去更像是長形穀倉。側面有一個搭著梯子的棚子。

這棟建築雖然有傳統而不起眼的外觀，卻是美國最大的私人實驗室。奧特考特的畫還描繪了後方設有煙囪的紅磚機械房；電線桿的電線穿過附近區域；以及停在道路遠端小車站的火車。對任何外面的觀察者來說，在門洛帕克實驗室所發生的事都是新奇而令人困惑的。「在我還小的時候，」大衛・特朗布爾・馬歇爾回憶道：

> 因為還是個小男孩，沒人管我，我可以晃蕩到門洛帕克實驗室……我記得看到高大的瘦削的勞森（Lawson）先生燒火爐來碳化燈絲……我記得在機械房外院子裡看到的男人……他在用繃帶纏繞銅線，用瀝青浸泡銅線……我記得進入實驗室南側的小打鐵舖，發現一個鐵匠正在用銅製作東西，他告訴我「這是一件非常特別的任務」……我記得那個打鐵舖旁邊的小棚子，裡面有許多煤油燈在燃燒，火焰突然往上竄，然後冒煙、沉積煙灰……我記得阿爾弗雷德・莫斯（Alfred Moss）和我發現垃圾堆的那一天……我們以為找到了一座金礦。絕緣銅線、玻璃管、黃銅塊和其他一千零一件東西被扔在地上，被掃掉、丟出去。6

愛迪生的「發明工廠」中，有鐵匠、電工、機械師、技工、模型製造者、吹玻璃工和數學家。「他鋼鐵般的理念形狀糾結地散落、堆積在各處，地板上立著厚重車床，房間裡充斥折磨的金屬的慘叫，」一位記者寫道，「樓上……像藥店般，牆邊擺滿各種尺寸和顏色的瓶子……在長凳和桌子上有各種電池、顯微鏡、放大鏡、坩堝、蒸餾器、覆滿灰塵的鍛爐和化學家該有的其他裝置。」7

正如《紐約先驅報》的報導，實驗室的人整晚上工作不休：

晚上六點，機械師和電工在實驗室集合。愛迪生身穿藍色法蘭絨西裝；頭髮沒有梳理，遮住了他的眼睛；脖子上圍著絲絹手帕；手和臉上有些髒污……機械的嗡嗡聲淹沒了其他聲音，每個人都在自己的崗位上。一些人正在繪製形狀奇特的電線，因為非常細緻，似乎隨便一碰都會不小心造成破壞。其他人則大力將外觀頗怪的黃銅片銼屑。還有人在調整放在眼前的小型球狀工具。人人似乎都專注於與其他同事不同的任務。8

愛迪生本人則主要把心力放在尋找適合用作燈絲的最佳材料，他得出結論：燈泡燈絲須由高阻抗材料構成。「燈泡對電流通過的電阻愈大，」他解釋說，「同樣電流之下就可獲得更多的光。」9在幾個月之內，他的團隊嘗試、也放棄了許多想法和材料：碳、鉑、矽、硼；然後再次回到碳——雖能提供高電阻，但也很難維持穩定。他們碳化了釣魚線、花梨木、山核桃、雲杉、椰子纖維和無數其他的物質。他們將細絲塑造成盒子、螺旋、圓圈、馬蹄鐵，甚至靠想像出來的豆芽和花飾形狀，並在筆記本中記錄每一個實驗。即使只看幾則記錄，也能窺知他們實驗範圍之廣，和一夥人付出努力的細節：

（四月二十九日）佛斯（Force）銑削、輾薄的木環，用之前切割紙板的方式切割後，經凡克里夫（Van Cleve）碳化，準備放入電燈啟用。電阻：一二五和一九四歐姆。

（五月十四日）碳化。幾種韌皮纖維模具經過精心準備，備妥在木頭周圍準備碳化，但每一塊木頭的結果都不理想，在碳化過程已在模具中碎裂。凡克里夫準備了更多木頭再行試驗。

（五月二十日）碳化。凡克里夫透過將條帶固定在開槽的鎳板上，來碳化三個模具中的木環，他處理得很好，形狀甚佳。韌皮纖維。測量並測試四個韌皮纖維燈，電流為一〇三伏特，發出三十到三十二燭光，每馬力約六燭光。燈連接到實驗室的主電線，在最初幾小時內，其中三個燈在夾子和玻璃中斷裂；但不同情況下纖維在燈炮中都能保持不斷裂。顯示纖維碳化後很耐久，但接觸較為不良。[10]

一八七九年十月二十二日，愛迪生的同事中最受信賴的查爾斯·巴徹勒（Charles Batchelor）在一個抽到真空的手工吹製玻璃燈泡中放了一根馬蹄形的碳化棉線，並將其連接到一串電池上。燈泡在凌晨一點三十分開始發光，從深夜持續到第二天早晨還亮著。到了下午三點，他增加更多電池以取得更多電力後，巴徹勒注意到燈泡變得像當時的三個煤氣燈、抑或四個煤油燈那般明亮（約三十燭光）。在深秋的午後，這個現象在一小時後衰退，玻璃燈泡破裂，但它總共燃燒了超過十四小時。

在門洛帕克工作的每個人都知道，電燈在具有實用商業價值之前，系統的方方面面——從發電機、開關、燈泡到燈絲（最終會用上竹子）——都需要進一步改進。不過，到了十二月，愛迪生已能夠向贊助者演示他的系統，同時他也向朋友：記者埃德溫．福克斯說了這件事，福克斯為之後要刊登的長篇文章做了筆記。該篇文章原本打算在愛迪生正式公開展示系統後發表，而日期就定在除夕。但在消息走漏、愛迪生電燈的新聞紛紛始出現在其他報上之際，福克斯所效力的《紐約先驅報》（*New York Herald*）便決定在十二月二十一日印出用一整跨頁篇幅來報導的故事。「愛迪生的電燈看上去令人難以置信，是用一張一口氣就吹得走的小紙條（實際上是碳化的線）做出來的，」福克斯寫道，「這條小紙條能傳遞電流，產生絢麗的光芒。」[11]

福克斯的文章發表後，成千上萬的人親自去看愛迪生的發明：習於煤氣燈光的富有紐約人從城中坐馬車前去，其他人則搭乘火車，用一整個短暫而寒冷的下午趕到。完全靠煤油燈照明的農民帶著一車坐在大綑乾草堆上的孩子，從黑暗的鄉村騎馬而來。在門洛帕克實驗室，所有人都擠在一塊兒，一起目睹未來之光——將在幾年後到達富人階層手中，而農民乃至於他們的孩子，可能有生之年都不會在自家看到這種光。但也許在哪一刻、在歷史繼續開展之前，這份奇蹟對所有人來說都是平等的。一個開關輕響，光就被涵納在真空玻璃中，不再需要與火焰有所牽扯；不需要耐心調整照顧；光不再晃動、傾斜、滴漏液體、發臭或消耗氧氣；不會點燃工廠裡的布屑或刈草中的乾草。大人也可以任小孩獨自與光同處一室。

當然，電燈美麗光彩的感染力也與門洛帕克的環境有關。這個地方對大家來說既熟悉又陌生：有鐵匠和吹製玻璃的人，又有手上拿著筆記本的數學家和電工。在深冬中，這遙遠而孤絕的地方有著天時地利，讓光深具意義。更深邃的黑暗和「小紙條」發光的對比，強化了到訪者見證從未料想之物的感受：這樣的光將改變陰影的質地和照明的品質，也將令夜晚家庭中的氛圍不再相同。

夜以繼日都有人接踵而來，但因為實在太多人，幾天後愛迪生只好暫時關閉實驗室、不對外開放，但他保持實驗室燈亮不輟，好讓來訪的人可以站在外面欣賞燈光。當愛迪生在除夕夜再次開放實驗室、正式展示他的照明系統時，數千人抵達了門洛帕克，要來看實驗室內的二十五盞燈、會計室和辦公室中的八盞燈、街上和附近房屋的二十盞燈。《紐約先驅報》報導：

這種光線經歷多方測試。發明者將一個電燈放在裝滿水的玻璃罐中，打開電流，這個馬蹄狀的小細絲在浸入水中時，仍與剛才在空氣中發出同樣明亮穩定的光芒。另一項測試是：以極快的速度反覆開啟和關閉一盞燈，用「三十年下來實際在房屋照明中打開和關閉燈光的次數」來操作，而這樣一連串動作下來，燈的亮度、穩定性或耐久性卻沒有產生什麼可見的變化。[12]

接下來的冬季，愛迪生藉由地下管道成功地將的系統擴展到門洛帕克周圍。然後，他將業務轉移到曼哈頓的珍珠街，打算打造出實際可行的中央供電站，好為周圍社區提供電力。在幾年內，他完成了珍珠街供電站。他將白熾燈安裝在獨立的直流電（direct current, DC）系統上，首先是在哥倫比亞號郵輪上，然後擴及全國各地的工廠。生產商品時易有起火危險的製造商，如糖廠、紡織廠、平版印刷廠和塗料製造廠立即對愛迪生的系統表示興趣——這種燈沒有火焰或火花，在他們的工廠中，更好的光源也較能帶來更好的作業成效。

一位記者訪問了位於麻薩諸塞州洛厄爾城的梅里馬克紡織廠（Merrimack Mills），愛迪生於一八八二年初在那裡安裝了照明系統，記者描述了白熾燈光明顯不同之處：

> 站在房間的一端望向整排的紡織機，每部紡織機都有自己的小燈，安置於織物上方三呎，看到的人首先會驚豔於光線的良好品質，接著會驚訝它完美的穩定度……沒有熱度是另一個重要優點……若用煤氣燈照明，房內溫度會升高十到十二度，但現在這裡的溫度不受二百六十二支電燈的影響而改變。靠近紡織機細看正在進行的工作時，新潮的格子布料的每一道線、每一個圖案都非常清晰可辨，很快就能注意到瑕疵並迅速修改，對工人來說，現在的燈好到無以復加。[13]

而使用機器最經濟的方式就是讓它持續運轉，電燈也證明了可以高效地保持連續照明。這也就延長了工作日——自從十六世紀引入機械鐘以來，工作時制已逐漸不靠自然日光而定。愛迪生電燈的成功有助於建立一日三班制，徹底從工廠裡消除了依自然時間而作息的概念。

在愛迪生安裝了梅里馬克紡織廠的燈光系統後幾個月，他的白熾燈照明系統首次進入私人住宅，那就是銀行家暨投資人約翰．皮爾龐特．摩根（J.P. Morgan）位在麥迪遜大道的褐砂石大宅。白熾燈當時在商業上十分有利，但對私人住宅來說就顯得太複雜，而且每千瓦時的成本高達二十八分——僅適合極富有之輩。「安裝它是件相當麻煩的事情，」摩根的女婿兼傳記作家赫爾伯特．薩特利（Herbert Satterlee）回憶道，「在馬廄下面挖了一個地窖……在那裡安裝了用於操作發電機的小型蒸汽機和鍋爐……房子裡原本的煤氣裝置放入電線，每個裝置中用電燈泡替代舊式燈的燃燒器。當然，發電機經常短路和故障。」[14]愛迪生燃燒煤炭的蒸汽引擎會冒黑煙，很吵雜，還散發出燃燒的惡臭和煙霧，鄰居也抱怨他們的房子在下午鍋爐啟動時會震動。而設備也不能自動啟動、自我維護，所以當發電機發生故障或電線短路時，房屋會陷入黑暗。而且，發電機：

必須由專業工程師每天下午三點來值班啟動蒸氣引擎，好讓冬季在下午四點以後，電燈隨時有辦法打開。而工程師晚上十一點就下班了。很自然地，這個家經常會忘記看時間，所以當訪客可能還在家，且大夥仍在打牌時，燈光會消失並熄滅。如果主人想要舉辦派對，就須另外特別安排，把工程師留下來加班。[15]

摩根證明了自己是深具耐心的顧客：即使書房地毯下的電線起火燒毀了房間，房屋重新裝修後，他仍選擇使用這個系統。但並非愛迪生的每個富有客戶都這麼大無畏，或者都對白熾燈照明系統明顯的「工業風」感到滿意，畢竟煤氣燈系統骯髒的原料是經由好幾哩的管道運送而來，也不需要放鍋爐在家裡，威廉．H. 範德比爾特（William H. Vanderbilt）的妻子就拒絕在剛布好管線的房屋內使用電力，因為她害怕生活在鍋爐之上。

同時，愛迪生在曼哈頓珍珠街的中央供電站計畫進展得很緩慢，部分原因在於挖掘並鋪設地下電線這項任務很艱鉅。愛迪生堅持把電線埋在地下，除了為了遵循煤氣管道的前例，也出自他喜歡低壓直流電（DC）勝過高壓交流電（AC）的同樣原因——安全性。因為早在一八八〇年電弧路燈出現之前，曼哈頓的商業區就有許多小公司沿著城市街道牽起電報、電話、警報器和股票訊息器的電線。這些電線鬆垮垮地垂過大道上方，將橫桿支架壓到下沉，最後還牢牢卡在建築物的側面。每間公司都負責維護自己的線路，若疏於照顧或因為風雨打壞，鬆散的電線會從電線桿垂落下來——這並不罕見。公司倒閉卻未拆除電線也讓都市空間惡化。這些線路起初只是煩人，但不致命，畢竟大多數的供電仍是透過電池運行。但是，正如歷史學家吉兒．瓊斯（Jill Jonnes）所說：

> 隨著新式戶外電弧燈照明的到來，一切都在改變……運作這些燈需要極高電壓的交流電（高達三千五百伏特），這讓戶外電線開始真正變得危險。布拉什電力公司……建造了三個中央供電站，並將高強度電力（通常為兩千至三千伏特）傳輸到這些纏成一團的低壓電線中。而愛迪生不想要與這些亂成一堆的廢電線扯上關係。16

因此，正值整個城市照明市場增加、亂烘烘地相互競爭之際，愛迪生就在研究電線地下化。電弧燈公司照亮了街道、大型公共建築、劇院和飯店大廳；白熾燈公司則在建築物內部打造獨立系統，比方說，海勒姆．馬克沁於一八八〇年底在曼哈頓的商業保險公司（Mercantile Safe Deposit Company）成功連接了白熾燈系統。此外，煤氣燈公司嘗試製造更亮、更高效的煤氣燈來應對電燈的出現，這份努力在一八九〇年催生出威爾斯巴赫燈（Welsbach lamp）。威爾斯巴赫燈的燃燒器外有精細編織而成的棉織物所做的罩子包圍，棉燈罩會先浸過氧化物溶液，然後放置乾燥。儘管威爾斯巴赫燈的燃燒器像傳統的氣體燃燒器一樣會耗氧、使房間過熱，但這個「燃燒罩」最早在一八九〇年開始廣告時，就發出了白熾的光芒。威爾斯巴赫燈雖然脆弱，但其光輝令人印象深刻，被稱為「沒有電的電燈」。

最後，愛迪生在一八八二年夏天完成了電燈系統，足以照亮珍珠街部分街坊，其中也包括紐約時報的辦公室。同年九月四日，愛迪生啟用了該系統，那些在報社工作的人似乎滿懷感激：

這種燈光能讓人坐下來寫上好幾個小時，而不會特別意識到人工照明這件事……光線柔和宜人，很體貼我們眼睛的耐受度，而且幾乎令人以為自己是在白天寫作。光不閃爍，幾乎沒有發出任何熱度，也不惹得人頭痛。紐約時報大樓的電燈經過全面測試……這些多年來從事夜班工作、用眼過度的員工都可對任一盞燈進行整晚的實測，畢竟這些人早就深諳燈具優缺點的判別之道。最後毫無異議：一致贊成愛迪生電燈勝過煤氣燈。17

走在街上的行人最初幾乎都沒注意到這種適度且得宜的光線存在。《紐約先驅報》報導：

昨晚在整個曼哈頓下城區的商店和商場一帶，出現了一種陌生的光。原本的煤氣燈光微弱閃爍，也通常因醜陋骯髒的燈炮變得更黯淡衰弱，昨晚的路燈卻被穩定的強光所取代，光線明亮而柔和，也能穿過窗戶，穩穩地照進室內。從外面的黑暗看起來，這些光點就像是火焰噴下來的火「滴」，彷彿隨時欲墜那般。許多人專注於自己的事匆匆經過，而沒有注意這些光，但那些偶然瞥見的人，注意力馬上就被燈光攫住……白熾燈測試起來非常穩定，這些發光的小馬蹄形燈絲表現得很好。18

直流電在短距離、低電壓時，也有良好的輸電表現，但它有一定的侷限性：首先，如果不靠昂貴的粗銅線輸電就沒有辦法，而電流在銅線上傳送半哩左右後會迅速降低。二來，雖然直流電可以充分向使用電燈的客戶提供穩定的一百一十伏特，但要用到更強大電流來運轉的機器卻不能利用相同的線路。除了這種技術本身的問題之外，中央供電站的交涉協商往往很複雜，會牽扯到許多不同的利益團體，要大家統統達成協議才行。雖然在珍珠街的中央供電站有了初步的成功，但到一八八四年底，愛迪生總共也只建造了十八座中央供電站（相比之下，他向家庭和企業提供了數百個獨立電力系統）。

而真正威脅到愛迪生系統的，其實是交流電供電站，交流電通過變壓器向電線發送高壓電流，然後在電力輸送到各個家庭和企業之前，才降低到較低的電壓。交流電可適應不同電壓，因此系統可同時為燈具和其它機器供電。而且供電站可以透過細銅線發送比直流電遠上半哩半徑範圍的穩定強力電流，交流電系統能隨著電力需求的增長而向外擴展。

或許沒有人比一八八六年在匹茲堡成立西屋電氣公司（Westinghouse Electric Company）的喬治．威斯汀豪斯（George Westinghouse）更了解交流電的優勢了，他與奧地利發明家尼古拉．特斯拉（Nikola Tesla）簽約，請斯特拉幫助西屋電氣公司研發交流電系統。特斯拉修長而清瘦，有雙很藍的眼睛，對太陽極度過敏，甚至是從橋下走過也會對他的頭骨產生壓迫感。「我連看到桃子都會發燒，如果家裡的任何一處有放樟腦，也會讓我感到嚴重不適，」他曾說過，「向我說一個字，它所代表的物體形象會生動地出現在我的視野中，有時我甚至無法分辨它是真實還是想像的。」[19] 他頭腦似乎總是過熱，得靠著頻繁散步同時間數著自己的腳步，才有助於心情平靜。發熱的頭腦雖然是種負擔，但或許對他的創造力來說不可或缺：他可以完全只在腦中就構想出細節鉅細靡遺的機器，還能了解這機器該如何運作、需要怎麼樣改進。他可以在腦中修改而無需將機器畫在設計紙上或製作模型。

特斯拉在二十多歲移居美國後曾短暫受雇於愛迪生手下，愛迪生似乎從未真正承認特斯拉的天才，並且拒絕支付承諾了要給他的獎金，特斯拉於是離職。但在他們決裂之前，特斯拉就覺得愛迪生對直流電的執念是他們發展電力系統的阻礙。當特斯拉提出交流電的想法時，愛迪生狠批：「別胡說八道。這很危險。我們在美國要用的是直流電。大家喜歡直流電，（再困難）我也要用它。」[20]

愛迪生公開譴責交流電「永遠不會擺脫危險」。他還說交流電不可靠，不適合中央供電站系統。他稱交流電為「劊子手的電流」，並且推出一系列引人注目的動物電擊演示（包括一隻狗、一隻小牛、最後還有一隻大象）以證明交流電的致命力量，之後他還公開支持交流電用於第一把電椅中。西屋電氣公司的交流電和愛迪生的直流電之間難堪的競爭，在所謂「電流大戰」中當眾上演。

最初似乎是紐約的一連串事件放大了高壓電線的危險性，而愛迪生因此對公眾用電有些焦慮。首先，在一八八八年冬天，一場暴風雪使城市陷入癱瘓：「風有時似乎會繞指南針整整一圈，男人和女人像玩偶一樣被颳著旋轉。雪既鋒利又乾燥……像許多玻璃碎片那樣尖利……它附著在鬍鬚上並結凍……凍到男人臉上的毛髮變成閃閃發光的小型冰山。」[21]在暴風雨期間，整個城市的電線都掉落下來。「長桿上的長臂掛滿被風吹得絞纏在一團的電線和電纜。屋頂裝置纏繞著大量扭曲斷裂電線的景象隨處可見。電線鬆散的末端被風吹起，像鞭子一樣揮過空中……電話、電報、電力線路斷裂，對行駛而過的車輛或行人來說都很危險，而電線桿倒下的危險尤甚。」[22]

這些災難使市民和官員感到震驚，而接下來幾個月更接二連三發生「線路致死事件」，其中包括一名小男孩頑皮地跳上去觸摸懸掛的電線而觸電身亡。一八八九年秋天，一名電報公司的員工在操作線路時死亡，當時有一群紐約人目擊了慘不忍睹的死亡景象：「這名男子似乎全身著火，從他嘴裡和鼻孔噴出的藍色火焰飛濺到了腳邊。」[23] 隨後因民眾強烈抗議，市長下令幾家電燈公司（他們供應了整個紐約五十九街以下四分之三區域的照明）在再次運作之前，得先關掉他們的路燈、修復好線路。黑暗降臨了這個習於大放光明的城市的一大塊區域。據《紐約時報》報導：

> 這座城市在黑暗時宛如鄉間……在聯合廣場和麥迪遜廣場、市政廳公園和其他開放空間附近，景色顯得特別冷清淒苦。百老匯大道、第五大道、麥迪遜大道和第七大道看起來就像沒有盡頭的陰鬱隧道……而愛迪生的系統在百老匯和大道上的所有商店，以及城市中心一整區域的公共場所都照常運作……位在黑暗區域的警察局統統接到命令，要派出雙倍警力巡邏；巡邏隊也收到特別指示，須對不法之徒格外警覺，以保護民眾生命和財產安全。[24]

威斯汀豪斯與愛迪生競爭，試圖建設良好的線路以向大眾保證安全無虞。「關於電流事故」，該公司寫道，「紐約的死亡紀錄顯示，一八八八年因街車事故死亡者，六十四人；因汽車和貨車事故死亡者，五十五人；因煤氣燈事故死亡者，二十三人；與上述死因相比，因電流事故死亡的人數（五人）就不那麼顯著。」[25]

無論多危險，多功能的交流電是快速發展的國家和該國經濟活動所需的理想電流。雖然在大多人眼中，電力仍幾乎等同電燈光。即使生產和銷售電力的公司愈來愈多，人們仍稱之為「燈光公司」，而非「電力公司」。但電力的機械用途已開始出現：電力開始為工廠和家庭驅動各種設備和機器。到了一八九一年，交流電系統開始受到青睞，美國的交流電供電站幾乎是直流電供電站的五倍之多。然後，喬治·威斯汀豪斯擊敗了愛迪生的通用電氣公司（General Electric Company），拿下了一八九三年為芝加哥哥倫布紀念博覽會（旨在慶祝哥倫布航至美洲四百週年）供電的重要合約。特斯拉的交流電多相系統將為世上截至當時為止最盛大的燈光盛會供電，並譜出一段燈之詩篇。交流電從博覽會獲得的聲勢，足以讓直流電淪為過去式。

參考文獻：

1 Quoted in Brian Bowers, *Lengthening the Day: A History of Lighting Technology* (Oxford: Oxford University Press, 1998), p. 89.

2 Thomas Edison, quoted in Paul Israel, *Edison: A Life of Invention* (New York: John Wiley & Sons, 1998), p. 166.

3 *New York Sun,* quoted in Israel, *Edison,* p. 165.

4 Edison, quoted in George Westinghouse, “A Reply to Mr. Edison,” *North American Review,* December 1889, p. 655.

5 Francis R. Upton, “Franklin’s Electric Light,” *Scribner’s,* February 1880, p. 531.

6 David Trumbull Marshall, *Recollections of Boyhood Days in Old Metuchen* (Flushing, NY: Case Publishing, 1930), in

Metuchen Edison History Features, http://www.jhalpin.com/metu chen/history/boy37.htm (accessed January 18, 2006).

7 *New York Daily Graphic,* quoted in Jill Jonnes, *Em- pires of Light: Edison, Tesla, Westinghouse, and the Race to Electrify the World* (New York: Random House, 2004), p. 54.

8 *New York Herald,* quoted in Robert Friedel and Paul Israel, *Edison's Electric Light: Biography of an Invention* (New Bruns- wick, NJ: Rutgers University Press, 1987), p. 37.

9 Edison, quoted in Friedel and Israel, *Edison's Electric Light,* p. 75.

10 Friedel and Israel, *Edison's Electric Light,* p. 154.

11 *New York Herald,* quoted in Jonnes, *Empires of Light,* p. 65.

12 *New York Herald,* quoted in Friedel and Israel, *Edison's Electric Light,* pp. 112–13.

13 *Lowell Morning Mail,* quoted in David E. Nye, *Electrifying America: Social Meanings of a New Technology, 1880–1940* (Cambridge, MA: MIT Press, 1992), p. 190.

14 Herbert L. Satterlee, *J. Pierpont Morgan: An Intimate Portrait* (New York: Macmillan, 1939), p. 207.

15 出處同上·· p. 208.

16 Jonnes, *Empires of Light,* pp. 79–80.

17 "Miscellaneous City News: Edison's Electric Light," *New York Times,* September 5, 1882, p. 8.

18 *New York Herald,* quoted in Friedel and Israel, *Edison's Electric Light,* p. 222.

19 Nikola Tesla, quoted in Pierre Berton, *Niagara: A History of the Falls* (New York: Kodansha International, 1997), pp. 157–58.

20 Edison, quoted in Berton, *Niagara,* p. 161.

Edison, quoted in Margaret Cheney, *Tesla: Man Out of Time* (New York: Dorset Press, 1981), p. 43.

21 "In a Blizzard's Grasp," *New York Times,* March 13, 1888, p. 1.

22 "Wires Down Everywhere," *New York Times,* March 13, 1888, pp. 1–2.

23 Quoted in Jill Jonnes, "New York Unplugged, 1889," *New York Times,* August 13, 2004, http://www.nytimes.com (accessed June 28, 2009).

24 "A Night of Darkness: More Than One Thousand Electric Lights Extinguished," *New York Times,* October 15, 1889, p. 2.

25 Westinghouse, "A Reply to Mr. Edison," p. 661.

第八章 難以承受之光：白城的故事

……美國人的組成中，其中一半是電力。[1]

——休伯特・豪・班克羅夫特（Hubert Howe Bancroft）

《市集的故事》（*The Book of the Fair*）

一八九三年的芝加哥哥倫布紀念博覽會（截至當時為止規模最大的世界博覽會）的場地本來是一片惡土：「計畫開始時，這裡是一片沼澤泥濘，是低地、水和小山丘濕答答的混合體。」[2]一位觀察者說道。另一個人稱它為「一座凶險的泥沼，大水頻頻氾濫……長著發育不良的橡樹和桉樹，形狀歪七扭八，增添了風景的淒苦感。」[3]三年多的時間裡，成千上萬的人砍倒了樹木，疏通了淤泥，用手推車把這些木材泥巴運走，然後沿著距離芝加哥市中心六哩的密西根湖，重新改造了超過六百英畝的土地，使它成為海角和島嶼；並建造了高架橋、橋樑、道路和鋪有路面的林蔭大道。許許多多技師和勞工使用超過一萬八千噸的鋼鐵，圍繞著廣闊的潟湖和廣場，築出十四個碩大的建築物。這就是展覽會的核心場館：榮譽宮（Court of Honor）。

雖然榮譽宮的各個建築是由不同建築師所設計，但首席規畫師丹尼爾・伯納姆（Daniel Burnham）要求所有建築都裝有新古典主義風的拱門、塔樓和尖頂；所有飛簷高出地面六十呎；所有的大廈漆成白色——一位觀察者說是這種白色是「陰暗的象牙色或略帶煙熏的海泡石（meerschaum）顏色。」[4]伯納姆想像中的統一建築風格完成後，將令人想起威尼斯，但沒有威尼斯的污垢、未經處理的污水和廢墟。他甚至從義大利進口了六十艘貢多拉船，沿著水道運送乘客。而榮譽宮被稱為白城的其中一個原因，是因蒼白的建築在夜空下的曠野中閃耀著光輝。

從來沒有一個地方有過這麼多的光線，而且都是由電產生的光：二十萬個白熾燈泡延著大樓的邊緣排列，無數的白熾燈泡照亮大型展廳內部；十二呎高的柱子上有六千盞電弧燈在道路和人行道上夾道成列。燈光在潟湖中閃閃發亮，在噴泉水中躍動，在貢多拉船行經並攪動的密西根湖水的船後尾波中，熠熠生輝。這裡的電燈光似乎更加神奇，因為沒有傾斜的電線桿和垂落的電線，沒有任何明顯攜帶電流的東西——為了不破壞建築物的美觀和一致感，電線被裝設在地下運作。

彩色燈光也處處閃耀：從屋頂上，帶著藍色、綠色、紅色和紫色燈片的探照燈掃過整個白城和水道。彩色燈泡照亮了噴泉，「景致令人眼花繚亂，無處不動人、變幻莫測、讓人心跳加速」。每天晚上，現場也從不同的地方放煙火，「一下子射出十來個煙火火箭一起爆開來，」一位觀眾回憶道，「像是紅色、藍色、綠色的星星布滿了天空，在空中漂浮……片刻後才慢慢落入水裡。」[5]就算把白熾燈泡、電弧燈、探照燈分開來看，每一種光都會震懾十九世紀人類的眼睛，而放在一起出現時，更是衝擊力十足。一位評論者寫道：「每一個部分都對整體作用有些許貢獻，讓這奇妙的展演昇華為一座不折不扣的仙境。此時此刻，這裡的一切超脫了物質界。」[6]

自一八五一年倫敦水晶宮博覽會以來，博覽會經歷很長一段時間發展，才出現如今這種「博覽會之夜」，原本博覽會均在黃昏時關閉，直到一八六七年巴黎博覽會舉辦時，才成功延長到夜晚。當年的巴黎博覽會上，「奢侈地用了大量煤氣燈和煤油燈……音樂和戲劇的風格與品質令人滿意，餐館和咖啡館也在夜晚開放，盡量使博覽會充滿歡快的節日氣氛。然而，時間、金錢和勞動力的鋪張浪費卻無濟於事：在天黑之後強迫人留下來活動只會是失敗一場，因為光線不足時，人們也沒心情在黑暗中進行娛樂」[7]。到了十九世紀八〇年代，博覽會晚會才開始成功，其中最著名的是一八八九年的巴黎博覽會，現場使用了一千多個電弧燈和九千個白熾燈泡（還不包括私人布置的燈光）。

白城不僅擁有比一八八九年巴黎博覽會更多的照明，還擁有比全國任何「真正的大城市」還多的燈光。每天，博覽會燈光的耗電量是用於附近芝加哥照明電力的三倍。而博覽會也需要供給機械動力的電力，因為那裡裝有配備了座椅的移動式走道，可將密西根湖乘船抵達的人運送到這座仙境的中心；另外還有在人工湖上的電動船和貢多拉船，會將人們載往兩旁沒有雕塑、四處可見噴泉的白城中心區；而世界上第一座摩天輪帶著車廂中的乘客到達二百六十四呎的高空，提供令乘客目不暇給的視野來環顧四周，飽覽從密西根湖、伊利諾州、印第安納州，到密西根州的鄉村風景，然後再將人送回地面。

如果那些見慣了電燈和煤氣燈的芝加哥人被「人眼無法承受的光彩奪目」[8]所震驚，那麼，來自沿密西西比河谷坐落的小村落和農莊、或來自只用油燈和蠟燭照亮房子的許多其他州的遊客，應該受到了更大驚嚇。而對於來自更偏鄉地區的遊客又是如何呢？一位剛從波蘭來到這裡的年輕女孩驚呼：「我除了煤油燈以外沒看過其他種光，來到這裡就像突然見到了天堂。」[9] 來自鄉下的遊客知道屬於未來的機會得到城市中才找得到——年輕人已經離開農場幾十年了，農家自給自足的生活已不再是典型模式。對於鄉下遊客來說，博覽會五光十色，更因為與芝加哥或其他十九世紀晚期的美國城市形成鮮明對比，而使人快慰——白城畢竟既光采動人，同時也古怪荒謬，是座沒有現實負擔的夢想之城，這裡沒有工廠、住宅區、摩天大樓、牲畜圍欄、屠宰場、垃圾堆、煤灰和稅務員；城內燃爐使用四十哩外的管路運來的油；清一色漆成白色的船隻，每天送來四處亂逛的遊客，晚上再接他們回去。

人口超過一百萬的芝加哥是當時美國的代表性城市，建築師路易斯·沙利文（Louis Sullivan）觀察後說：「憑藉來自外界的壓力——來自森林、田野和平原；來自銅，鐵和煤炭的礦產；以及打算從中賺一筆錢的各方人馬的壓力」[10]，城市逐漸成長而繁榮。芝加哥有牲畜圍欄、火車機廠、煙囪和蒸餾器；坐擁二十多座摩天大樓（比當時其他城市都要多）、三十多條鐵路和數百名百萬富翁。廣告顯眼地張貼在路面電車的兩側，或可見於大型廣告牌上。「人們可能會說，芝加哥畢竟是新版的紐約，」威廉·迪恩·豪威爾斯（William Dean Howells）說，「是極端版的曼哈頓——速度最快、什麼都最大、聲音也最響的典型城市之具現化——這正是讓美國人相信大都會就該如此的樣貌。」[11] 電線在街道上方顯得亂七八糟，高架的鐵軌嘎吱作響，塵垢和煙灰落在這座城市無數窮人和勞動階級破舊的房屋和紅燈區。「無秩序——這個字就等同於芝加哥，」H.G. 威爾斯（H.G. Wells）說，「這裡體現了一種爭先恐後、粗野張狂、盡失體面，又愚蠢不智的資源開發方式。」[12]

奇怪的是，一八七一年的芝加哥竟是從惡名昭彰的毀滅性大火後崛起的。怪上加怪的是，芝加哥在博覽會舉辦的前六十年，倫敦和巴黎的街道上早已有成行成列的數千個煤氣燈佇立，而芝加哥卻還是人口不到四千人的法國和印第安人的貿易村，使用的是動物脂肪和蠟燭來照亮家庭和商店——這裡曾經是波塔瓦托米草原族的家（Prairie Potawatomis）。波塔瓦托米也被稱為「火之地族」（The People of the Place of Fire），因為他們用燒掉新生樹木和老舊草地的方法保持草原的活力——即家園的活力。這是個人們靠硬木和軟木摩擦起火的小小火焰來生存的地方。

他們或許採用了曾居住在伊利諾州西部的黑腳族（Blackfeet）的方式節約地馭火。自然主義者喬治・格林內爾（George Grinnell）在白城時代這樣描述黑腳族：

> 現在還活著的人的記憶中……過去常常將火攜帶在「火角」上。火角是水牛角做成的，就像是牛角做的火藥筒，綁一根繩子就可以背在肩膀上。角內襯有潮濕腐爛的木頭，開口端有個大小剛好的木製塞子。早上離開營地的時候，負責攜帶火角的男人會從火上取出一小塊還點著火的活煤放在火角裡，而煤上放了一片白千層（黑腳族會收集這種生長在白樺樹上的真菌，並保持乾燥），再用塞子堵住火角。白千層在這個氣密小空間裡悶燒，兩三個小時內男人會再檢查火角，如果快被燒光了，就把補上另一片白千層進去。第一批到達營地的年輕人會在不同的地方堆起兩三大堆木柴，一旦拿著火角的人到達營地，就會用火角中的火花點燃這些木堆，稍微吹氣和照料一下，就會燃起大火。而生好的第一堆火可以用來點燃其他火堆，當婦女們到達營地把小屋搭好後，她們會拿煤炭從這些火堆取火回到小屋。以煤炭借火的風俗一直延續到水牛幾近消失前，至

今有時還有機會看到。[13]

在哥倫布紀念博覽會上，美國原住民的展品放在「人類學大樓」內或其周遭。歷史學家羅伯特·雷德爾（Robert Rydell）寫道：「參與展覽的美洲原住民是受到欺侮和嘲弄的受害者。當時，傷膝河大屠殺才過去三年，印第安人被視作為白城所蘊含價值帶來『末日威脅』的人。」印第安人得忍受的還不只言語攻訐，雷德爾指出當時更嚴重的問題：「達科塔族（Dakota）、蘇族（Sioux）、那瓦霍族（Navajos）、阿帕契族（Apaches）和各個西北部落的展品都展示在中途樂園（Midway Plaisance）附近，正因如此顯得相當侮辱人。」[14]

中途樂園會通往白城的入口，是座一哩長的娛樂區。設計者認為「野蠻和半開化」的文化適合與食品特賣和摩天輪並陳一處，在這裡可見到摩爾清真寺、突尼斯村莊、埃及神廟、販賣貝拿勒斯（Benares）銅器和鑲嵌金屬製品的東印度集市、南海島民的小屋、有馴鹿在圓形馬戲場內拉雪橇繞圈的拉普蘭人聚落……展覽的官方歷史紀錄寫道：「機會難得，在此能夠看到身著不同色調古怪服裝、生活在新奇環境的人，他們有非比尋常的商品和工藝品，以難以形容的靈巧招徠顧客……有三千位從世界各個角落聚集至此地的外來者，都來到了中途樂園。」[15]

即使之後中途樂園的嘈雜表演和遊戲攤位會是最明亮耀眼的地方，但一八九三年最初的中途樂園的燈光，卻只占了比博覽會其他地方還少的照明比例。儘管如此，夜晚中途樂園的人氣卻沒有怎麼受影響。從芝加哥來的遊客沿著商店街走向白城入口時，他們可以品嚐印度薄餅（Chapatti）和優格，吃著糖漿花生玉米花（Crackerjacks）、白菜卷、漢堡或蒸蛤蜊，同時觀看拳擊、賽驢、選美比賽、駱駝騎乘、肚皮舞者和常見於阿爾及爾街頭的阿拉伯人擊劍。他們可以聽到德國銅管樂團表演、蘇門答臘鑼的演奏、中國銅鈸被敲響，或達荷美王國（Dahomeney）的筒鼓（tom-toms）打擊樂。

達荷美村落有六十九人，「其中有二十一人是亞馬遜戰士，」博覽會官方歷史紀錄這麼寫著，「觀眾……對亞馬遜人所表演的野蠻戰舞非常著迷。」[16] 這個展覽對經歷奴隸制不公對待的非裔美國作家暨教師弗雷德里克・道格拉斯（Frederick Douglass）來說，特別痛心。「就好像是要羞辱黑人般，」他寫道，「達荷美人在這裡的用意也是要凸顯出：黑人為令人厭惡的野蠻人……我們必須承認，美國有色人種位居不利地位，在內戰之後遇上愈來愈多令人難堪的阻力。」[17] 南北戰爭結束近三十年後，美國的黑人人口超過了七百五十萬，但卻沒有一個黑人躋身博覽會規畫委員之列。「當有人反應海豹和冰川的故鄉：阿拉斯加，在任命委員會代表時遭到忽略，主席可相對輕易為這遙遠之地指派代表，」芝加哥第一份黑人報紙的編輯費迪南・李・巴尼特（Ferdinand L. Barnett）說道，「然而換成有色人種時，情況大相逕庭。有色人種向主席反應他們受到忽視、沒有代表幫忙發聲時，主席只能雙手一攤，無能為力。」[18]

黑人不僅沒有在規畫委員會中任職，他們也幾乎沒有在博覽會上正式參展。白城收藏了超過六萬五千件展品，其中一位觀察者認為這是「博物館的館藏和雜貨店的乾貨混在一起的大雜燴」[19]，其中包括：日本茶寮、異端裁判所的地牢和電椅；海葵、魔鬼魚、鯊魚、鯰魚和鱸魚；巴哈的古鋼琴（clavichord）、莫扎特的翼琴（spinet）和貝多芬的三角大鋼琴；近乎全世界已知的所有水果和蔬菜種籽、影響作物的害蟲和用來對付牠們的殺蟲劑；超過一百種煙草展品；超過兩百種堅果展品；一個用鹽雕刻成的自由女神像；一座頂部有隻填充老鷹的三十五呎高的臍橙塔（臍橙每隔幾週會更換一次）；由小麥、燕麥和黑麥做成的自由鐘；一張用泡菜做成的美國地圖；一塊兩萬兩千磅重、包裹在鐵中的乳酪。在這極度多樣化的展覽中，非裔美國人只有幾件非裔美國院校提供的展品：喬治．華盛頓．卡弗（George Washington Carver）的畫作、埃德蒙尼．路易斯（Edmonia Lewis）的海華（Hiawatha）雕塑，以及在RD戴維斯米林（RD Davis Milling）公司攤位外，有一位戴紅色頭巾、曾經是黑奴的女性煎鬆餅，表現出「傑邁瑪阿姨」這個廣告人物形象。

為了反擊並抗議黑人在此盛會中毫無尊嚴可言，弗雷德里克．道格拉斯和反私刑（anti-lynching）運動者艾達．B. 威爾斯（Ida B. Wells）出版了一本小書——《為什麼有色人種美國人不參加哥倫布博覽會》（*Why the Colored American is not in The World's Columbian Exposition*）——詳細地介紹了黑人的成就、他們所辦的大學，以及在醫學、法律和藝術方面黑人帶來的影響。道格拉斯在簡介中寫道：「我們誠摯希望展現出取得人權的最初三十年，黑人男性和女性的成就。若我們失敗了，不是我們的錯，而是我們的不幸使然。我真誠地希望這些小故事不僅寫出我們的成功，也訴說了試煉和失敗的歷程，以及我們的希望與失落，願本書令我們遠離冷漠和懶惰……書的付梓，是要讓大家都能一讀。」[20]

非裔美國人在白城進行的鬥爭，預示著他們生活中也將面臨電燈光資源分配的不平等。雖然在博覽會期間，家用電燈仍只是極富裕家庭享用的奢侈品，但照明在整個榮譽宮無所不在——人們因此萌生電燈在日常生活中也很不可或缺的感受。但在那之後幾十年，電力線路還沒有擴及一般城市和郊區家庭；而又要再幾十年也過去後，電力線路才會抵達農村家庭中。黑人社區是城市電力線路的最後一站——在白人社區內電燈早已出現了好一段時間，變得理所當然之後，黑人社區才跟進，而鄉村的黑人社區遠遠落後鄉村的白人社區發展，前者更要等上好一段時日才有電燈照明。他們等待電燈的時間越長，電燈會發展得愈加明亮，愈來愈成為現代性的象徵，讓這種落差更加擴大，因為有沒有電燈這件事是非此即彼的：電力線路沿著街道進入房屋，沒有線路則沒有電力；電燈光映滿整個窗戶，油燈則無法。「有」和「沒有」的人之間的區別，與中途樂園和榮譽宮之間的鴻溝一樣明顯。

然而，在幾乎沒有人有家用電力的時候，更多遊客選擇在「電力大樓」的展區（而非他處）流連忘返，特別到傍晚，「電力大樓」是白城最亮的地方。遊客經過班傑明・富蘭克林的雕像——「他的視線向上望著低低的雲層，一手握著風箏，另一手握著大家都很熟悉的——鑰匙」[21]。遊客也見到了通用電氣公司的展覽，展示了愛迪生的留聲機和活動電影放映機（kinetoscope），機器不斷投影出英國格萊斯頓首相（Gladstone）在下議院演說的短片。此外，遊客可以仔細瀏覽愛迪生兩千五百個白熾燈樣本——「沒有任兩個樣本是相同的，它們有多種顏色，亮度從二分之一燭光到三百燭光都有」[22]——以及在不同製造階段的燈具、愛迪生實驗過的白熾燈碳化燈絲和發電機的樣本。在白城的中心區還有「愛迪生的光塔」，這是一座八十二呎高的紀念柱，由數以千計、包含各式各樣設計的彩色小燈組成，燦爛無比，最上方還頂著一座由切割玻璃製成的巨大白熾燈泡。

人類「分離」電燈光的嘗試持續了近一個世紀，涉及數十位實驗人員和電工技師，但美國人總認為愛迪生是電燈的唯一發明者，因此，這個人在大眾心目中的想像占了獨特且帶有感性的位置。正如在「電力大樓」開幕典禮上，在場的一個觀察者寫道：

「愛迪生的光塔」連同底部那造形經典的亭子顯現出冷酷純粹的輪廓之美，但只區區過了幾秒，因為探照燈開始聚焦其上的緣故，黑暗的表面閃耀出璀璨的光芒。然後，頂部的水晶燈泡爆出火光，像鑽石王冠般閃爍。最後，整座光塔披上紫色燈光的「外袍」，如同火柱一般……眾聲齊喚造就了這些奇蹟的人的名字。[23]

除了通用電氣公司的展覽之外，在美國國內與海外電機工業的展場中，參訪者看見了許多二十年前難以想像之物：馬達、引擎、熔接設備（welding equipment）、外科和牙科的電動儀器。「人們得以研究電子信號公司近在眼前的系統；看到一套整齊的鐵路模型，其中寫著『危險』的警告標誌；可能也會有一套用電動機器縫製的衣服；可以坐在安樂椅上，用電動鞋刷擦亮鞋子；這裡還有個正在孵化蛋的電動孵化器」[24]。人們驚嘆於電力化廚房的展示——在那裡，可瞬間打開不用到火焰就能加熱的系統，以它來烹調；旋鈕一轉動水龍頭會流出水來；還有洗衣服和洗碗用的機器。而電力不僅提供了對未來的展望，似乎也重新定義了歷史：立體劇場描繪了古文明被電力改造後的模樣——「古埃及人將電線捲軸泡入絕緣浴槽，並向他們的女王呈獻芝加哥風格的燈具、發電機、馬達、電池和其他電器」[25]。

對電力和光的掌控只是電的魅力其中一部分，電力神祕與看似狂暴的一面，是屬於尼古拉．特斯拉（Nikola Tesla）的專長領域。特斯拉的作品在電力大樓的西屋電氣公司攤位展覽，看到的人都覺得莫名其妙，比如特斯拉那顆旋轉的「哥倫布蛋」（一個在立在磁場中旋轉的銅蛋）。另外有兩片絕緣皮之間發出陣陣劈啪作響的閃電，以及各種在房間不同位置同時旋轉的球狀和盤狀物。一位目擊者回憶道：「當電流開啟，全部東西都在運作、運動，呈現出令人難忘的奇觀。特斯拉有許多真空燈泡，其中小而輕的金屬圓盤和珠寶鑲嵌在燈泡上，當鐵環通電時，它們也在大廳各處開始旋轉。」[26]

特斯拉還展示了各種放電燈（discharge lamps），放電燈是由蓋斯勒管（Geissler tube）——十九世紀中期德國波恩的物理學家和科學儀器製造商海因里希．蓋士勒（Heinrich Geissler）的發明——演變而來。蓋斯勒使用兩端附有電極、抽真空的玻璃圓筒，以氖氣和氬氣等氣體混合而成的稀薄氣體填充筒內空間，氣體從裝置的一端傳導電流到另一端，在此過程中產生可見的彩色光。特斯拉將這種光管塑造成線圈狀、圓圈和正方形，並拼出了著名電學家的名字、他最鍾愛的塞爾維亞詩人的名字，和「光」的英文「light」。

特斯拉有一張因整年工作不懈而顯出疲態的消瘦、凹陷臉頰，科學家本人比他所有的裝置更有意思。當他到博覽會進行演講時，教授們盯著他即將在展示中使用的大雜燴設備「把所謂『特斯拉的小傢伙』混在一塊」[27]，特斯拉宣布自己要如他的講座所預告的——讓自己的身體通過十萬伏特電流「而不對他的性命損害分毫。當我們再回想一下：紐約的新新懲教所（Sing Sing）執行死刑的電流從未超過兩千伏特時，這個實驗就會更顯精采。」[28]特斯拉的豪語吸引了許多民眾吵著要進入禮堂，但展示活動僅限參加博覽會的國際電氣大會（International Electrical Congress）的成員觀看。

雖然低頻率電流無疑會造成死亡，但身著白領帶和燕尾服的特斯拉使用了非常高頻率的電流，這些電流會沿著他身體表面通過，而非「穿過」特斯拉體內。他解釋道：

你觀察到的我手上跑出來的光線，是由高達二十萬伏特的電壓以相當不規則的週期性交替變化而來——有時每秒頻率達一百萬次，振幅相同但振動速度快了四倍……所以不會燒傷我……然而，如果這樣的條件改變了，這些能量的百分之一就足以電死一個人……因此傳遞到人體的能量取決於電流的頻率和電壓，如果頻率和電壓都非常高，大量的能量便可經過身體而不引起任何不適。[29]

那些有幸入場見證的人驚訝地看著特斯拉在舞台上，整個人被光吞沒，卻仍保持清醒。當時一位記者寫道：「經過這場驚人的測試，（順道一提，在場沒有人急著表現出要特斯拉再演示一次的意圖），特斯拉先生的身體和衣服還發出微弱的光線和光暈、持續了好一段時間。」[30]人們印象中的他總是被光圍繞著。愛迪生這位藉由不斷試誤來取得成功的科學家，在照片中往往與工作人員合影，不然就是愛迪生單獨被拍到在實驗室桌上打盹——背景堆滿了瓶子、試管和手工具。至於特斯拉有名的照片都是他隻身一人，且不知怎地老是渾身是電力。其中一張經雙重曝光的照片，顯示他平靜地坐在科羅拉多州簡陋如洞穴的實驗室，鋸齒狀的光一道道自他上方和周圍射出。

在特斯拉所有震撼人心的展品中，於展會上取得最大成功者就位在「機械大廳」內：十二個完全同步的多相發電機（每個大約十呎高；重達七十五噸）會將電流送到地面各個角落。吉兒．瓊斯寫道：「大廳裡充滿震耳欲聾的機械噹噹聲響和轟鳴……還有令人反感的油汙臭味……西屋電氣公司大廳引擎啟動了更大的發電機，從成對的特斯拉機器傳輸兩千伏特的交流電到地下線路。」[31]但不光是機器引起了人群的注意，威斯汀豪斯的傳記作者法蘭西斯．盧普（Francis Leupp）寫道：「人們除了對這台迄今為止最大的發電機感興趣之外，注意力也分了不少去給配電盤。」[32]配電盤位於透過螺旋樓梯才能到達的陳列室，由一千平方呎的大理石製成，可控制二十五萬個白熾燈。「也許，最令遊客感到驚訝的是，這種精密的機制是由一個人藉由電話或電訊來聯絡整個範圍內的各個控制節點；從他那裡轉動開關，就能回應接收到的各種要求」[33]。

關於轉動開關就能控制光線這點，溫斯洛．霍默（Winslow Homer）在造訪白城時畫下的《一八九三年哥倫布紀念博覽會夜間噴泉》（*The Fountains at Night, World's Columbian Exposition*, 1893）[34]是最讓人激動的見證之一。幾個世紀以來，藝術家用溫暖柔和的色彩描繪了夜晚，畫中的世界逐漸消失在陰影中，觀眾甚至可以感受到光線漸漸黯淡隱沒的層次感。但在霍默的作品中，燈光照明卻令人感到無窮無盡——不同於古老的光芒，畫中的光不是從黑暗中點亮，而是映滿了橫在畫面中央的流水與造景小瀑布，襯得雕像以及貢多拉船上的划槳人與乘客更暗了。明亮的白點點綴著弗雷德里克．麥克莫尼斯（Frederick MacMonnies）噴泉上，那些昂揚馬匹雕像的前額和鼻頭，也掠過貢多拉船上穿湖而過的乘客朝上望的面容，小船彷彿會瞬間穿過畫框並消失。或許因為這幅畫掛在其他各幅十九世紀的油畫之列，感覺上人類就彷彿朝生暮死，但光線卻得以永恆。周圍環繞著一團團飽和的紅色、棕色和綠色等色彩——比如純粹的日光下或向晚漸暗的牧場和沼澤；又或是油燈燈光下經清漆和歲月調和過的水果、木柴和臉孔等畫作——霍默的《夜間噴泉》與房裡其他的畫就是不一樣，冷峻而強烈的黑、白、灰色的表現，就好像畫家本人畫出了一道直直穿透未來的世紀末的目光。

當哥倫布紀念博覽會在六個月後回歸了黑暗，拉普蘭人的展場與達荷美人、肚皮舞者和吞劍人之間只能隔水相望。以熟石膏混合黃麻纖維和水泥來包覆、用支柱和支架撐起來蜘蛛網結構般的建築物，本就只為了維持過夏秋兩季。芝加哥市長和白城首席建築師丹尼爾．伯納姆都主張燒掉場地——「我認為，」市長說，「如果我們不能保護這些建築……我贊成用一把火炬來解決……讓它升入明亮的空中，進入永恆的天堂。」[35]雖然有些建築物在一八九四年因一場意外火災而被燒毀，但大部分建築都是以拆除作結。「現在博覽會的物品仍有一些在世界各地流傳，」《科學人》（*Scientific American*）報導，「包括歐洲、亞洲、非洲、南北美洲和澳洲都有。」[36]一些石膏裝飾品被當成紀念品出售；一些玻璃進到了溫室；鋼鐵殘骸到了匹茲堡的熔爐；旗桿最終在學校和修道院落腳；而班傑明．富蘭克林的雕像在賓夕法尼亞大學找到了合適的容身處。

博覽會的物品可能已經消散在世界各地，但榮譽宮輝煌、無垠的燈光不會被遺忘。似乎在這以後的世世代代，美國人會益發珍視城市中愈多愈好的光、巨大無比的電子看板與廣告，而實現這些事之所以大有可能，都多虧了喬治．威斯汀豪斯接下來的計畫。早在最後一批白城石膏被賣掉之前，威斯汀豪斯的注意力已經轉移到尼加拉瀑布：在尼古拉．特斯拉的發電機幫助之下，他將開發出第一批應用泛圍廣而實際的長距離電纜線。

參考文獻：

1 Hubert Howe Bancroft, *The Book of the Fair: An Historical and Descriptive Presentation of the World's Science, Art, and Industry, as Viewed Through the Columbian Exposition at Chicago in 1893* (Chicago: Bancroft, 1893), p. 399.

2 Julian Ralph, "Our Exposition at Chicago, with Plan of Exposition Grounds and Buildings," *Harper's*, January 1892, p. 206.

3 Quoted in Norma Bolotin and Christine Laing, *The World's Columbian Exposition: The Chicago World's Fair of 1893* (Urbana: University of Illinois Press, 2002), p. 11.

4 Ralph, "Our Exposition at Chicago," p. 207. "so bewildering no eye": W. E. Cameron, quoted in Marc J. Seifer, *Wizard: The Life and Times of Nikola Tesla, Biography of a Genius* (New York: Citadel Press, 1998), p. 117.

5 Quoted in Bolotin and Laing, *The World's Columbian Exposition,* p. 148.

6 Bancroft, *The Book of the Fair,* p. 401.

7 J. P. Barrett, *Electricity at the Columbian Exposition* (Chicago: R. R. Donnelley & Sons, 1894), p. 1.

8 Bancroft, *The Book of the Fair,* p. 402.

9 Quoted in Erik Larson, *The Devil in the White City: Murder, Magic, and Madness at the Fair That Changed America* (New York: Crown, 2003), p. 254.

10 Louis H. Sullivan, *The Autobiography of an Idea* (New York: Dover Publications, 1956), p. 308.

11 William Dean Howells, *Letters of an Altrurian Traveller* (Gainesville, FL: Scholars' Facsimiles & Reprints, 1961), p. 20.

12 H. G. Wells, "The Future in America: A Search After Realities," *Harper's Weekly,* July 21, 1906, p. 1020.

13 George Bird Grinnell, *Blackfoot Lodge Tales: The Story of a Prairie People* (Lincoln: University of Nebraska Press, 1970), pp. 200–201.

14 Robert W. Rydell, *All the World's a Fair: Visions of Empire at American International Expositions, 1876–1916* (Chicago: University of Chicago Press, 1984), p. 63.

15 Rossiter Johnson, ed., *A History of the World's Columbian Exposition Held in Chicago in 1893,* vol. 3 (New York: D. Appleton, 1898), pp. 433–34.

16 出處同上：p. 444.

17 Frederick Douglass, introduction to *The Reason Why the Colored American Is Not in the World's Columbian Exposition,* by Ida B. Wells, Frederick Douglass, Irvine Garland Penn, and Ferdinand L. Barnett, ed. Robert W. Rydell (Urbana: University of Illinois Press, 1999), p. 13.

18 Ferdinand L. Barnett, "The Reason Why," in *The Reason Why the Colored American Is Not in the World's Columbian Exposition,* pp. 74–75.

19 Quoted in William Cronon, *Nature's Metropolis: Chicago and the Great West* (New York: W. W. Norton, 1991), p. 344.

20 Douglass, introduction, pp. 7, 16.

21 Bancroft, *The Book of the Fair,* p. 403.

22 Barrett, *Electricity at the Columbian Exposition,* p. 18.

23 Bancroft, *The Book of the Fair,* p. 424.

24 出處同上：pp. 421–22.

25 出處同上：p. 409.

26 Quoted in Seifer, *Wizard,* p. 121.

27 Quoted ibid., p. 120.

28 Quoted ibid.

29 Nikola Tesla and Thomas Commerford Martin, *The Inventions, Researches, and Writings of Nikola Tesla: With Special Reference to His Work in Polyphase Current and High Potential Lighting,* 2nd ed. (New York: Electrical Engineer, 1894), p. 320.

30 Quoted in Margaret Cheney, *Tesla: Man Out of Time* (New York: Dorset Press, 1981), p. 73.

31 Jill Jonnes, *Empires of Light: Edison, Tesla, Westinghouse, and the Race to Electrify the World* (New York: Random House, 2004), p. 267.

32 Francis E. Leupp, *George Westinghouse: His Life and Achievements* (Boston: Little, Brown, 1919), p. 169.

33 出處同上： Ibid.

34 Winslow Homer's *The Fountains:* This painting is in the collection of the Bowdoin College Museum of Art, Brunswick, Maine.

35 Quoted in David F. Burg, *Chicago's White City of 1893* (Lexington: University Press of Kentucky, 1976), p. 287.

36 "Fate of the Chicago World's Fair Buildings," *Scientific American,* October 3, 1896, American Periodical Series Online, p. 267.

第九章　尼加拉大瀑布：長距離之光

當查爾斯．狄更斯於一八四二年前往尼加拉大瀑布遊覽時，那裡已遊人如織，夾岸盡是小酒館、觀景樓、樓梯和旅館，但這些無損他心中的驚奇感：

我好驚訝，這裡的景色之壯闊，教人無法思考，一直到我來到岩桌區（Table Rock）——天呀，看這奔騰的碧水！瀑布以充滿力量與威嚴之姿，在我眼前展現……我首先感受到與造物主的親近，這即時的感受化為了恆久的感動，面對著巨大奇觀，我心惟有平靜。平和的內心寧靜；冷靜懷想死亡；深陷想望永恆的安息與至福那般極樂思緒裡；無憂、無懼。尼加拉瀑布的美景當下在我心上留下烙印，永遠留駐，不變且不可磨滅，直到流水為竭。[1]

尼加拉瀑布或許在狄更斯的心中恆久不變，然而，雖然紐約州有意維持自然美景以吸引遊客，並防止工業發展入侵瀑布周圍地區，但尼加拉瀑布蘊藏的可開發潛力著實可觀，在工業時代不可能永不改變。十九世紀的工商業鉅子認為假以時日，只要能掌握利用水力的方法，那麼尼加拉瀑布的能量就只等著時機到來、派上用場。用發明家的威廉．西門子（William Siemens）爵士的話來說：「就算用上全世界所有的煤炭，都不足以產生在瀑布之水落下中不斷白白流逝的能量。」2

尼加拉瀑布一百六十呎高的白雲岩（dolostone）和頁岩懸崖不是整個大瀑布中最高的地段，但這裡寬度超過三千五百呎，只有南非的維多利亞瀑布（Victoria Falls）比它更寬。而匯入尼加拉河的湖泊包含了蘇必略湖、休倫湖、密西根湖和伊利湖，占全世界所有淡水的百分之二十。當瑞典旅行家彼得．凱爾姆（Peter Kalm）在一七五〇年來到尼加拉河遊賞時，當時的水幾乎都從瀑布傾瀉而下，流過一座又一座峽谷，順著注入安大略省的第五大湖。他寫道：「在這裡，就算是最好最大的平底船，也會一瞬間被沖得直轉彎，水……比箭的速度快還……當水一流到瀑布頂端時，會垂直向下拋出！人看到這光景會受到無比震撼！……沒有人眼見此景而不感到驚駭。」3

當凱爾姆到達尼加拉崎嶇而蓊鬱的鄉間，葡萄藤、花朵、苔蘚和松樹都浸淫在瀑布帶來的水霧之中，除了舊營地冷卻的火堆和易洛魁人（Iroquois）運輸和貿易的道路之外，幾乎人跡罕至。尼加拉河太大、流速太快，所以不利航行，對部落生活形成了障礙，雖然當地有時可以捕撈到死在瀑布底部的魚。從瀑布墜落對各種野生動物都是致命的，凱爾姆寫道：

> 幾位法國男士告訴我，當鳥兒一飛入瀑布的水霧中，牠們會順水墜落而亡——無論是因為翅膀被打濕，或是因瀑布的聲響而感到驚嚇，也可能在黑暗中鳥類不辨方位，無所適從。常有成群的天鵝、鵝、鴨子、水雞、水鴨等禽類本來在瀑布上方的河裡游泳，卻被水帶往很低、靠下游的地方……一旦被沖到某個無法回頭的地方，落水迅速變得太大又太急，動物再也無為力，使只能摔下懸崖死亡……鹿、熊和其他試圖渡過瀑布上方水面的動物也會遇到類似狀況，大型動物最後

被發現時，往往已經成為碎片。[4]

十八世紀在紐約州北部定居的歐洲人和美國人，就像該地區的原住民一樣，發現尼加拉瀑布的力量太大，難以利用、開發。當他們砍伐樹林、種植田地和果園時，只能攔截小型溪流和河流，用那裡的水力作為鋸木廠、磨坊和梳理機（carding machine）的動力來源。一座沿著瀑布上方的河流坐落的村莊（有一個小酒館、一個鐵匠鋪、一些房屋）能靠著一條狹小的運河供給小型鋸木廠和磨坊動力，但整個村莊卻在一八一二年戰爭期間被燒毀。而一個新的社區（後稱為尼加拉）建立在之前村莊的廢墟之上，幾個小工廠就由流經運河的水所驅動。

要更泛圍利用尼加拉瀑布的力量會是非常複雜的任務，需要近十年的籌畫和努力，也得募集對未經驗證的新技術投資的巨額資金。這個計畫開始於一八八六年，當時紐約州分部的運河系統工程師托馬斯．埃弗斯德（Thomas Evershed）在保護區上游的瀑布構想著一個水車動力系統。他設想出一系列支渠來轉動工業區磨坊和工廠的無數水輪：一條二點五哩長的隧道直接在尼加拉鎮下面運作，會將水流送回瀑布下方的河流。但即使埃弗斯德可以向位於瀑布附近的數百家企業出售電力，卻無法承擔這項計畫的成本。為了獲利，他必須設法將尼加拉的電力傳輸到二十哩以外的水牛城（一個有二十五萬人口的城市），為水牛城的製造業、吊運車系統、公共照明和家用照明提供電力。而當時無論交流電或直流電的輸電距離都還不到幾哩遠。

埃弗斯德在吸引投資人來投資這個高風險計畫時遇到了困難，三年過去，他為資金而坐困愁城，也籌募不到更多金錢，於是他將這個計畫交給了紐約銀行家愛德華．迪恩．亞當斯（Edward Dean Adams）。亞當斯不打算建造支渠，而打算沿著瀑布建造中央供電站，把電力輸送給尼加拉一帶的各產業，最後再送到水牛城。雖然這個計畫與埃弗斯德的計畫一樣未經試驗過，但因為亞當斯是受人尊敬的金融家，足以引起當時一些商業鉅子的投資興趣，其中包括約翰．皮爾龐特．摩根、約翰．雅各．阿斯特四世（John Astor）和威廉．範德比爾特。

在一八九〇年十月，亞當斯開始研究尾水渠（tailrace），尾水渠將水從渦輪機中運走，對目前為止的設計是必要的存在。這項計畫工程浩大，「一千三百名工人晝夜不停地鑿穿城鎮下方一百六十呎處的堅固岩石，」尼加拉歷史學家皮埃爾．伯頓（Pierre Berton）寫道，「打造十八呎寬、二十一呎高、七千呎長的馬蹄形隧道，需要鑿穿三十萬噸岩石，然後排列兩千萬塊磚塊在兩側，再用總計兩百五十萬呎長的橡木和黃松樹支撐起來。」[5]然而，即使工程已開始進行，亞當斯卻還不確定該怎麼透過這麼長的距離傳輸電力。他辦了一場給電工技師和工程師參加的國際競賽，試圖藉此找到電力傳輸的方式。使用交流和直流電的計畫相繼被提出，但最終仍沒有找到可行的提案。

為了有效且經濟地長距離傳輸電力，系統都必須採用高電壓：電流增加，但電阻盡量維持不變。然而電壓太高會無法供給電燈或馬達的運作，電壓必須改變才行，意思是：從發電機送到線路時先提升到較高的電壓，而到達家庭或工廠之前再降低成低電壓。直流電流無法轉換電壓（變壓器需使用振盪磁場，而直流電流只會向一個方向流動），但交流電可以。儘管已經開發出用於交流電的變壓器，但對於長距離傳輸，仍未有人用交流電這麼試驗過。交流電可行的唯一證據，是一八九一年在德國打造的實驗性系統，該系統可從勞芬（Lauffen）到法蘭克福傳輸一百多哩的電力，讓電氣展覽會的機械和電燈可運作。另外還有在科羅拉多州特柳賴德（Telluride）金王礦區（Gold King Mine）的特斯拉多相發電機，可傳輸兩哩的電力，讓軋碎機的馬達運作。

在一八九三年十月下旬，部分因為芝加哥哥倫布紀念博覽會上展示的交流電很成功，亞當斯給予喬治・威斯汀豪斯機會簽下在尼加拉建造第一台發電機的合約。西屋電氣公司找上特斯拉來協助。早在特斯拉十幾歲看到尼加拉瀑布的鋼板雕刻時，尼加拉一直留在他的腦海裡久久不去。特斯拉後來寫道：「我那時在腦海中描繪了一個由瀑布推動的大水車輪，告訴叔叔說我會去美國實施這個計畫。三十年後，我看到我的想法真的在尼加拉成形，心靈的神祕真的很深不可測。」[6]

到了一八九五年，亞當斯在斯坦福・懷特（Stanford White）設計的寬廣巨型磚房（稱作「電力大教堂」）中安裝了三台分別重達八十五噸、有五千馬力的特斯拉多相發電機（之前為白城提供電力的發電機為一千馬力）。發電機經歷了無數次測試、校準和重置，在當年八月的一個早晨，「運河入口閘門打開，河水湧入其中一個水壓鋼管（penstocks），渦輪機開始轉動，接著二號發電機也啟動了，閃動的交流電運輸到匹茲堡還原廠（Pittsburgh Reduction Plant，附近的鋁製造工廠）。」[7]在成功傳輸電力後，特斯拉預言「尼加拉瀑布和水牛城會擁抱彼此，共同成就一座偉大的城市。只要齊心協力，就會成為世界上最偉大的城市。」[8]

隔年，一過一八九六年十一月十六日的午夜，尼加拉供電站的開關拉起，電流通過變壓器、電壓上升，沿著二十六哩的電纜運行，然後電壓再經變壓器下降，輸送給水牛城的電車。「電力專家表示，電力輸送的時間短到無法計算，」一位記者寫道，「這是上帝的電光石火之旅，轉化為人類可利用的工具。」[9]幾個月後，尼加拉供電站開始供應水牛城的街道和住宅、商業和工業用電。

在這裡，電力從其源頭——從土地、河流中——解放出來，一切都是那麼不具象且不受拘束。「無論人要走到哪裡，」一位觀察者寫道，「銅線也可以跟到哪裡。」[10]但是長距離電纜傳輸電力的技術也帶來了各種新挑戰：電力公司需要精進供電的過程，以迎合用戶需求——或相反地，迫使用戶適應電力公司本身的所欲所求。社會必須應對無法接觸到電力的人的不便，世界各地的用電人也必須與自己弄不明白的事物共處共存。「被大瀑布牽著鼻子走！」[11]《水牛城詢問報》（*Buffalo Enquirer*）如此宣告，大家被偉大發明家也不清不楚的事物所駕馭。「什麼是電？」當時的一位作家指出，「這個問題沒有人可以回答清楚……製造發電機的人和操作發電機的人都知道如何發電，但愛迪生自己站在愛迪生發電機旁，也只能告訴你『怎麼樣』能發電，而不是『為什麼』能發電。幾千年來，這種強大力量一直存在於宇宙中，等待十九世紀的人逐漸發現它。」[12]

甚至連特斯拉自己從來也無法充分說明電力是怎麼回事：

現在，我得告訴你我的奇異經歷——它播下了種子，在我後來的人生裡開花結果。曾有一個比以往任何時候都還要乾冷的日子，人在雪地裡行走時，會踏出一條發光的小徑。而當我撫摸我的貓麥卡（Macak）背部時，也出現一道光芒，我的手擦出了火花。我父親說，這只不過是電，就是你在暴風雨中看到打在樹上的雷電。我的母親則似乎很驚慌，她要我們不要再玩貓，可能會著火。而我試著進行抽象思考：大自然就是貓嗎？如果大自然就是貓，那是誰在撫摸牠的背？也只能是上帝了，我是這麼總結的。這奇妙的景象對我當時幼稚的想像所造成的影響之大——絕對沒有誇張。但日復一日，我不斷問著自己什麼是電，卻沒有找到答案。八十年過去了，我問著自己相同的問題，仍無法回答。[13]

電是信仰之光，或許甚至取代了信仰。亨利・亞當斯（Henry Adams）理解發電機的真正意義——「對亞當斯來說，發電機象徵著無限。隨著他逐漸習慣於一排排偉大的機器，他開始覺得這四呎高的發電機展現了一種道德力量，就像早期基督徒所感受到的十字架一樣。發電機以令人暈眩的速度轉動巨輪，幾乎沒有發出聲音；比起近在咫尺的發電機，這個星球老派而刻意、每年每日的自轉，甚至不再有什麼稀罕了」[14]。可不是嗎？前一刻，我們的世界仍是黑暗的；下一刻，卻如此輝煌。幾乎沒有人能夠理解這是怎麼辦到的，這種光與亙古的動物油脂和煤炭無關；這種光不需要我們煩心火焰或燈芯，不用擔心油的品質；這種光具有與工業時代共生的特定軌跡，可定時、可調校，如同在音樂中能調整調性、主音乃至節奏的精確性；這種光是由巫師所召喚出來（愛迪生和特斯拉雖然性格南轅北轍，卻都被人稱作巫師）。而如果看不見的事物未經過人的證實、證明它確實存在，那麼這種璀璨又恆定的光也就不會出現。

當然，這種光需要我們更信任它。在尼加拉取得的成就只是個開始，電力網路將會受到公認，被視為二十世紀最偉大的科技成就。新的「巫師們」使我們更遠離塵世的物質界，而我們也會相信數據資料、文字和日常工作不會突然從我們眼前消失。當一九〇六年H.G.威爾斯站在現場觀看尼加拉瀑布時，他也明白這世界從根本發生了一些變化，不僅人類的精神融入了工業之中，就連大自然往日的榮光也顯得遜色了。H.G.威爾斯寫道：

> 比方說，尼加拉瀑布電力公司（Niagara Falls Power Company）的發電機和渦輪機給我留下了比風之洞（Cave of the Winds）更深刻的印象。在我的腦海裡，這比在傾盆大水旁邊偶然的空氣漩渦更巨大而美麗。機器讓意志變得可見，讓思緒具現成簡單而有力的事物——乾淨、無噪音、力量強大。往昔機器的喧囂和騷動都已成為過去式，這裡沒有煙霧、沒有煤砂、沒有污垢……柔和嗡鳴的渦輪機幾乎悄然隱於輪坑中……帶有小手柄和操縱桿的簇新開關板，是整個機械帝國的王座；比起指揮一百萬個紀律嚴明的人力，它掌握了更為強大的力量。[15]

參考文獻：

1 Charles Dickens, *American Notes for General Circulation*, vol. 2 (London: Chapman & Hall, 1842), pp. 177–78.

2 Sir William Siemens, quoted in Pierre Berton, *Niagara: A History of the Falls* (New York: Kodansha International, 1997), p. 151.

3 Peter Kalm, quoted in Charles Mason Dow, *Anthology and Bibliography of Niagara Falls*, vol. 1 (Albany: State of New York, 1921), p. 56.

4 出處同上：p. 58.

5 Berton, *Niagara,* p. 162.

6 Nikola Tesla, quoted in Marc J. Seifer, *Wizard: The Life and Times of Nikola Tesla, Biography of a Genius* (New York: Citadel Press, 1998), p. 132.

7 Jill Jonnes, *Empires of Light: Edison, Tesla, Westinghouse, and the Race to Electrify the World* (New York: Random House, 2004), p. 320.

8 Tesla, quoted ibid., p. 326.

9 *Buffalo Enquirer,* quoted in Jonnes, *Empires of Light,* pp. 328–29.

10 Irving Fisher, "The Decentralization and Suburbanization of Population," in *Giant Power: Large Scale Elec- trical Development as a Social Factor,* ed. Morris Llewellyn Cooke (Philadelphia: American Academy of Political and Social Science, 1925), p. 96.

11 *Buffalo Enquirer,* quoted in Jonnes, *Empires of Light,* p. 329.

12 R. R. Bowker, ed., "Electricity," no. 12 in The Great American Industries series, *Harper's,* October 1896, p. 710.

13 Tesla, quoted in Seifer, *Wizard,* p. 5.

14 Henry Adams, *The Education of Henry Ad- ams: An Autobiography* (Boston: Houghton Mifflin, 1918), p. 380.

15 H. G. Wells, "The Future in America: A Search After Realities," *Harper's Weekly,* July 21 1906, p. 1019.

第三部

如果我們現代人真的能回到過去時空中的某間房屋內，應該很快就會感到不適。無論再怎麼美麗（甚至可能相當華美）、富足——以前人可用的資源對我們來說是不會夠的。

——

費爾南・布勞岱爾（Fernand Braudel）
《論西元 1400 至 1800 年間資本主義和物質生活》（*Capitalism and Material Life, 1400-1800*）

Fernand Braudel, *Capitalism and Material Life, 1400–1800*, trans. Miriam Kochan (New York: Harper & Row, 1973), p. 226

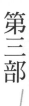

第十章 新世紀，最後的火焰

在一般家庭生活中，我們談論發電機、馬達、電車、電燈、電話和電池，就像我們講到麵包、奶油、肉品、牛奶、冰塊、煤炭和地毯那般自如。[1]

——艾德溫・豪斯頓（Edwin J. Houston）
《日常生活中的電力》（*Electricity in Every-Day Life*, 1905）

家中的日常對話可能包括各種與電力有關的事物，但在一九〇六年H.G. 威爾斯站著觀賞尼加拉瀑布當時，使用電力的範圍仍侷限於人口密集的城市地區；在這些地區，電力也幾乎只供應企業、製造商和富裕的屋主使用。即使如此，城市居民也已經習慣了公共場所的電燈，而雖然多數人在家中使用的照明仍非白熾燈，但那時的光源比起過去都更便宜、效率更佳。比方說，煤氣在一八六五年以每一千立方呎二點五美元的價格出售；到了十九世紀末，每一千立方呎只要價約一點五美元（編按：一千立方呎約為二十八立方公尺）。而煤油在一八六五年以每加侖五十五分的價格出售；到了一八九五年，降至每加侖十三分（編按：一加侖約為三點八公升）。然而，商業製造的牛羊油脂蠟燭（在十九世紀後期很少使用）價格反而回升，十九世紀早期可以用每磅二十分的價格購買；但到了一八七五年，每磅要價二十五分（編按：一磅約為四百五十公克）。

因此，二十世紀初大多數美國家庭比過去更加明亮。在一八〇〇年代的美國，房子會在晚上點亮五燭光三個小時，共計每年五千五百燭光小時（candle-hours），這樣的花費為二十美元——那時許多家庭還認為用這麼多的光很奢侈。但在十九世紀中葉，每年二十美元可以購買八千七百燭光小時；到了一八九〇年，則可以買到七萬三千燭光小時。至於到了一九〇〇年，同樣每年花二十美元（不包括電力），時人可以每晚點亮一百五十四燭光的亮度五小時，相當於用同樣的花費，一年就擁有二十八萬燭光小時。[2]礦工曾得用腐爛的魚或磷光照亮手邊工作；蕾絲藝匠曾利用水來放大火光，以完成精細工作——這些新時代的光對他們來說想必難以想像。

但請大家不要忘記，光源的便利性和亮度的快速成長僅限於工業化國家。全世界有數百萬人對電、煤氣燈甚至煤油一無所知，無論實質上或意義上來看，這些人的光照自古以來就沒有什麼變化。傳統光源重要性最得以彰顯的地方大概要屬愛斯基摩人和因紐特人所居住的高緯度地帶了。他們的村莊四散在冰天雪地，牧群規模遠大於人群，好幾個月都過著日光稀少的日子。理查德．尼爾森（Richard Nelson）這樣描述阿拉斯加內陸的科育空族（Koyukon）：

> 他們用裝有燈芯的淺碗燃燒熊油，或一個接一個地燃燒劈開的長木棍，以照亮房屋。但熊油很稀少，而手持的長木棍用起來並不方便，所以在隆冬時節，住家內常在暮光消失後陷入黑暗。

面對黑暗中漫長的清醒時光，人們會爬進他們溫暖的床鋪，聽著一則又一則的故事傳說……這些故事要特別留給深秋和冬季前半，白晝變長後，說故事反而成為禁忌。所以說故事的人會形容自己是用一個接著一個故事來縮短冬天也就不奇怪了：「我以為冬天才剛剛開始，但現在我已經把它的一部分『消化』掉了。」[3]

對於住在格陵蘭島、加拿大和阿拉斯加最北端沿海村莊的人來說，深冬時唯一的自然光來自星星、月亮和極光，唯一的淡水水源則被封在冰雪之中，石燈對於格陵蘭島因紐特人的生存至關重要——「東格陵蘭人喚大熊座為『pisildlat』，意思是燈腳或是放置燈的凳子」[4]。

過了林線以北，只有偶爾才會有浮木可用來燒火，人們幾乎完全用海豹油來當燃料，海豹油比馴鹿或其他陸地動物的脂肪燃燒效果更好。女人們小心翼翼用象牙勺刮擦海豹皮，從屍體上收集到最後一滴的油脂，她們也保存了從燈的邊緣滴下來的油。石燈是用皂石雕刻的，燈具確切尺寸和形狀因村莊而異，但長度通常是一到二呎，為邊緣偏厚的橢圓形狀，而上面覆蓋著乾苔蘚、柳絮或泥炭做成的燈芯，用兩手搓上一些油脂後，燈芯會成為一條細線。可將油倒入燈以補充更多燃料，供燈芯燃燒。有時，他們會懸掛一塊鯨脂在燈碗上，熔化時能替燈添加更多的油。

如果有數個家庭共享一個避雪住屋（這很常見），每個家庭會有各自的燈。燈溫暖著人們，也可以用於烹飪食物：燈的熱能可讓人的衣服、靴子及皮革乾燥；用燈加熱鍋子，升起的蒸氣可幫助人彎曲木條和骨頭，製成雪鞋或盒子；最重要的是，燈也帶來人所需的飲用水，因為人類不能吃雪，若食用雪，在獲得足量可避免脫水的水分前，核心溫度會先掉到致命的低溫，所以生活在最北方的人只能融化積雪來獲取飲用水：若非在火焰附近或上方直接飲用，就是將積雪和冰塊放在傾斜的平板上，讓融化的水慢慢流入容器之中。

當燈燃燒時，它會使冰屋入口通道的冷空氣變暖，熱氣上升，再通過天花板上通風口逸出，而牆壁會不斷解凍、凍結，再解凍和凍結。當人們把動物皮掛在內牆上防止滴水時，燈或許可以產生足夠的熱，讓一家人可赤身裸體坐在屋裡。在小型低矮的冰屋中，燈會在人們睡覺時冒煙，一家人醒來時會滿身煙灰，因缺氧而頭痛。在六〇年代後期，沃爾特．里德陸軍研究院（Walter Reed Army Research Institute）的科學家檢查了舊時阿留申（Aleut）人的木乃伊殘骸（阿留申人也使用海豹油燈），他們發現肺部中有一層厚厚的黑色沉積物。其中一位科學家評論說：「如果換算成吸菸的話，這傢伙每天要抽上三包。」[5]

燈再怎麼冒煙，對這些家庭來說仍意義重大，也因為這樣，在物資匱乏的時候，為了保留足夠的燃料，人們寧可挨餓。要時刻維持火光，就得要家中的婦女仔細保護、照料燈火才行。她們一天中大部分時間都待在燈的旁邊，做飯、準備生皮革和毛皮、縫製冬裝和晾乾衣服。火焰只有幾吋高，卻難以保持清潔和無煙。在十九世紀〇〇年代末，人類學家沃爾特．胡赫（Walter Hough）指出：「只有部落中的老婦人能完美地照料燈火，在她們手中，燈有辦法在幾小時之內都維持明晰而穩定的火焰，而一般通常預期這種程度的照明有半小時就很好了。在愛斯基摩人的傳統中，婦女會從牆上的釘子取下一隻鷹的羽毛，攪動冒煙的燈，好讓火焰燃燒得夠明亮。」[6]他還寫道：「對愛斯基摩人來說，『一個沒有燈的女人』悲慘至極；已沒有言語可用來形容更甚於此的苦況了。在女性去世後，她的燈會被放在她的墳墓上。」[7]

對於生活在二十世紀早期歐洲和美國城市的人來說，極地地區的居民對皂石燈的重視，以及燈光之微薄，都令人難以理解。在城市裡，無論多麼明亮的明火都會遭人看輕，最多激起一絲懷舊之情也就罷了。光源曾歷經的所有演進——從碎布到編織的燈芯；從阿甘德燈的穩定火焰到煤油燈和煤氣燈的清晰燦爛——很快都成為歷史，散文家和評論家華特．班雅明（Walter Benjamin）知道，這些光的奧祕將成為記憶中的奧祕。班雅明在一九三〇年代回想起他童年時的一盞燈：

> 與我們的電燈照明系統需要電纜、電線和電源開關不同的是，你可以隨身攜帶這盞燈……穿過整個公寓時，總伴隨著燈罩內管子的喀噠響，和玻璃球碰撞金屬環的清脆聲音——叮噹叮噹……那是整個世紀辛苦的勞作中，如浪拍岸的一段黑暗樂音……而現在，十九世紀徒留「空蕩」。那就像一個陳屍的死亡貝殼，冰冷而巨大。我拿起貝殼湊到耳邊，能聽到什麼？……從煤桶倒入爐子裡的無煙煤發出沙沙聲……管子在燈罩內的喀噠作響；燈從一個房間帶到另一個房間時，玻璃球在金屬環上碰撞出聲。[8]

很快地，多數人會忘記如何點亮一盞燈、如何駕馭火焰。他們會有點害怕火，怕它的顯而易見、它的氣味、它的原料，以及幾個世紀以來它所蘊含的意義——這些都顯得很危險。簡單的火焰該如何與電力抗衡？電力是這麼的積極進取、勇往直前。「我們殺死月光吧！」義大利未來主義詩人菲利波・馬里內蒂（Filippo Marinetti）這樣宣稱，他認為自然世界無關緊要，應消失於現代的速度與光輝之中。賈科莫・巴拉（Giacomo Balla）一九〇九年的油畫《電弧燈》（*Arc Lamp*）似乎也傳達了這樣的意旨。人造光主導了一切，畫作中，甚至連街燈的鐵製基座也棄守了它的堅固性——淪為一縷幽魂，被嘶嘶作響的電給籠罩，電弧迸發出環形、輻射、脈動的綺麗光彩。它煥發的能量與活力衝擊了如浪般的感性溫柔之夜，幾乎沒有任何空間留給黑暗。黑暗只能試圖在畫面的小角落保有最後據守的一隅。更不必說蒼白的一彎新月了，在背景中，它無助而面目模糊，發著微光，不再閃耀，反而被人造的光亮給劫持牽制。

參考文獻：

1 Edwin J. Houston, *Electricity in Every-Day Life*, vol. 1 (New York: P. F. Collier & Son, 1905), p. 1.

2 M. Luckiesh, *Artificial Light: Its Influence upon Civilization* (New York: Century, 1920), pp. 214–17.

3 Richard K. Nelson, *Make Prayers to the Raven: A Koyukon View of the Northern Forest* (Chicago: University of Chicago Press, 1983), p. 18.

4 Walter Hough, "The Lamp of the Eskimo," in *The Annual Report of the Board of Regents of the Smithsonian Institution Showing the Operations, Expenditures, and the Condition of the Institution for the Year Ending June 30, 1896:*

Report of the U.S. National Museum (Washington, DC: Government Printing Office, 1898), p. 1038.

5 *Ward's Auto World,* October 1970, p. 63, quoted in "Lamp Fillers: Notes and Queries, Quotes and News: Lamp Pollution?" *History of Lamps and Lighting: The Rushlight Archives, 1934– 2006,* DVD, Rushlight Club, 2007.

6 Hough, "The Lamp of the Eskimo," p. 1034.

7 Walter Hough, "The Origin and Range of the Eskimo Lamp," *American Anthropologist* 11, no. 4 (April 1898): 117.

8 Walter Benjamin, "The Lamp," in *Selected Writings,* vol. 2, *1927–1934,* ed. Michael W. Jennings, Howard Eiland, and Gary Smith, trans. Rodney Livingstone and others (Cambridge, MA: Belknap Press of Harvard University Press, 1999), p. 692.

第十一章 閃閃發光的東西

關於供電，事情時常是這樣的：電力無法儲存，它得根據人的需要來產生，並在產生的瞬間給人用掉。電力供應必須不斷調整以適應時高時低的需求，發電廠必須有足夠的能力在一天中任何時段，達到所有客戶的需求。在電氣化擴張的最初幾十年中，要維持上述這種平衡可謂困難重重。愛德華·亨格福德（Edward Hungerford）在一九一〇年以紐約的煤氣和電廠為題撰文時，描述了天空中即使出現最微小的變化，也可能導致用電量突然飆升：

在古老的時代，望哨者駐紮在中世紀城市的屋頂上，警告人有不速之客到來。而現代城市的高樓樓頂也有「望哨者」。只要晴雨表開始「陰晴不定」，他們就會上到樓頂，用高規格的望遠鏡來觀看，視線掃過地平線遠處的一角，看到遠方的烏雲（在遙遠的天空彼端看似無害的東西，近在咫尺時，威力卻不容小覷）後，密切追蹤它的迫近……天空的「望哨者」會透過電話發出即時警告，懶洋洋的午間時光戛然而止。發電所的男人們從假寐中醒來，趕到自己的崗位，將新的燃料加滿一百個鍋爐……身為控制全局者的值班長（chief operator）會下令打開更多的引擎和發電機……當烏雲終於來到城鎮上方，無數居民的手伸向桌燈——此時供電的壓力已經解決。光……現在的需求量是五分鐘前的五倍，但仍舊如五分鐘前那般穩定地放著光明。[1]

在亨格福德的時代，電廠自己也產生了「烏雲」，不是所有能源生產都像尼加拉瀑布一樣乾淨。在離可用的水力資源很遠的地方，發電廠通常依靠燃煤爐來加熱水，以產生可推動發電機渦輪旋轉的蒸氣。交流電成為主流，也代表像紐約這樣的城市可將昔日數百個四散各處的小型電廠整合成幾個大型發電站。到一九一〇年，位於第三十八街和第一大道的紐約愛迪生公司的電廠取代了曼哈頓四百個小型發電廠，負責提供曼哈頓和布朗克斯（Bronx）兩座街區近百分之九十的電力供應。愛迪生公司的電廠運作著一百五十二台鍋爐，一年消耗超過五十萬噸的煤。發電廠產生的污垢和煙灰不斷侵擾鄰近的家庭和商家，不僅對呼吸道有害，還會損及家具和窗簾。該公司因為煤煙、煤渣的違規和滋擾，曾多次被衛生局罰款，所以就有了另一種「望哨者」。據《紐約時報》報導，在衛生局稽查時，「公司一發現有衛生局的人試圖拍攝煙囪，『望哨者』便會在公司屋頂上指揮。只要攝影師一出現，『望哨者』下令停止餵煤。」[2]

無論燃料來源如何，電力公司總設法要讓外界的電力需求穩定而平均，因為當電廠的產量能保持一致時，便可以維持最高效率，並獲致最大利益。在二十世紀初，電力公司想招攬工業和商業客戶，因為這些客戶通常集中坐落於特定的區域，在可預期的時間內大量使用電力，也因此對線路的投資可降到最低。由於路面電車和街道照明的市政電力在一天中較早和較晚的時段使用了大量電力，他們會尤其希望招徠特定的用戶，剛好在一天的其他時間內，也補上同等的用電量。

電力公司（在二十世紀初期仍被稱為「電燈公司」）是民營公司，而且由於電力服務尚未被視為每位公民的權利，所以電力公司不覺得自己有義務向個人用戶供電。他們反而認為家用電燈會加劇自己系統的壓力，因為大家會在黃昏的高峰時段開燈。而同時，他們也還沒有想到要促進洗衣機、烘衣機、吸塵器和熨斗的銷售，以此提升家庭日間用電量——至少在二十世紀初，業界不覺得一般家庭會對這類事物感興趣。因此，到了一九一二年，當年已是愛迪生的門洛帕克電燈展示的三十多年後，仍然只有百分之十六的美國家庭與中央供電站相連，且大多僅限於富裕的中上層階級社區。

即使在配有電線線路的家庭中，想要使用電器的人也面臨著許多障礙。家庭布線簡單粗陋，又難以管理，電線很難供應電燈以外的電器使用。插頭的樣式和類型因製造商而異，使用者只能在適合的電源插座中插入較小的電器設備。如果某一家購買了需要絕緣電線的電爐，或一個高於正常功率的冰箱，他們通常只得再升級家中的線路，別無他法。到了一九二六年，一位評論者仍提到以下現象：「消費者購買後唯一不能帶回家隨時、隨地、隨心所欲使用的物品，就是電器用品！」[3]

許多早期電器用品的品質和設計很差。一位男士回憶起母親的第一個熨斗時說：「那是多佛牌熨斗。即使是未電鍍的普通鐵底板和鍍鎳外殼，我們還是覺得它很漂亮……新的熨斗狀況良好，但是從外殼內部直接連接到終端的連接線，會因使用時的高溫不斷燒壞。」[4] 電器商品沒有一套安全標準，也沒有什麼保固機制，當電器故障時（很常發生），也沒有維修服務可言。而使用者還有什麼辦法？通常只有一本「所謂的使用說明書，八年來我們遇到的任何緊急情況，它從來幫不上什麼忙……機器是否停止運轉？馬達是否無法啟動？是否出現神祕的『火花』？『冒煙』？傳出無法解釋的『叩叩聲』？——翻閱這本說明書也只是徒勞。」[5]

即使如此，電器用品的奇蹟和神祕感仍非常活躍於大家眼前——無論有多麼脫離現實、甚至根本無法付諸實踐。製造商持續在世界各地展覽會上展示有洗衣機、烘乾機、洗碗機、電爐和冰箱的樣品電器之家，向觀眾保證電器的效果。而諸如《日常生活中的電力》和《電力烹飪、供暖、清潔：家用電力手冊》（*Electric Cooking, Heating, Cleaning, Etc., Being a Manual of Electricity in the Service of the Home*）這類書籍為讀者提供了簡短的電力發展史，並解釋電力將不可避免會徹底改變人們的生活。「想像一下我們能馴化閃電來煎肉餅和鬆餅！」[6] 一位作者振奮說道。這些書籍大力提倡電力，認為它不僅可幫婦女節省時間，而且也認為電器可成為家事幫手，因為愈來愈多工人選擇在利潤豐厚且可以獨立作業的工廠工作，而愈來愈少人選擇受聘於其他家庭。一位家電倡導者說：「沒有什麼能以機械完成的家事——藉由馬達的運轉——是無法交給電力來代勞的，這麼做可讓人免受差事奴役之苦。」[7]

雜誌文章宣稱電力生活將帶來人們難以想想的便利。一九〇四年，《科學人》刊登了〈家庭用電〉專文，著墨談到了電熨斗、烤盤、烤麵包機、穀物鍋以及暖鍋——作者說：「旅行者會發現可放得進大衣口袋的暖鍋特別好用。」[8] 他還描述了一台縫紉機，其速度「可以非常精細地調節……操作員可以採取簡單舒適的姿勢操作，因為唯一的任務只是將布料移到針頭下方。」[9] 在文章旁的照片中，一位女性穿著似乎是社交場合的裝束，人傾向側面翹著腳，身體半偏離了手邊的工作，她用左手引導布料朝向針頭，而右手則隨意放在椅背上，看起來正在和一位朋友聊天——「即使是行動不便的人也可以安全地操作這台機器」[10]。

在二十世紀的前幾十年中，電燈泡被當作「帶著過往謎團的神祕之光」來銷售。最早的電燈泡平面廣告很簡單，只描述瓦數和尺寸，通常附有燈泡、燈座和燈絲的簡單線條圖案。但是在一九一一年更亮、更高效、持久的鎢絲研製出來之後，電燈泡廣告變得更加講究。通用電氣公司在那時仍是最大的燈泡和燈具製造商，它推出了一個新的商標——馬茲達（Mazda），以波斯的光之神阿胡拉·馬茲達（Ahura Mazda）命名。馬茲達燈泡的某些廣告中，有一位斜倚著的女人，身著流蘇長袍，伸出的手中高舉著一個燈泡，日光凝視著高處的光輝。燈泡本身發光，卻沒有連接電線和插座，而燈絲也不明顯——像在暗示著新的光與昔日的光源沒有那麼不同，廣告中沒有提到的是，當時的燈光早已跟不斷成長中的工業輸電網牽繫在一起了。

塞繆爾·因薩爾（Samuel Insull）在芝加哥採用了電力需求計量表，電線終於進入城市和郊區的中產階級社區，因為計量表可讓電力公司向消費量超過最低用電量門檻的客戶收取較低費率，從而鼓勵居民多使用電力。因薩爾身為芝加哥聯邦愛迪生電力公司（Commonwealth Edison）的總裁，很早便預見了美國國內對電力的需求將會增加，於是積極招攬郊區客戶，為他們的家庭提供便宜的配線服務。歷史學家哈羅德·普拉特（Harold Platt）指出，因薩爾「招攬大大小小不同的客戶，或許最小的客戶就是一般家庭和主婦了。在一次著名的宣傳活動中，他帶來了一萬個通用電力公司的熨斗，要免費送給願意簽約購電的人。」[11]

當電力終於來到達家裡時，一般家庭首先會購買較小的電器，但這不全然因為它們比體積大的電器更便宜、易於帶進家門的緣故。家用冰箱當時還沒那麼必要，因為在那雜貨店蓬勃發展的時代，婦女幾乎每天都會出門採買，送牛奶員也會送貨到家家戶戶門口。當然，冰箱的出現也促使冰桶製造商改良產品，賣冰人也加速了送貨到府的服務。至於爐灶，對於一個城市婦女來說，煤氣已徹底改變了烹飪，她不需要添加燃料或看顧火焰，每個燃燒器只要轉動開關就能操作，所以一次可以只用一個燃燒器，而不需要只為熱一碗湯或一罐豆子，就得加熱整個爐子。錫罐的罐裝食品時代也來臨了，雖然還沒有一套商品安全的標準，但正如克莉斯汀·弗雷德里克（Christine Frederick）所說：「錫罐簡直就是用黑暗密封起神祕之物，要在打開後才得以揭曉。」[12]

婦女們清楚自己需要什麼，正如因薩爾所預見的，多數人首先買了電熨斗。熨斗的廣告總是表現出衣著整潔的家庭主婦毫不費力地使用熨斗燙衣服、心滿意足的樣子，與傳統家務活動形成了鮮明對比。沒有什麼比熨斗更適合作為傳統家庭勞務中苦差事的象徵了——古語義中的熨斗（sad-irons）的「sad」，意思是「沉重」或「密集」。傳統的熨斗由鑄造金屬製成，重達四到五磅（編按：四磅約為一點八公斤），有時甚至重達十磅。熨斗愈重，或使用它的婦女下壓的力道愈重，燙熨出來的衣物就愈平整。在燙衣服的日子，婦女會在煤氣爐或柴爐上加熱四到六個熨斗。她一次拿起一個來，擦乾淨底部，用蜂蠟揉搓，在舊布上試一試，好確保熨斗不會太燙，然後再將熨斗壓到星期日上教堂要穿的襯衫上，過程中得一直注意不能將任何煙灰沾到剛洗好的衣服上，也要小心不燙到自己或燙破布料。熨斗一旦離開爐子很快就會冷卻下來，所以在拿下一只熨斗的同時，必須趕快將手邊用完的熨斗再放回爐上加熱，然後再擦拭、上蠟、測試新的一只熨斗……身邊有成堆會弄皺的棉質和亞麻衣物要處理，這份工作得耗費一整天，即使時值炎熱的盛夏，仍不得不站在加熱爐旁一整天。而一個電熨斗可以取代家中所有「沉重」的老式熨斗，因為電熨斗能夠維持高溫，不僅省時，而且也更清潔、好預測。

順序緊接熨斗之後，婦女們最常購買的是真空吸塵器。電力有時被稱為「白煤」，其魅力有部分來自於生產電力的工作和污垢都可以「眼不見為淨」，也因此大家願意相信「既看不見且充滿未知的電力絕對是乾淨的」[13]。雖然電力不會在家裡產生如煤氣燈或煤油燈造成的煙霧和殘留物，但家裡的污垢在燭光亮度大增的鎢絲燈泡照耀下，就變得更明顯了。看得到污垢，就必須要對付它。

> 長久以來，女性一直扮演著清除髒汙的角色，眼前的任務就好像沒完沒了，打掃完又得重新再面對新一輪的髒汙……真空吸塵器有很高的價值，可將女性從她們與污垢漫長而悲劇般的錯誤關係中解放出來……平均只要每週在家使用約兩小時的吸塵器……就能將整個房子的汙垢去除，而老掃帚至少要打掃個半天。雖然需要更多加注意和保養來維持機器狀態，但每次操作吸塵器所需的心力大致相同。此外，穿著晚宴服也可以操作，不必再穿戴打掃專用的圍裙和帽子了。[14]

除了對掃帚製造商以外，這對所有人來說都個好消息，掃帚商只能為傳統清潔方式做出絕望的宣傳，針對打掃提出以下見解：「他們不砥礪修身，放棄了灑掃庭除，現代人認為打掃是卑賤的勞動，不樂意也不情願從事。真是一種誤解！在許多情況下，醫學界建議女性從事家務勞動以根除疾病，特別是清掃工作。打掃是一種非常有益身心的勞動。」[15]但這就像在新闢的曠野中，一陣枉然的叫囂。

在這片嶄新的戰場上，沒有什麼比「時間」的概念還要來得複雜了。但時間（大家對它跟對「清潔」的執念相當）具有抽象性和可塑性，不能以一種直截了當的方式看待。在二十世紀最初的十年中，人們時常認為富裕家庭的婦女時間太多。《女士家庭雜誌》（*Ladies' Home Journal*）宣稱：「事實上，現今某類型的婦女更需要一些能『讓她操心的工作』，我們整個社會的結構才會更理想。因為現在太多婦女游手好閒，這很危險。」[16]但也正是這些女性感受到須充分利用時間的壓力：此前，家政科學運動當道，支持者提倡家務要更有效率，正如弗雷德里克．泰勒（Frederick Taylor）在一九一一年提倡工廠該提升效率：「我們既看到也感受到物質的浪費。在笨拙、低效率或不明智的舉動中……無法留下可見或有形的成果。」[17]

電器可提高女性做家務的效率，並勾勒出讓女性從勞務中解放的夢想輪廓。然而家政科學的提倡者認為高效工作本身就是一種解放：「家庭婦女想從洗碗槽、水槽和廚房中解放的需求得到了回應。現在的問題是她在這條新的路上要走到什麼樣的新境界，以及在履行日常事務時，她能夠培養的文化素養有多少。就以音樂來說，她可以隨著時間、曲調、節奏而移動、做家務。我們正在以藝術手段，盡一切努力賦予家務中應有的情調。」[18]

是的，電器能夠節省時間。以古老的方式洗衣服得花上整整一天，傳統上洗衣服也在「憂鬱的星期一」，而使用電動洗衣機，婦女可就以在一個星期內的零碎時間洗衣，一些衣服在這時候洗，一些衣服留到其他時間再洗，穿插在其他工作之間。但對某些女性而言，電力的到來帶來了比以往更多的工作：有了電器以後，原本操持家務會有人從旁協助的婦女，開始得靠自己來完成，因而承擔了更大壓力。雖然舊時的洗滌工作消失了，但傳統的交誼社群也跟著消失。以前在後院洗晾衣服的婦女，可以有傭人的幫助，或者可在工作時和鄰居閒聊。但電動洗衣機和烘乾機卻將婦女（通常是一個人工作）限制在房屋範圍內。新的工作效益也衍生出人們對婦女的新期望。《女士家庭雜誌》寫道：「因為今日我們主婦有了工具幫忙完成家務，所以就得每天清理以前我們祖母時代年度的春天大掃除才要清洗的汙垢。以前有九個孩子的母親每週幫小孩洗一次澡，現在有兩三個小孩的媽媽得每天幫孩子梳洗沐浴。我們的良心現在不再因閒置的餡餅架或空蕩蕩的餅乾罐而感到不安，但卻仍在為孩子飲食可能缺乏維生素或熱量不足而發愁。」[19]

電燈讓生活更便利，也可說是定義了何謂「現代」的一種事物。這些事物與我們對未來的想像密不可分——就好比法蘭西斯．史考特．費茲傑羅（F. Scott Fitzgerald）筆下的蓋茨比（Gatsby）在不寧的黑暗中，面向海灣彼端的燈塔綠光那般。蓋茨比——年輕時原本叫吉米．蓋茲（Jimmy Gatz）——試圖改造自己：「早上六點，起床；六點十五分到六點半，啞鈴鍛鍊和攀牆訓練；七點十五到八點十五，學習電力等知識……」[20]

然而，電燈也為居家生活帶來了特別的變化。煤氣燈將火焰固定在房中特定一角，但煤氣罩燈和煤油燈仍舊可提供人們窩在一起團聚的暖和之處。「晚上打開煤氣燈時，整個房間都沐浴在柔和的黃色燈光下，」一位英國女士回憶道，「胖姨媽艾達的煤氣罩燈是個由長形水滴狀水晶玻璃製成的煤氣燈，映射出的光就像一千顆小星星那樣地舞動著。」[21]當煤氣燈和煤油燈從家裡消失時，房屋中最後的中心之火也消失無蹤。電燈無處不在，所以大家也無處聚集，每個人都坐在各自的電燈光圈之下。但沒有火焰的燈因為可放在明火無法放置的地方，也帶來了前所未見的無數可能性和想像力。例如，一個家用電力指南建議：「在客廳裡，可以從彩繪花瓶內部點燈發光，與牆壁上的圖畫爭奪視覺焦點，而我們在白熾燈光照下欣賞畫中的色彩，就跟在白晝的光線中觀畫幾乎沒有不同；而乳白色的球形燈具可將各處的光收斂得更和諧不刺眼……燈光在陽台上不會受到風吹的影響；在溫室中，掩映在樹葉間的各色吊燈，製造出絢麗的效果。」[22]

電力其實也提供了一種新的圍爐團聚的方式：收音機是最受歡迎的電器之一，能讓一家子聚在一起，收聽著打破家庭和世界間隔膜的聲音——接收來自各地的音樂、新聞、天氣、農場報導和傳教內容。「當一個人說起『收音機』時，並不是指這個箱子、這種電子現象或是播音間的主持人，」埃爾文．布魯克斯．懷特（E.B. White）這樣描寫使用收音機的社群，「言下所指的是某種充斥在他們生活和家園的神聖存在——魅力大如偶像般的存在。畢竟，教堂只能提出如『救贖』這般遙不可及的承諾，而電台卻可以告訴你明天是否會下雨。」[23]

到一九二〇年，電力服務覆蓋了百分之三十五的城市和郊區住宅。路面電車和汽車的出現鼓勵了許多中產階級居民從城市遷移到有電力供應的郊區新建社區，而許多城市內的貧窮社區，住著來自南歐和東歐的移民，或是從南方農村來到北方的黑人家庭和搬到城裡生活的農民。這些人都仍生活在無情的黑暗中，但就如阿留申人那般，無法期待電燈能盡快降臨到日常生活中。當時的社會調查（例如來自賓夕法尼亞州匹茲堡和麻薩諸塞州勞倫斯市的調查）評估了擁擠的城市社區日益惡化的情況，發現到：自然光線不足、污水和淨水系統不良，以及牛奶供應不衛生；但這些調查根本沒有提到電力匱乏，甚至連社會學家都沒想到電力可能應是每個公民的權利。

對於城市中許多移民和黑人居民來說，電力距離他們或許相當的近，畢竟在城市最富裕的地段中可能就藏有貧窮街區。在華盛頓特區，貧窮街區恰恰就躲在明顯可見的地方：

> 在這個街區外圍走動時，你會覺得沒什麼特別之處。有兩幢宏偉的公寓大樓、一棟參議員故居、一個漂亮的俱樂部、幾間時尚的旅店和一些三四層樓的私人住宅。但當你把注意力放到廣場四邊不規則向內伸的四條狹窄貨車道上時——其他城市來的遊客會以為那是後院倒垃圾的通道——沿著這些不起眼的小路走個一百呎，你會發現自己來到截然不同的陌生社區邊界……這裡的小木屋或磚房後門所對著的，就是富麗屋宇獨立後院的後門。24

爵士作曲家兼鋼琴家比利・史崔洪（Billy Strayhorn）的傳記作者大衛・哈伊杜（David Hajdu）描述了史崔洪從小長大的匹茲堡的霍姆伍德（Homewood）區：「白人一般占據了主要街道上的住宅，住在一排大小合適、設備齊全的兩層樓房屋，而黑人家庭則位在後面的小巷中，住在沒有電、低矮而未上漆的房舍裡。」25

黑人社區不僅昏暗，而婦女維持生計的工作也很古老，比如專事洗衣工作的家庭會把晾衣繩和洗衣盆堆滿整個院子。查爾斯·韋勒（Charles Weller）描述了一名婦女「在前室沒有煙囪的情況下，站在冒煙的燈旁邊熨燙衣物……再將飄著乾淨氣味的白色衣服放入蓋好的籃子內準備運送。」[26] 韋勒觀察另一位婦女：「這個忙得一身汗的女人正用著洗衣盆，無法浪費時間跟我說什麼話。她很憤怒地回答：『是，就是你們這些人讓我們付出這麼多的租金，當你數鈔票數到手抽筋，我們刷洗你的衣物也刷到手抽筋，這一切都只為了賺一些額外收入，能替小孩帶點烤餅和煙燻鯡魚回家，我們就萬幸了。』」[27]

在費城紅燈區長大的女演員兼藍調歌手艾瑟爾·沃特斯（Ethel Waters）記得，「每天都是一場混戰，是為了生存而進行的艱苦鬥爭。當一個人處於這種情況時，小孩子的問題就相對不重要了。重要的是有東西吃，有地方遮風避雨……我們不覺得自己是弱勢群體或社會的受害者。當時所知道的其他家庭狀況並沒有比較更好，每天的生存奮鬥似乎很普遍。」[28] 對她來說，光的概念——無論是火焰還是充足的電燈光——以及光在夜晚的絢麗，都代表超越世俗的東西，就像費茲傑羅筆下蓋茨比的綠光那樣。擁有豐富照明資源的人似乎有著更好的人生，「整個街區最漂亮的景象是黃昏時點亮的妓院燈光。我站在街上，敬畏地看著擦得光亮的高級家具和坐在窗邊、穿低胸晚禮服或和服的漂亮女人。」[29]

參考文獻：

1 Edward Hungerford, "Night Glow of the City," *Harper's Weekly,* April 30, 1910, p. 13.

2 "Fines the Edison Co. for Smoke Nuisance," *New York Times,* January 17, 1911, p. 7.

3 Quoted in Ronald C. Tobey, *Technology as Free- dom: The New Deal and the Electrical Modernization of the American Home* (Berkeley: University of California Press, 1996), p. 30.

4 Quoted in Earl Lifshey, *The Housewares Story: A History of the American Housewares Industry* (Chicago: National Housewares Manufacturers Association, 1973), p. 231.

5 Christine Frederick, *Selling Mrs. Consumer* (New York: Business Bourse, 1929), p. 186.

6 Maud Lancaster, *Electric Cooking, Heating, Cleaning, Etc.: Being a Manual of Electricity in the Service of the Home,* ed. E. W. Lancaster (London: Constable, 1914), frontispiece.

7 A. E. Kennelly, "Electricity in the Household," in *Electricity in Daily Life: A Popular Account of the Applications of Electricity to Every Day Uses* (New York: Charles Scribner's Sons, 1891), p. 252.

8 "Electricity in the Household," *Scientific Amer- ican,* March 19, 1904, p. 232.

9 出處同上。

10 出處同上。

11 Harold Platt, interview, "Program Two: Electric Nation," in *Great Projects: The Building of America,* http://www.pbs.org/greatprojects/interviews/platt_1.html (accessed April 7, 2009).

12 Frederick, *Selling Mrs. Consumer,* p. 157.

13 Hungerford, "Night Glow of the City," p. 14.

14 Mary Pattison, "The Abolition of Household Slavery," in *Giant Power: Large Scale Electrical Development as a Social*

Factor, ed. Morris Llewellyn Cooke (Philadelphia: American Acad- emy of Political and Social Science, 1925), p. 124.

15 H. R. Kelso, *House Furnishing Review,* July 1919, quoted in Lifshey, *The Housewares Story,* p. 289.

16 *Ladies' Home Journal,* quoted in Barbara Ehren- reich and Deirdre English, *For Her Own Good: 150 Years of the Experts' Advice to Women* (Garden City, NY: Anchor Press, 1978), p. 135.

17 Frederick W. Taylor, *The Principles of Scientific Management,* 1911, Modern History SourceBook, http//www.fordham.edu/HALSALL/MOD/1911taylor.html (accessed March 26, 2006).

18 Pattison, "The Abolition of Household Slavery," pp. 126–27.

19 *Ladies' Home Journal,* quoted in Ehrenreich and English, *For Her Own Good,* p. 162.

20 F. Scott Fitzgerald, *The Great Gatsby* (New York: Scribner, 2004), p. 173.

21 Brian Bowers, *Lengthening the Day: A History of Lighting Technology* (Oxford: Oxford University Press, 1998), p.

22 Kennelly, "Electricity in the Household," p. 246.

23 E. B. White, "Sabbath Morn," in *One Man's Meat,* enl. ed. (New York: Harper & Row, 1944), p. 51.

24 Charles Frederick Weller, *Neglected Neighbors: Stories of Life in the Alleys, Tenements and Shanties of the Na- tional Capital* (Philadelphia: John C. Winston, 1909), pp. 10–11.

25 David Hajdu, *Lush Life: A Biography of Billy Strayhorn* (New York: North Point Press, 2000), p. 7.

26 Weller, *Neglected Neighbors,* pp. 17–19.

27 出處同上：pp. 82–83.

28 Ethel Waters, with Charles Samuels, *His Eye Is on the Sparrow: An Autobiography* (Garden City, NY: Doubleday, 1951), p. 46.

29 出處同上：pp. 18–19.

第十二章　獨自在黑暗之中

它們發音讀作「工裝褲」（overhauls）……和其他衣裝不大相同，穿脫方式就和幫筋疲力盡的動物穿脫輓具那樣，（只）能用快速、簡單的仰臥姿勢穿上和脫下。褲腳與煙囪腳一般圓（雖然有些丈夫吩咐妻子要弄更皺一點）。其吊帶穿過腰部兩側，兩條帶子交叉——也就更像輓具了，上面的錫扣設計亦然。[1]

——詹姆斯・艾吉（James Agee）

《現在讓我們讚美名人》（*Let Us Now Praise Famous Men*）

由於缺乏電力，人口稠密的貧困城市社區和美國農村同病相憐，他們在二十世紀的前三十年並不奢望電力會很快降臨。農村電氣化是一項昂貴而需要密集勞動力才能完成的計畫。農村的線路必須比城市線路更堅固，才能承受遼闊範圍中的考驗，得承受風吹、冰凍和雨雪。因為沿路土地的分布狀況和土壤（黏土、沙子、石頭）種類差異很大，線路可能很難串接起來。樹木也必須修剪掉。而且由於農村線路每一哩範圍內頂多有一到三個客戶，不像城市中一哩之內可能有數十個客戶；何況農村的每個客戶都是謹慎節儉的農民，所以電力公司認為農村電氣化不值得進行，得等到其他市場得到充分開發利用後再說。真有那一天的話，再說。

也不是說農村的電力開發有多難以想像。在十九世紀的最後幾十年中，尤其在歐洲，科學家已經實驗過電動的犁、耙、脫穀機、幫浦和擠奶機。他們研發了電動圍欄、電動煙燻器、電動羊毛剪以及電動馬刺。他們想像：電流能減少霜凍、使土壤肥沃、擠奶牛和破壞雜草；電燈能延長收穫天數、催促植物發芽、孵化蛋、讓母雞在冬季下蛋，在春季為小雞保暖；電力促成的「雨」能刺激作物生長。據說，有一天農民「將是一位技術高超的電工，他會在農場的中央控制板上調控、引導著捲心菜、胡蘿蔔、馬鈴薯和其他農作物萌發和生長」[2]。自從特斯拉的發電機和變壓器在水牛城建立第一條長距離電纜線之後，電氣化的農村世界顯得益發有實現的可能性。早在一八九五年，《鄉村仕紳》（*The Country Gentleman*）中的一篇文章就預言「現在趕牛回家的赤腳男孩，未來某一天在他抵達莊園時，可能早已開心地用三股電動犁翻整了蒙哥馬利郡一整座農場的草皮——也沒有什麼稀奇的，因為整座尼加拉瀑布的力量都可為他所用。」[3]

然而，在一九二〇年的美國鄉村，卻與這種進步想像南轅北轍。當時美國有大約六百五十萬座農場，其中只有不到十萬座農場與中央供電站相連，大多位於東北部城市附近較小的州，或位在西岸因灌溉需要而發展電力的地區。而有電力線路的農民支付的費用可能是城市居民的兩倍。缺電只會使農村人力不足的情況惡化。在過去一個世紀的工業化進程中，年輕世代陸續離開農場。到一九二〇年，農村的人口減少到史上絕無僅有的情況：生活在農場和人口少於二千五百人城鎮的人數，比起美國城市和郊區加起來的人口還要少（占了百分之五十四）。如果與生活在小城鎮的人口區分開來，實際上生活在農場上的人數，還不到美國總人口的三分之一，這代表更少的經費會用於農村地區的衛生、社會服務和教育。

而這種情況在未來十年內只會更惡化。第一次世界大戰期間，糧食需求變高，使農民有動力增加種植面積，並提高生產量，許多農民甚至過度擴張耕種面積，也過度集約生產。但戰爭結束後，需求下降，市場崩潰，農民原本能獲取利潤的作物因而價格暴跌。由於背負著抵押和支付貸款的壓力，農民仍不願減產，而農作物的持續過剩讓作物價格只走低不升高。許多農村地區在一九二九年黑色星期五的十年之前，早就陷入了經濟蕭條。

在電燈光芒無法觸及的地區，農場上無止無盡的艱辛勞作並不會減少：「沒有停止，所以也沒有開始，工作不停循環往復。」[4] 只有不到百分之三的農民擁有拖拉機，大多數仍繼續用馬匹耕種，這也代表一部分土地仍用於種植飼養牲畜的飼料——每匹馬得要有五英畝的地來種植燕麥和乾草。如果沒有電力，農民只能靠自己為牲畜運水，徒手擠奶，有時甚至得在黑暗中工作，因為在穀倉內使用明火風險太高。「你可以在黑暗中擠奶，但是在黑暗的穀倉中，多的是你做不來的事……裡面到處是有爆炸風險的物品，例如乾草和塵粒，若使用燈籠會很糟糕。」[5] 一位農村電氣化的支持者回憶道。而來自德州的一位農民則說：「冬日早晨相當黑暗……甚至會覺得自己是在一個關上蓋子的盒子裡。」[6]

收購牛奶來裝瓶販售的業者會限制牛奶須維持在華氏五十度以下，太高溫的牛奶他們拒收，說那只能給豬喝。因此，沒有冷藏庫的農民就要大老遠將牛奶放入水流或水井中，或集中放在冰上，好盡可能保持低溫。新英格蘭地區夏季天氣較涼爽，農民在冬季可以先切割、儲存冰於木屑堆中，但南方地區的農民只得購買價格昂貴的冰塊，而即使把冰存放在木屑中，在極端高溫下仍會迅速融化。

有些農場不受缺乏中央供電站這件事所影響。縱然沒有電力網絡，稍有餘裕且觀念進步的農民會盡可能實現現代化。有些農民在蒸汽機、風車和水車的幫助下產出動力，而在一九一二年，隨著德科發電機（Delco electric plants，油機發電機）的出現，便有更多的農民受益。雖然德科發電機操作起來代價昂貴，但能點亮穀倉幾個小時，也可用於抽水和運轉機器。幾乎所有農民都將他們有限的電力保留在農場工作中，而家用能源仍然照舊：當城市和大城鎮的居民中有一半家庭都與電力網連接上時，農村家庭還在使用煤油燈照明。

在農莊內，電力對日常生活的影響程度甚至超過了城鎮，城市通常在電氣化之前就已連接了市政設施所提供的煤氣、供水和污水系統。城市中的主婦還可運用僕人、洗衣店、麵包店、商店和肉店等資源來完成家務。但對於農場婦女來說，光要打水——一個重達三十二磅（編按：約十四點五公斤）的四加侖水桶——就是一件粗重的工作。「我得要打水……每天不止一次，甚至超過兩次，哦，其實更多，我搞不清楚多少次啦。要用水洗地板、用水洗衣服、用水洗……淨是些苦差事，我一直在打水呀。」[7]一位德州農場婦人說道。另一名婦女則說：「你看我的肩膀有多塌？都是打水害的。」[8]

除了清潔房屋和做飯之外，農村婦女還要處理罐裝保存水果和蔬菜的工作，連在八月的炎熱夏日裡，每天都要把木頭或煤炭運到火爐裡，處理罐頭時也得一直站在爐邊。因為當桃子熟了，玉米、豆子和西紅柿也成熟時，這些收成在盛夏中會迅速腐敗。但烹飪、採收和將蔬果裝罐保存還是其中較不困難的工作：「除了結婚的前五年，我一直住在農場裡，像是入獄坐牢一般，辛苦地做著我從來沒做過的工作。最困難的一件就是洗滌了。」[9] 洗滌工作也需要加熱清水和打水。婦女在鍍鋅水槽裡浸泡衣服，用搓衣板搓洗整家的衣服。「當我成家後，我常得早上三點起床洗衣服。」[10] 一位婦女回憶道。她們還要加熱更多的水來沖洗衣服，再用手擰乾，或者將洗過的衣服拉進一個絞衣機（mangle）中脫水，最後再晾乾。「當你做完洗滌工作後，背部會受傷。我告訴你，這是我一生永遠不會忘記的事情，我永遠不會忘記自己在洗衣服的日子裡背有多痛。」[11] 接著，婦女又要花一整天的時間，用沉重的鑄鐵熨斗熨燙著家裡所有的衣服。同樣地，為了燙衣服，爐火也會整天開著，她們還要搬運足夠的木柴，好讓火爐一整天不斷地燒。

至於燈光：農場婦女仍需要每週擦亮煤油燈的球形燈罩一到兩次，清理掉火焰產生的煙霧和煙灰。與時俱進的是，油燈的亮度增加了。阿拉丁燈（Aladdin lamp）有精緻的燈罩，廣告上說它可以發出等同於六十支蠟燭的燈光，雖然效果不錯，但處理起來仍舊麻煩。美國前總統吉米・卡特（Jimmy Carter）還記得：

我們的人造光源來自煤油燈，而當時一般認為在空無一人的房中留下還在燃燒的煤油燈幾乎是種罪惡。唯一的例外是在前起居室中那盞約五呎高的阿拉丁燈，石棉燈芯奇蹟般地提供了夠亮的照明，在廣闊的範圍內都可閱讀無礙。我們去吃飯時，會把阿拉丁燈的火焰降下來，既是節省燃料，也是避免燈燒起來，會造成太濃的煙灰、使脆弱的燈芯變黑。若火沒先調降下來（總是有個罪魁禍首），那就得忍受好一段時間小心翼翼的「火焰控制」：在黑暗中等待煙灰燃盡，直到燈又燒旺了，足以讓我們再次閱讀為止。[12]

對為人母來說，煤油燈仍有其古老恆常的危險性：「你知道，不能把已經會四處爬的嬰兒留在有燈或蠟燭的房間裡。只能選擇把孩子留在黑暗中，再不就是要和他待在一起。」[13]

在電力出現之前過著這樣的生活，與被電力網排除在外——兩者是有區別的。到了一九二〇年代，在農場生活的男男女女充分感受到他們與另一個世界的隔閡。農村人被稱為農村佬、鄉巴佬、土包子。而一些農村生活的推廣者，儘管能理解將電力線路擴展到農村的必要性，但也對電力可能帶來新的期待感到擔憂。他們把「用電」這件事看成「城市裡擁抱亮光的人從不知足；總是興奮躁動，不想遠離白色燈光、在孤獨中直面並看清自己」[14]。但是大多數農場家庭都沒有這種擔憂，反而對缺乏電力感到不滿，每次他們去到城市裡，或是從居住在城市的親朋好友那裡得到隻字片語，這種被剝奪感都會變得明顯。含有電熨斗、電動洗衣機以及電燈廣告的免費型錄和雜誌會寄到家中。雖然電力仍無法讓人解釋清楚，但電力生活已被理想化，成為了「神仙教母」般的存在。廣告中的女性儀容整潔、上好了妝、穿著時尚、耳朵上垂著耳環、足踏高跟鞋，而且身體像舞者一般直挺，一隻手輕輕作勢推動吸塵器。廣告中的現代廚房完全不雜亂，都是白色——明亮的白色。琺瑯電爐、烤箱、內嵌式櫥櫃閃閃發光，完全看不到農場婦女得苦苦奮戰的煙灰和灰塵。

電力廣告標榜的不只是便利和清潔。通用電氣公司的廣告將電氣生活與好妻子和好母親畫上等號。一九二五年的一則廣告宣稱：「這是對成功母親的考驗，成功的母親知道做事有優先順序，會分輕重緩急。她沒有放棄那些和孩子相處的時間……不會讓家裡陷入一片黑暗，而浪費了傍晚的大好時光。按照現代標準，要照亮一個房間，每小時花不到五分錢……當然，她也不會任一小時只消區區幾分錢電費就能做好的家務，來瓜分自己的心力。」[15]這種利用人對現代生活渴望之情的廣告，對於農場婦人卻毫無意義：就算買了廣告裡的商品，沒有中央供電站的電力，在她們生活中也毫無用處。這是一種新的社會隔離。

也許比起這些廣告主打的東西，空閒時間才是許多女性心中最嚮往的：「現在農場婦女最需要的就是電力。當房屋點亮時，奶油已經分離並攪拌好；衣物已經洗滌和熨燙好；清掃也完成了。電力可以運作縫紉機，也可以讓她從洗滌燈具、添燈油、搬運和清洗瓶罐、平底鍋和攪拌器等從古至今的艱困勞務中解脫。這樣她也能有一些時間社交、思考和學習。」[16]一位農場婦女評論道。另一位女性則說：「我們希望有機會像自己在城市裡的姐妹那樣子生活，而不是像粗人和奴隸一般地活著。」[17]對所有男性和女性皆然，在農活之外的生活，他們都希望不被排擠在外——對年輕人來說尤其如此，他們會覺得「在我們發現這些事物之前，一切早已經發生了」，而且「與世界各處相比，我們像返回原始叢林過活的人。」[18]

無論在德州、賓夕法尼亞州、愛荷華州、緬因州、阿拉巴馬州，還是科羅拉多州，對於從一九二〇、三〇到四〇年代不斷等待電力來到的人來說，唯有等待，一直等待。或者可以說，在大把時間就這樣過去後，這種訴求的聲音益發堅定了。夕陽西下，最後的農活勞務都結束了，白天在田野和樹林裡度過的生活要轉移進屋內了。廣大而屬於自然界的黑暗守著它占領的疆界。一家大小聚集在放著煤油燈的桌邊——曾經煤油是「幾個世紀以來人們夢寐以求的燃油」[19]——這畫面已成為過時的象徵，與未來有著隔閡。「煤油燈之於電力設施，」詹姆斯．艾吉在《現在讓我們讚美名人》寫道，「就如同徒步和乘坐騾子旅行之於乘汽車和飛機；或者犁過的黏土之於人行道，還有……這些日常的事實和鴻溝具有難以估計的強大力量，在許多方面對身心都帶來不利影響。」[20]

艾吉寫道，佃農在電力線路出現於農村許久之前，就遇上了電力工業產生的垃圾，並且會撿去利用。艾吉看到了一座座豎有松木墓碑的墓丘，這些松木墓碑會很快風化，而墓碑上的裝飾倒是會在木頭風化後留下來。有些墓碑的邊緣會飾有白色的蚌殼，又有些（女性的墳墓）會用盤子、奶油碟和乳白玻璃模製的籃子來裝飾。有些則用墓主生前從未擁有過的東西裝飾。「在某個墓丘正中央，有一個擰入土中的壞掉電燈泡，」艾吉寫道，「在另一座墓，墓碑前的黏土坡（尾端就是一座墓碑）上，有個馬蹄鐵，而墓碑中央有個壞掉的燈泡直立著。另外兩三座墓還有藍綠色玻璃製的絕緣材料。」[21]

電力線路進入農村的進程這麼緩慢遲滯，原並非無可避免的。歷史學家大衛．奈指出，「美國的街道照明很快就發展出非必要的使用方式，例如用光打造廣告和公眾形象的奇觀。相比之下，在斯堪的納維亞半島、德國和荷蘭，觀賞用燈光發展得較慢，但追求家家戶戶的電氣化被視作有正面意義的政策目標，而且確實在一九三〇年之前就達到了百分之九十的普及度。」[22]在政府將電力建設看作主政者的社會與政治責任、且積極作為的國家中，農村電氣化往往發展得更快。但如果沒有資金和基礎設施來架設長途電纜，單有政府的重視也無法保證成功。

當佛拉迪米爾・伊里奇・列寧（Vladimir Ilyich Lenin）在革命和戰爭多年之後制定了蘇聯的國家經濟復甦長期計畫時，電氣化是他計畫的核心。俄羅斯的馬克思主義者認為，電氣化將「提供城鄉之間的聯繫，也能提高農村文化水準，即使在最偏遠的土地，亦能克服落後、無知、貧窮、疾病和野蠻」[23]。但在一九二〇年的俄羅斯，甚至連城市都沒有足量的電力基礎設施。電氣工程師格列布・克爾日扎諾夫斯基（Gleb M. Krzhizhanovskii）「展示了未來電氣化後俄羅斯的燈光地圖，以說服第八屆蘇聯代表大會批准國家電氣化計畫……當時莫斯科產電量實在太低……因此要在地圖上點亮燈泡，就會導致現實中城市部分地區陷入黑暗」[24]。在這幅員遼闊的國家基礎設施缺乏資金的情況下，農村電氣化遠遠沒有達到列寧的期望——儘管電燈泡被稱為「伊里奇之光」，而且是蘇聯所宣傳的現代化象徵。

但也有許多國家成功推動農村電氣化的例子。一九二四年，隸屬賓夕法尼亞州農業委員會的農村電氣協會法律顧問哈羅德・埃文斯（Harold Evans），發表了一份關於全世界農村電氣化狀況的調查報告。他描述了瑞典、法國、荷蘭、紐西蘭、加拿大安大略省等地的農村電力發展方式。例如，瑞典在第一次世界大戰期間被阻斷了煤炭和石油來源，所以立即轉而投資發電技術。「十年前，農村電氣化在瑞典幾乎沒人知道什麼，」埃文斯寫道，「而今九百五十萬英畝耕地中，有百分之四十有電力覆蓋……這樣的快速發展是許多不同機構一起實現的，其中最重要的是瑞典中央國有電力系統、較大的私營電力公司和農民合作社。」[25]

加拿大於一九一〇年開始利用尼加拉的水力來發電，政府控制了大部分電力。一九一一年，安大略省決定優先向農村提供價格合理的電力。雖然安大略省農村地區面積超過四十萬平方哩，部分地區就和某些美國農村一樣在經濟大蕭條和第二次世界大戰之前都看不到電力線路，但安大略政府比美國更早盤算讓要整個農村地區盡可能電氣化。埃文斯注意到「安大略省每單位人口的千瓦小時電力生產量是美國的兩倍多，而且安大略省的電力增長速度遠遠超過美國。」[26] 雖然埃文斯寫下這件事的一九二四年美國只有百分之三的農場與中央供電站有線路連接，他仍希望到了一九三〇年代初期，一半農場能夠實現電氣化。

而現實中，當湯瑪斯．愛迪生於一九三一年十月去世時，美國只有不到百分之十的農場接上了中央供電站的電力。愛迪生在十月二十一日的黃昏下葬（這天也是首次成功試驗白熾燈泡的五十二年紀念日），根據《紐約時報》所報導，他的遺孀可以從紐澤西州西奧蘭治（West Orange）的墓地看到「曼哈頓那麼遙遠的地方、看到愛迪生的天才帶給世界的霞光」[27]。為紀念愛迪生，總統赫伯特．胡佛（Herbert Hoover）要求在太平洋時間晚上十點（太陽離開整個國度的時間），全國同時關掉所有燈光一分鐘，舉國陷入黑暗。全美各地的廣播電台都宣布了此一時刻。「胡佛總統讓每個公民陷入一分鐘的黑暗，讓人們體會到如果電流暫時停止這麼一下子，就有可能在這個國家的某處造成死亡。總統宣稱，『這顯現出整個國家的生命和健康依賴著電力，而這種依賴本身就是愛迪生先生天才的象徵。』」[28] 大多數農場家庭沒有收音機收聽這個消息，但他們聚在自家煤油燈周圍，本來也就處於昏暗的狀態。

參考文獻：

1 James Agee and Walker Evans, *Let Us Now Praise Famous Men: Three Tenant Families* (Boston: Houghton Mifflin, 1988), pp. 265–66.

2 Quoted in Clark C. Spence, "Early Uses of Electricity in American Agriculture," *Technology and Culture* 3, no. 2 (Spring 1962): 150.

3 *Country Gentleman,* quoted ibid., p. 144.

4 Quoted in Mary Ellen Romeo, *Darkness to Daylight: An Oral History of Rural Electrification in Pennsylvania and New Jersey* (Harrisburg: Pennsylvania Rural Electric Association, 1986), p. 13.

5 出處同上：pp. 18–19.

6 Quoted in Robert A. Caro, *The Years of Lyndon Johnson: The Path to Power* (New York: Alfred A. Knopf, 1982), p. 503.

7 出處同上：p. 505.

8 出處同上。

9 Quoted in Katherine Jellison, *Entitled to Power: Farm Women and Technology, 1913–1963* (Chapel Hill: University of North Carolina Press, 1993), p. 14.

10 Quoted in Romeo, *Darkness to Daylight,* p. 12.

11 Quoted in Caro, *The Years of Lyndon Johnson,* p. 509.

12 Jimmy Carter, *An Hour Before Daylight: Memories of a Rural Boyhood* (New York: Simon & Schuster, 2001), p. 31.

13 Quoted in Romeo, *Darkness to Daylight,* p. 19.

14 M. L. Wilson, quoted in Russell Lord, "The Rebirth of Rural Life, Part 2," *Survey Graphic* 30, no. 12 (De- cember 1941), http://newdeal.feri.org/survey/sg41687.htm (accessed March 12, 2006).

15 David E. Nye, *Image Worlds: Corporate Identities at General Electric, 1890–1930* (Cambridge, MA: MIT Press, 1985), photo, insert after p. 134.

16 Quoted in Jellison, *Entitled to Power,* p. 13.

17 出處同上：p. 67.

18 Quoted in Caro, *The Years of Lyndon John- son,* p. 512.

19 William T. O'Dea, *The Social History of Lighting* (London: Routledge & Kegan Paul, 1958), p. 56.

20 Agee and Evans, *Let Us Now Praise Famous Men,* p. 211.

21 出處同上：pp. 437–38.

22 David E. Nye, *Electrifying America: Social Meanings of a New Technology, 1880–1940* (Cambridge, MA: MIT Press, 1992), p. 140.

23 Quoted in Jonathan Coopersmith, *The Electrification of Russia, 1880–1926* (Ithaca, NY: Cornell University Press, 1992), p. 154.

24 出處同上：p. 1.

25 Harold Evans, "The World's Experience with Rural Electrification," in *Giant Power: Large Scale Electrical Development as a Social Factor,* ed. Morris Llewellyn Cooke (Philadelphia: Academy of Political and Social Science, 1925), p. 33.

26 出處同上：p. 36.

27 "Edison Is Buried on 52d Anniversary of Electric Light," *New York Times,* October 22, 1931, p. 1.

28 "Nation to Be Dark One Minute Tonight After Edison Burial," *New York Times,* October 21, 1931, p. 1.

第十三章　農村電氣化

一九〇八年，老羅斯福——狄奥多・羅斯福（Theodore Roosevelt）總統任命了鄉村生活委員會（Country Life Commission），該委員會負責調查美國農村地區日益惡化的生活品質。當委員會公布其報告時，得到的結論是：「在美國農場開發小型電廠，比我們利用尼加拉瀑布的水力發電更為重要。」[1]但要到二〇年代，在賓夕法尼亞州州長吉福德・平紹（Gifford Pinchot）進行大型能源調查之後，聯邦和州政府機構才廣泛重視起電氣化對美國農村發展的意義。該調查顯示，農村電氣化可以使工廠遷出城市中心地段，不僅緩解城市的人滿為患和市民的負擔，也可以使農村生活現代化，並且「把婦女和苦役分開來」[2]；費用便宜，環境乾淨，一舉兩得。平紹提出了一項主要以燃煤發電廠為基礎的能源強化計畫，為賓夕法尼亞州的農村地區提供電力，但賓夕法尼亞州議會在公用事業公司的施壓下未能批准這個計畫。得要到三〇年代，小羅斯福，富蘭克林・羅斯福（Franklin Roosevelt）總統的羅斯福新政實施了，美國農村電氣化的推動才開始實現。

小羅斯福總統在擔任紐約州長期間一直很關注農村現代化，他人在喬治亞州沃姆斯普林斯（Warm Springs）鄉間屋舍時，就意識到了電氣化中的不平等。「當我在小屋的第一個月收到寄來的電燈帳單時，」他回憶道，「我發現收費是每千瓦時十八分，大概是我在紐約海德公園住宅所支付的四倍。於是我開始對合理的電力收費，以及該如何將電力帶入農村家庭，展開了長期研究。」[3]

羅斯福於一九三三年創辦了田納西河谷管理局（Tennessee Valley Authority），以此減緩大蕭條帶來的影響，這也是羅斯福政府以立法來應對時局的部分策略。田納西河谷管理局負責監督田納西河及其支流的開發，包含整個田納西州以及向這裡匯聚的肯塔基州、維吉尼亞州、北卡羅來納州、喬治亞州、阿拉巴馬州和密西西比州部分地區的水流。其中包括了美國國內最貧困的農村地區，由於大量的棉花生產、粗陋的耕作方法和過度利用，土壤資源受到侵蝕且被大量消耗，時常有洪水淹沒水道，也幾乎沒有社區或農場有電力。田納西河谷管理局的計畫核心是建造一系列水壩和水庫在田納西河及其支流上，用於防洪、航行、灌溉、娛樂，以及為電氣化發展水力發電。國家、郡、市級政府單位和農民合作社有使用這些電力的優先權，所以該地區的公用事業公司強烈反對這些計畫，發起了大量訴訟，控告政府出售電力直接與公司競爭是違憲的，但最高法院最終判決認定了田納西河谷管理局計畫的合憲性。

田納西河谷管理局計畫不僅關注電力工程，他們還進行了周延的區域規畫，因為小羅斯福總統認為只有全面整合整個流域的狀況，才能永久改善河谷居民的生活品質。他認為電力不只是讓人們的生活現代化，也是一種道德力量，能夠提高公民意識，加強社群的凝聚力。「電力反而是次要的事情，」小羅斯福總統強調道：

我們在那裡做的，是為大概三百五十萬人口建立生活的分水嶺，那些人中大部分都是農村居民，而我們正努力讓他們成為不同類型的公民……還記得那天開車去惠勒大壩（Wheeler Dam）路上見到的事嗎？當時經過阿拉巴馬州的一個郡，而該地的教育水準低於美國幾乎任何一個其他的郡。那邊的人從來就缺乏機會。你光看他們住的房子就知道……因此，田納西河谷管理局主要就是力圖改變和改善河谷居民的生活品質……如果能為這些人帶來便宜的電力，就會加速他們生活品質的提升進程。[4]

田納西河谷管理局在各郡建立了實驗農場和示範農場，並藉由大學實驗站和推廣服務向農民宣導良好農業規範：正確使用優質肥料，防止土壤侵蝕的山坡梯田，以及種植覆蓋作物（cover crops）。管理局也制定了一些方案，向農場婦女提供有關營養、食品安全處理和家庭衛生的資訊，並鼓勵建立電力合作社——讓特定地區的農民聯合起來，一起支付將電力線路擴展到農場的費用。所有的合作社成員——無論是生活在發電站附近還是在偏遠的農村——都支付相同的電力服務費率。一九三四年六月，田納西河谷管理局管轄地區的第一個農村電力合作社——密西西比州的奧爾康郡電力協會——開始運作，小羅斯福總統說：

現在奧爾康郡……那裡有個具相當規模的科林斯鎮，居民以每千瓦時兩分的價格（不是準確的數字）購買家用電力。但如果他們要將電線牽到農場，農場居民得花費每千瓦小時三分購買。換句話說，農民得支付更多……而科林斯鎮的人做了什麼？……他們自願支付每千瓦時二點五分，讓農民也只要付每千瓦時二點五分的電力。相當了不起，這也就是社區規畫。[5]

田納西河谷管理局的計畫含蓋範圍很廣，某些地方的民眾比較能接受，某些地方則否，但電氣化生活的誘惑，尤其對那些能夠負擔得起的人來說，顯然很有吸引力。一九三五年十月，管理局的一位主任大衛・利林塔爾（David Lilienthal），懷抱著計畫相關人士的理想主義，在日記中寫下：

整個費耶特維爾（Fayetteville）前來參加阿德莫爾（Ardmore）附近的變電站（substation）開幕儀式的人數，那時一定有到一萬人這麼多……在演講之前，我把握機會在法院後院閒逛，看到了不少人，並無意間聽到他們談話。當我從法院庭院裡的講台向這群人演講時，我特別感受到他們對農村電氣化計畫的熱情……真是太棒了……管理局帶來的千瓦小時電力，真的有某種神奇的魔力，我們真的激起了公眾對電力的想像。6

建造廣大的水壩系統也就表示沿河的城鎮、住宅和農場會被淹沒。第一個大壩：諾里斯大壩（Norris Dam），建在東田納西州的克林奇河和鮑威爾河匯流處下方。田納西河谷管理局購買了（通常透過國家徵用權）五個郡總共約二百四十平方哩的土地。這些地方山谷陡峭，森林被砍伐，田地經幾代集約化耕作而地方枯竭。幾年以前，年輕人離開這裡到城市工作，因為即使在人煙稀少的山區；這樣的人口也還是太多了，無法讓土地得到休養喘息的機會。但是，隨著經濟大蕭條重創了工業城市，年輕人又慢慢回到了位在河谷地的家鄉，而這也帶給土地更大的壓力。

這些家庭已經世居此地好幾代，他們在有著農民、佃農、十字路口上的商店和教堂的小型獨立社區生活，有些人的足跡甚至最遠只到諾克斯維爾（Knoxville）。農民大多自給自足，收穫了一些額外的雞蛋、奶油和蔬菜可以在當地商店換取咖啡、鹽、麵粉和犁具。這樣的商店「即使沒有顧客也是『滿的』，」埃莉諾．巴克斯（Eleanor Buckles）寫道：

> 盒子、箱子和桶子，自製家具、籃子、編織和雕刻，以及用於以物易物的狐狸皮，這些全部擠在一團。一箱鞋、一大袋飼料和一捲布料從架子上堆積出來，散落在地板。後面有一張理髮椅，盒子和桶子圍著座位周圍……天花板中央的汽油燈發出耀眼的白光，牆壁上晃過懸掛在塵土飛揚橫樑上的鏈條和吊帶的影子。[7]

他們是各自獨立的個體和家庭，但建立了不可或缺且相互依賴的系統。這裡人人幫助彼此、照顧病人，也替鄰居敲響喪鐘：

> 不用通話，人們會聽到鐘聲，哦，那響徹周圍數哩的鐘聲。他們敲響喪鐘的方式與其他信號都不同。並不是拉了鐘之後讓它自然地響著，他們先拉一下繩子，再拉一下繩子，然後維持不動幾秒鐘，再放下。每個人都認得喪鐘的聲音，會知道社區中有人過世。當然，整個社區都會來到逝者的家庭幫忙準備食物，提供這個家所需要的任何幫助。[8]

超過三千個家庭，包括農莊主人和佃農、黑人和白人家庭，都被迫離開自己的土地。田納西河谷管理局付給地主相應的「市場價值」，但沒有人覺得這樣便已足夠——事實上也不可能足夠，整個社區被拆散，這些人只能搬到陌生的世界去，最後大多數人只能極心不甘情不願地離開。當諾里斯盆地（Norris Basin）被水淹沒時，約翰．賴斯．艾爾文（John Rice Irwin）還是個小孩，他回憶道：

我猜人們覺得自己離開是為了這個地區的利益……我相信，當他們看到西河谷管理局所達成的目標時，他們確切感受到這一點。我覺得這有點類似參軍，你知道，從前人們不想從軍，害怕從軍，但同時他們又感到有義務加入軍隊。這很矛盾……很難描述他們對土地的依戀、他們對原生地的情感，以及他們必須放下一切去往他方的事實。他們知道，這不僅關乎他們所度過人生的地方，而也可溯及祖父母輩一代代有關家鄉的回憶。[9]

在水庫滿水之前，外來者比以往任何時候都多：有工程師、搬遷工、作家、攝影師等。路易斯．海因（Lewis Hine）在水淹沒這些地區之前，記錄了當地生活的永恆影像，有婦女們在後院水槽洗衣服，孩子們在小木屋校舍裡乖乖坐成一排。但艾爾文說：「我不知道田納西河谷管理局在這之中扮演什麼角色：這些照片是不是管理局拍的？或是管理局操弄並拍攝出這些影像？但我認為這是我所能想到最嚴重的批判：那裡的人覺得他們在照片中被刻畫得好像是孤立、無知的山區居民。」[10]

任何會漂在水面上、會堵塞大壩的東西，比如木頭製的牆和屋頂或錫製物品，都被拆除了。煙囪、水泥和石頭部分仍然存在，水可以剛好淹過它們。這三千個家庭中的五千名逝者被挖了出來，在高處的土地重新下葬。當水漲到肥渥土壤（底土）時，塵土飛揚的院子、汲水幫浦、林地和小溪已經全然被淹沒。水緩緩經過山脊流入空洞的空間中，通往山谷的道路成為平靜無波的水面。

田納西河谷管理局原本就沒有真正能妥善安置所有居民的計畫。居民大多分散在整個郡的土地各處，遷移到與他們被迫離開的土地一樣邊緣的地方。而遷居對年輕人來說可能比對老年人更容易一些，畢竟在人生較晚的時日還得適應新的社群是件難事。

田納西河谷管理局打造了一個距離諾克斯維爾約二十哩的小鎮。田納西州的諾里斯（Norris）受到十九世紀晚期英格蘭花園都市運動（Garden City Movement）的影響，試圖在保留的綠地中，建設出可步行、自給自足且大小適中的城鎮，來實現人性化的工業城市。在諾里斯，每個電氣化的雪松木屋都有一座面向鄰居的陽台，步行即可到達商店、教堂、雜貨店、郵局和其他服務設施。諾里斯被林地環繞著，一般會覺得生活在此的人能有充足的機會學習農業、工藝和貿易。

但就像田納西河谷管理局本身一樣——願景是一回事，現實又是另一回事。諾里斯從來沒有讓無依無靠的人得到安置。這裡建造的第一批建築物是大壩工人的宿舍，後來建造的房屋也由參與大壩建設的專業人員占去，幾乎沒有當地人的家庭、沒有從前的地主或佃農在諾里斯定居，更沒有黑人居住。「從這一切來看，黑人……被徹底排除在外，」克蘭斯頓．克萊頓（Cranston Clayton）寫道：

黑人甚至不能住在城鎮郊區中自己的傳統小屋裡……而南方城鎮至少會允許「被排斥的人」居住在小溪或鐵路沿線的簡陋棚屋裡。但政府做得更糟——根本徹底排除了他們。由於這是美國政府帶頭的作為，所以這種打擊更令人沮喪，聯邦法院是黑人認為身為美國公民受到保障的唯一

> 機構，原本黑人認為政府就算不是唯一的朋友，也是他最好的依靠……而諾里斯建造在政府的所有地上，這個計畫也得到了國家的支持，因此在某種程度上不該受到當地的偏見擺布才對。[11]

美國全國有色人種協進會（National Association for the Advancement of Colored People, NAACP）對田納西河谷管理局進行了多次調查，指控其在雇用和收容黑人方面有歧視行為。而當美國全國有色人種協進會發布調查結果後，管理局在回應指控時，堅稱他們找不到具備足夠技能的黑人勞工來任職。諾里斯的歧視仍未修正。最後，諾里斯成為諾克斯維爾的「睡房社區」。

至於諾里斯大壩周圍地區的電氣化——許多被重新安置的居民都不願意或無法為他們的房屋接電，所以大多數人在第二次世界大戰之前都沒有電力。巴克斯寫道：「一個疫病肆虐、因種植單一作物而地力貧瘠的農場負擔不起電力，也無法購買工廠生產的產品。」[12]

一九三五年，羅斯福政府在田納西河谷管理局計畫的兩年後所建立的農村電氣化管理局（Rural Electrification Administration）沒有直接參與社會工程，但它有一件更直接了當的任務在身，那就是向整個國家的農村社群供應電力。「我們都感覺很順利。」[13] 農村電氣化管理局的第二任局長約翰・卡莫迪（John Carmody）回憶早年的日子說道。而卡莫迪的前任局長莫利斯・庫克（Morris Cooke）首先設想到要讓管理局直接向電力公司分配低息政府貸款。有了這些資金，公用事業公司就可以擴大電力線路，向農村提供大範圍的電力覆蓋，而為了回報政府優惠的利息利率，他們也會減少對農村客戶本來的過高收費。

但私營的公用事業公司仍然對農場的用電潛力視而不見，特別是在一九三〇年代早期經濟不穩定的時局。在那時，美國大多數的電力公司都與大型控股公司密不可分，這是始於幾十年前塞繆爾·因薩爾的一種操作模式，他向芝加哥郊區社區提供電力的同時，也系統性地收購了小型邊緣的公用事業公司的控股權與其他資產相結合。控股公司受公用事業公司的穩定性所吸引，這樣一來也可以確保其他風險較高的投資無虞——但這種做法會將公用事業的財務安全與其他投資項目牽連起來。大型控股公司不僅比單獨的公用事業更具波動性，而且地理區域的涵蓋範圍也擴展得更大。

在一九二九年的股市大崩盤期間，大型控股公司遭受了巨大損失，也傷害了公用事業的財務狀況。經濟脆弱的公用事業公司不僅得靠股東負起責任，也因為公用事業信譽變差，借貸花費更高，這筆費用便轉嫁到消費者身上。一九三五年，為了讓公用事業相關產業更具穩定性，也更受控制，小羅斯福總統簽署了《公用事業控股公司法》（Public Utility Holding Company Act, PUHCA），該法嚴格規範了可持有公用事業股票的公司規模和類型。而更重要的是，《公用事業控股公司法》還限制了這些公司可累計的債務額度，讓政府能夠設定電費費率，並強制公用事業向所有人出售電力，以換取對特定服務區域的獨家販賣權。

即使有這樣的法規，公用事業公司也未能將電力服務擴展到美國的農村地區，因此莫利斯·庫克開始實施一項計畫：在奧爾康郡和其他田納西河谷管理局管轄範圍的社區建立農村合作社。農村男女一起經營合作社，他們保留操作說明書冊、判讀電表，並在出現問題時排除故障。農村電氣化管理局向農村地區提供貸款，不限於地區線路的費用，也可以供應單獨某個房屋的布線開銷。羅斯福政府知道光擴建電燈電線不可行，所以創辦了聯邦信貸機構——電力家庭暨農場管理局（Electric Home and Farm Authority）——對購置冰箱、爐灶和熱水器者提供補貼，而這些設備在農村生活現代化的同時，也能增加家庭用電量。在可行的情況下，農村社區也會建造小型發電廠，但通常他們還是從既有的公用事業公司購買電力。

到了一九三八年，農村電氣化管理局已經資助了四十五州約三百五十項計畫。「最初……農村電氣化管理局使一小部分人受益，主要是那些經濟處於中段水準的農民家庭……以及那些生活在人口密集地區的農民家庭。」[14] 歷史學家凱瑟琳・潔利森（Katherine Jellison）指出。而最偏遠、孤立、貧窮的社區要見到電力線路的出現，還需要再等上幾十年。農村合作社可能涵蓋幾個小城鎮，其中包含商店、農莊交誼廳（Grange hall）、加油站、學校、其他城鎮建築和周圍的農場。一般來說，農村合作社從農村電氣化管理局借來的二十五萬美元，可建造超過兩百哩的電力線路。

為了節省資金，電纜跨幅會比較長，意思是同樣一哩的電線中，電線桿設得量比都會中心還少，而為了保護電纜免受強風和結冰的影響，會用鋼筋加固。最初農村電力線路一哩的建造成本為二千美元，但很快就減少到大約六百美元，部分原因是鋪設線路的效率提升了。一組又一組的人力被串接起來：第一組人馬為計畫做安排；第二組挖洞；這一組人豎起電線桿；另一組人展開纜線……你可以在舊照片上看到線路工人在卡車後、蹲在一綑綑電線之間、吊在高聳的桿子上，或站在拉著電線桿的馬旁邊。農村居民時常會把線路工人視作英雄，畢竟他們已經等了幾十年，也感覺遭到排拒了幾十年，好不容易才等到電力到來。有一段紀錄寫著：「施工人員……在三呎深的地下挖了坑洞。他們在積雪及腰的時節立起了電線桿。」[15]另一份紀錄則提到：「一位印第安納州女子在自家農舍裡因肺炎奄奄一息。醫生說，用氧幕可能可以救得了她，但房子裡沒有電可供氧幕把氣流輸送進去。三名電線工人在暴雨中工作，短短兩小時內接上了五百呎的電線。氧幕開關啟動，該女子於是保住小命。」[16]密蘇里州堪薩斯城近郊的一位傳奇工人被稱為「帶來電線的啟示錄四騎士」。而細長的電線桿，通常只有一個橫臂，會被稱為「自由之桿」。

公用事業公司很快意識到自己低估了許多農村社區的需求和期望，卻想破壞農村合作社的成果。一些電力公司試圖把最賺錢的客戶搶過來，比如針對那些距離最近、最繁榮的城鎮，在農村合作社線路準備引進之前，地方上的電力公司會趕在半夜設立起電線桿，把這些客戶搶走。這種線路被稱為「惡線」或「蛇線」，因為它們幾乎從來不是直的，在區域內到處交叉。一位農村電氣化管理局合作社專家回憶道：「在維吉尼亞州，農村合作社在曠野北方架設了一條線路，會牽到錢斯勒斯維爾（Chancellorsville）附近繁榮的乳製品廠區。當施工在即的時候，電力公司在錢斯勒斯維爾拉了一條較短的線路，供應少數大型高耗電量的公司，而原本農村合作社規畫了四十哩長的線路，因而無法順利成局。」[17]有超過兩百件案例記錄著電力公司削弱農村合作社的競爭力、破壞其成功機會的事跡。

當電力終於來到農村時，電燈泡已然更加明亮，洗衣機效率也更高了，而熨斗用起來也較以往便利。與往昔不同，農村村民甚至可以在通電之前先購買多種電器，或從住在城市的朋友那裡得到二手電器，所以一口氣體驗到了電力帶來的所有好處。農村居民的廚房不再充滿灰撲撲的鋅製水槽、桶子、洗衣板和柴爐，而是明亮的白色琺瑯爐、冰箱和洗衣機。他們家裡各處都有小小的機器嗡鳴聲。

一位女士回憶結婚後兩年的情景：

> 我收到了這些漂亮的結婚禮物：一個電動咖啡機、一個電烤箱，它們就放在那裡……電力接通的那天，我坐在廚房的桌子旁，為電動咖啡機插電、接上烤麵包機，頭上掛著一個沒有燈罩的裸燈泡，在那裡等待……你不知道我有多興奮，我把所有油燈燈罩擦得光亮，將它們排成一排，整齊而漂亮，然後再也不用去整理那些滿是煤灰的古老用具了。我再也不用添油到油箱、修剪燈芯。我真慶幸，它們只要擺在那裡就好。[18]

通電之前，人們使用電池型收音機總是得考慮收聽時間的限制。「我們在起居室有一個大型電池供電的收音機，卻很少使用，而且只能在晚上使用，我坐著收聽《阿摩斯和安迪》（*Amos and Andy*）、《費伯・麥克基和莫莉》（*Fibber McGee and Molly*）、《傑克・本尼》（*Jack Benny*）或《孤兒安妮》（*Little Orphan Annie*）時，會盯著它瞧，」吉米・卡特總統記得，「收音機沒電時，我們有時會從皮卡車（pickup truck）中取出電池放入收音機，在有特殊活動時繼續播放。」[19] 在全然電力化的生活中，其他聲音如音樂、掌聲、笑話、天氣和農場新聞可以一直不斷地響著。一位女士回憶道：「我們得到收音機的那天把它放在廚房窗戶旁，向著田地開到最大聲。才第一週，工人們就開始無法忍受沒有收音機節目陪伴的時刻。」[20]但農場婦女有一些小小的埋怨：

她們說，丈夫在穀倉操作電動擠奶器和冷卻器的時間比以往都久。很多男人把收音機帶到穀倉裡，他們太太都認為是為了自己的娛樂用途，但男人們又說：奶牛聽音樂時產的乳汁比沒有聽音樂的時候更多……也由於這樣的現代化電器，這些農民的妻子表示，這是她們第一次發覺很難讓男人們上桌用餐，他們像得到新玩具的男孩一樣，總是把玩著新設備。[21]

對於吉米．卡特總統和他的家人和鄰居來說，電力顯然改變了人對自己和對社區的感覺：「我覺得我生命中最美好的一天、最歷歷在目的回憶，除了結婚那天之外，應該就是我們家裡的電燈點亮的那一天了，」他回憶道，「將農村電力計畫推廣到我國的農村，可使我們能夠打開自己的心靈，也拓展了思想——以此參與唯有電氣化才能實現的公眾事務。」[22]賓夕法尼亞州的一位農民說：「這讓我們感覺自己是一等的美國公民。」[23]另一位農民則說：「電力改變了鄉村生活方式。這裡正是變革的起點，電力讓生活在鄉下的人能與城市居民多少更平起平坐一些。」[24]

電熨斗、電動洗衣機、電動幫浦和電動擠奶機替農民帶來不同的生活，電燈光或許是其中較次要的部分。然而，在一九三〇年代末至四〇年代初之間、電力終於來臨之際，電就是農村的人們等待已久的那道光，他們看見廚房餐桌的周圍區域，也在餐桌上清楚看見彼此，連同房間角落和傍晚時丈夫的臉都清晰可見。「這太棒了，就像從黑暗進入了白晝一般，」一名農民說，「我永遠不會忘記電力接通的那一天，我等到天黑才開始做家務，把整個穀倉都點亮，就像點亮一棵聖誕樹。哦，看起來真不錯，尤其我進入馬廄時不再需要特別注意腳步和路線。」[25]房子連接到電力線路的那一刻被稱為「零時」，人們會打開和關閉開關，以確認他們沒有錯過連接的瞬間。而一旦家裡連接到中央供電站，有些人做的第一件事就是打開每一盞燈，然後開車到路上，只是為了回頭看他們房子燈火通明的光景。

對那些生活在城市的人來說，電燈光已支配了愛德華・霍普（Edward Hopper）畫[26]中所描繪的凌晨時分疲憊不堪的角色：服務生、一對夫婦、杵在一旁的孤獨男人——他們怎麼到達，或將如何離開那個場景都是個謎。與此同時，農村居民還困惑地站在從廚房天花板垂吊下來的裸燈泡前，有些人將玉米棒擰入燈座以防止「汁液」外漏，或者也有一直拉著燈的鏈條開關不敢鬆手的人，認為一放開它，電燈就會熄滅。

有時候人們（甚至是節儉的農場家庭）還會讓燈整晚點亮。「我見過最美好的景象，就是廚房的燈光被點亮。經過這些年與油燈為伍之後，現在真是太棒了。原本我以為得離開這裡才會看到電燈，沒想到現在能得償所願。」[27]線路工人也記得這種亮光：「有些人希望我來為他們打開電燈，因為他們有點害怕，你知道，畢竟他們對此一無所知。所以，我來了，沒什麼大問題，只需打開開關就可以。於是我打開了燈，哦，老天，看哪，我們從沒有經歷過這樣的事，那就是看清周遭的一切。」[28]另一位線路工人則說：「我經歷過這樣的事：數百個地方的燈光亮了起來，有一種你無法形容的情緒狀態襲捲而來……有事情發生了，像遭電擊一般，人們一瞬間態度丕變，他們祈禱、哭喊又咒罵著。」[29]

還記得煤油燈嗎？它似乎在之前一小段短暫期間內，曾是最好、最「民主」的光源……一些農場婦人和孩童會在晚飯後溫情地回憶起廚房裡的油燈，或者懷念以前父親結束工作回家時，手提燈的光穿過院子、向家的方向前進那幅光景，但很少有人真的希望回到過去。當賓夕法尼亞州的一家農村合作社終於接通他們的電力線路時，大夥帶著玩笑意味舉行了一場煤油燈的葬禮：「一九四一年五月三日，亞當斯電力合作社（Adams Electric Cooperative）埋葬油燈於此處，合作社的各成員家庭忍耐了太長一段時間不義且不必要的苦差事和勞動。但隨著能源系統的進步，在此宣布煤油燈已來到了它的盡頭。」[30]其他社區也舉行著這種「葬禮」。在另外一些地方，農民光是把煤油燈直接砸在地上發洩，就很滿足開心。

農民習於自給自足的生活，自己修理犁、自己揀選種籽，電力對他們仍然是個謎，農民的電力手冊傳達了一直以來的困惑：「什麼是電力？……今天還沒有人知道確切的答案。所有人都知道的是，這種強大的能量存在於世界上，可以被馴化利用，作為安全、高效率而永不倦怠的僕役，服務人類。」[31]現在，就跟城市人一樣，農村人民與龐大的電力網路牽繫在一起。當冬雨悄悄落下，溫度下降時，電線和懸掛在更上方的樹枝積著冰雪，然後人們會聽到裂冰的啪嚓聲響（就像步槍的槍響那樣），聞到松樹的味道——黑暗再一次主宰他們的生活。他們的電動擠奶機在漆黑如瀝青的穀倉裡毫無用處，雞舍和孵化器的保溫作用消失了。如同一位農民所說，「……這些有按鈕的東西都成了你的一部分。沒有它，不能做飯；沒有它，不能洗澡；沒有它，無法喝水……看，你被困住了……如果以前你有一盞『阿拉丁燈』，便可以點亮它，燈光充足，足以讓人專注在工作上。但你看看，現在一沒有電力，竟然整個人就動彈不得。」[32]

電力出現也代表農民的孩子可以有不同的發展。一旦小孩開始靠電燈來讀書，他們在學校會表現得更好，還能進到與父母不同的世界中：「對於生在大量使用電器的環境下長大的農場女孩來說，古早時沒有電力的農家生活就彷彿童話故事般遙遠。」[33]

有時，電力確實帶給農場更多的未來可能性。「更早之前的我絕對料想不到電力所帶來的意義，」一位農民說，「我就讀高中和快要上高中的兒子們正在規畫自己將來想做的事情，想著在他們長大後可以在農村從事些什麼事業。以前他們談論長大後的願望，都是除了農業之外的其他工作。」[34]但電力無法完全阻止年輕人離鄉：農場和農村家庭的數量持續在下降。農村的孩子大多走向現代化世界，隱沒於城市燦爛燈火中。

但事實證明，「自由之桿」帶來的影響有兩種方向性：電線延伸到農村地區，鼓勵了城市人遷移到農村；電線也將城市之光帶到了農家門口。雕塑家約翰・畢斯比（John Bisbee）說電線的蔓延就像蕨類植物一樣[35]，至少在佛蒙特州魏茲菲爾德（Waitsfield）的鄧巴山莊（Dunbar Hill）的三張航拍照片中，看起來確實如此。鄧巴山莊是畢斯比家族的農場，一九四〇年代的照片捕捉到它處在電氣化即將到來的關口：只有一條簡單的道路，三座農莊。在五〇年代的照片中，電力線路沿著主要幹道向前延展，而從幹道往兩側旁生的道路就像捲起來的小葉片。到了六〇年代，道路進一步深入野外，沿著幹道上，也多出了更多的小葉片。對畢斯比來說，最後這張航拍照拍下的房屋和空地，就好像在一片枝葉繁茂的黑色背景中閃閃發亮。

參考文獻：

1 *Report of the Country Life Commission: Report and Special Message from the President of the United States,* 60th Cong., 2d sess., Senate Document 705 (Spokane, WA: Chamber of Commerce, 1911), pp. 30–31, Core Historical Literature of Agriculture, http://chla.library.cornell.edu (accessed February 15, 2008).

2 Martha Bensley Bruère, "What Is Giant Power For?" in *Giant Power: Large Scale Electrical Development as a Social Fac- tor,* ed. Morris Llewellyn Cooke (Philadelphia: American Academy of Political and Social Science, 1925), p. 120.

3 Franklin Delano Roosevelt, quoted in Jackie Kennedy, "Seeds for America's Rural Electricity Sprouted in Diverse Power Service Territory," http://www.diversepower.com/history_heritage.php (accessed February 14, 2008).

4 Press conference, Franklin Delano Roosevelt, Warm Springs, GA, November 23, 1934, http://georgiainfo.galileo.usg.edu/FDRspeeches/FDRspeech34-2.htm (accessed July 9, 2009).

5 出處同上。

6 David E. Lilienthal, *The Journals of David E. Lilienthal,* vol. 1, *The TVA Years, 1939–1945* (New York: Harper & Row, 1964), p. 52.

7 Eleanor Buckles, *Valley of Power* (New York: Cre- ative Age Press, 1945), p. 18.

8 Quoted in Michael J. McDonald and John Muldowny, *TVA and the Dispossessed: The Resettlement of Population in the Norris Dam Area* (Knoxville: University of Tennessee Press, 1982), p. 40.

9 John Rice Irwin, quoted ibid., p. 57.

10 出處同上。

11 Cranston Clayton, "The TVA and the Race Problem," *Opportunity: Journal of Negro Life* 12, no. 4 (April 1934): 111, http://newdeal.feri.org/search_details.cfm?link=http://newdeal.feri .org/opp/opp34111.htm (accessed March 12, 2006).

12 Buckles, *Valley of Power,* p. 123.

13 John Carmody, quoted in Dr. Tom Venables, "The Early Days: A Visit with John M. Carmody," *Rural Electrification* 19, no. 1 (October 1960): 20.

14 Katherine Jellison, *Entitled to Power: Farm Women and Technology, 1913–1963* (Chapel Hill: University of North Carolina Press, 1993), p. 98.

15 *Rural Electrification on the March* (Washington, DC: Rural Electrification Administration, July 1938), p. 7.

16 Richard A. Pence, ed., *The Next Greatest Thing: 50 Years of Rural Electrification in America* (Washington, DC: National Rural Electric Cooperative Association, 1984), p. 95.

17 出處同上p. 88.

18 Quoted in Mary Ellen Romeo, *Darkness to Daylight: An Oral History of Rural Electrification in Pennsylvania and New Jersey* (Harrisburg: Pennsylvania Rural Electric Association, 1986), p. 61.

19 Jimmy Carter, *An Hour Before Daylight: Memories of a Rural Boyhood* (New York: Simon & Schuster, 2001), p. 32.

20 Quoted in *Rural Lines — USA: The Story of Cooperative Rural Electrification,* rev. ed. (N.p.: U.S. Department of Agriculture, 1981), p. 14.

21 Quoted in Romeo, *Darkness to Daylight,* p. 68.

22 Jimmy Carter, quoted in *Rural Lines — USA,* p. 12.

23 Quoted in Romeo, *Darkness to Daylight,* p. 100.

24 出處同上。

25 出處同上：p. 55.

26 Edward Hopper's painting is titled *Nighthawks* (1942).

27 Quoted in Romeo, *Darkness to Daylight,* pp. 55–56.

28 出處同上：p. 58.

29 出處同上：p. 56.

30 出處同上：p. 59.

31 Hurst Mauldin and William A. Cochran Jr., *Electricity for the Farm* (N.p.: Alabama Power Company, 1960), p. 1.

32 Quoted in McDonald and Muldowny, *TVA and the Dispossessed,* p. 30.

33 Quoted in Jellison, *Entitled to Power,* p. 149.

34 Quoted in *Rural Electrification on the March,* p. 70.

35 John Bisbee, conversation with the author, August 2008.

第十四章 冷光

實際上，今天使用的每一種光源都以太陽和星辰為本……人造的燈都會散發出熱量，手觸摸時會感受到溫度，這些都是「熱光」。[1]

——E・紐頓・哈維（E. Newton Harvey），1931年

幾十年過去了，白熾燈泡發展得比愛迪生工廠最初組裝的燈泡還要光亮、可靠。燈泡真空的效果提升，玻璃的品質和強度也大幅改善，而更重要的是，燈絲從碳、鎢、最後演變成了可延展的鎢合金（單純鎢材質很脆，也很脆弱）。到一九二二年，通用電氣公司旗下的著名科學家查爾斯・斯泰因梅茨（Charles Steinmetz）可以這樣宣稱：「今天我們可發出的燈光……是我們十五年前所能創造燈光的六十八倍。」[2]當然，更大的亮度會產生更大的熱量，延展性鎢絲很燙：「六十瓦燈泡運作時的溫度是鼓風爐（blast furnace）熔融金屬（molten steel）時溫度的兩倍。在這樣的高溫下，石棉或耐火磚會像蠟一樣融化。然而，燈泡中的細小燈絲直徑小於千分之二吋，比人的頭髮更細。」[3]雖然這種熱量具有實際用途，比如孵化小雞、使小豬仔保持溫暖，但在家庭、辦公室和工廠中使用，卻盡數浪費

掉——這是特斯拉和愛迪生等人在製造白熾燈初期時就清楚知道的事。早在一八九四年，《紐約時報》的記者就曾直言：「在最初直接燃燒煤，到最後供應給電燈光之間，一塊煤潛藏的能量就被這樣浪費殆盡！多可笑！」[4]

到了三〇年代，煤炭為大量增長的電力網提供能源，政府官員也開始正視不斷增加的電力使用對當前煤炭儲備量造成的壓力。此外，礦井中的勞資衝突有時會影響到發電站的燃料供應，因此，去開發一種較不浪費的光源——一種實用的「冷光」——會有很大的好處。為了達到這樣的目的，物理學家紐頓·哈維對自然界中的生物發光（bioluminescence）進行了大泛圍的研究——會發光的昆蟲、蘑菇蕈褶、水母、腐肉、真菌狐火（foxfire）現象、甲蟲、螢火蟲——他試圖複製這種發光效果，產生對人類有實際用處的光線。哈維對生物發光深具信心，因為化學物質螢光素（luciferin）和螢光素酶（luciferase）之間的化學反應所產生的生物發光非常有效率，製造出來的所有能量幾乎都用於產生光，沒有成為熱量而散失。另外，這種發光反應還是可逆的。正如哈維所指出的：「這種情況下我們的螢火蟲可以製造燃料、燃燒它並發光……燃燒後的產物還可以再次重新轉化為燃料，燃料可以再次用於燃燒。螢火蟲像是可以自我復原的蠟燭。」[5]

歷史上，人類也使用生物發光在黑暗中視物，而不僅僅將生物發光當成最後手段。礦工為了安全考量要在易著火的泰恩礦山工作，曾使用發光的腐魚。幾個世紀以來，東南亞各地的人會聚集螢火蟲，把它們放入緊密的木籠或穿孔的空心葫蘆中，讓傍晚時有光可用，有時甚至會把一籠螢火蟲放到樹上，照亮茶園的小路。在十九世紀的日本，捕螢火蟲是頗有利可圖的營生方式：

日落時，螢火蟲獵人帶著長竹竿和一袋蚊帳出發，當來到水源附近、生長情形適中的柳樹旁時，他準備好網子，用竿子揮向閃爍著螢火蟲光芒的樹枝，將螢火蟲掃到地上，接著就能輕易將昆蟲蒐集起來……但要非常迅速，趁螢火蟲還沒恢復到能夠飛走前完成……螢火蟲獵人的工作一直持續到凌晨兩點左右，當螢火蟲離開樹木進入飽含露水的土壤之中，獵人就改變做法，他會拿著竿子輕掃地面使螢火蟲發光，然後再像之前那樣用網子網羅牠們。據說某位專家在一夜之間就可蒐集到三千隻螢火蟲。6

幾隻螢火蟲的光就能提供足夠的亮度來看東西。在十九世紀末史密森尼學會（Smithsonian Institution）的燈具收藏品中有一盞黑漆漆的燈籠，據說它的主人曾經是一個爪哇小偷。燈籠的雕刻淺木盅上有可旋轉的蓋子，能夠迅速隱藏光線。小偷會將燈籠內的容器鋪上一層瀝青，再把昆蟲黏進去，如果有螢火蟲死亡，他就再從甘蔗莖裡拿出另一隻螢火蟲取而代之。

在西半球南端，人們有時會見到生物發光的叩頭蟲（click beetle，學名 *Pyrophorous* ）發出的恆定綠光。一七二五年伊斯帕尼奧拉島（Hispaniola）的歷史文獻記載：

起初以為發現了一種害蟲，身體就像巨大的甲蟲，比麻雀略小，外觀像有兩顆星星在蟲的眼睛附近，另外還有兩顆星星藏在翅膀下，發出的光芒非常強。人在這樣的光照之下可以行動、編織、書寫和繪畫。西班牙人會在夜裡追捕小兔子……他們把這種蟲綁在自己的腳或手上的大拇指上……也會在夜間帶著這種甲蟲和火把出行，呼叫名字蟲就會靠上來，聚在光附近。這些蟲很笨拙，掉落後無法再飛起來；男人用星星般的蟲子身上潮濕的液體抹著自己的臉和手，液體還在，光芒就能繼續維持。[7]

叩頭蟲是最明亮的發光昆蟲，西班牙征服者貝爾納爾・迪亞斯・德爾・卡斯蒂略（Bernal Díaz del Castillo）甚至認為一群叩頭蟲看起來就像是敵人的火繩槍（matchlocks）。在幾乎全黑的夜晚，叩頭蟲無論數量多寡，看起來都絢爛無比——雖然身長還不到兩吋，遠不及一隻麻雀的大小。但今日我們大概很少有人會相信，叩頭蟲發的光亮足以讓人在夜間工作或行走。

斯泰因梅茨對哈維的生物發光研究寄予相當大的期望：「我認為從現在起算的二十年內，它會具有相當大的實用性意義……當然，沒有絕對的『冷光』，但實驗下來有許多相對低溫的人造光……然而沒有一種能與哈維博士的研究相提並論，尤其在低運作成本這個方面，所有其他種類的光都需要煤炭或其他類型的能源來發電才行。」[8] 在哈維幾十年的研究中，他清楚了解了生物發光的運作方式，甚至能讓燒瓶中的螢光素透過水來漫射發光，這種光亮也夠穩定，可供人閱讀報紙，但無論是他或其他人，都沒有辦法成功將生物光轉化為工業社會中的實用光源。

研究人員在一九三〇年代所接觸到最接近「冷光」的技術是螢光管，在同樣亮度下，它只要用到大約白熾燈泡四分之一的能量，也只會放出白熾燈泡四分之一的熱量。螢光是十九世紀放電燈的後代，利用各種氣體組合來產生不同顏色的燈：氖產生紅色光；氬帶來薰衣草色光；汞和氬加在一起會發出藍色；光氦氣則製造出黃光。這些燈最終都統稱為「霓虹燈」，雖然它們是招牌和廣告的理想用燈，但研究人員無法找到單獨的氣體或氣體組合，來為工作場所或家庭提供實用的白光照明。二十世紀之初，彼得・庫珀・休伊特（Peter Cooper Hewitt）又離這個理想最為接近，他打造出使用汞蒸氣的水銀燈（mercury vapor arc lamp）：一個四呎長的管狀燈，會發出帶著藍綠色的光，能照亮室外空間，可應用於工業用途，但它的尺寸和奇怪的色調並不適合室內照明。

一九三四年至一九三八年間，在紐約通用電氣實驗室研發出的螢光，不像早期放電燈中的氣體本身即是一種光源，需要二次轉換：含有汞和氬的玻璃管內部塗有磷光體（phosphor）的螢光塗層，氬有助於啟動電弧，電流則使汞蒸發成為汞蒸氣，汞蒸氣再輸送電流、通過玻璃管，產生人眼看不到的紫外線，而螢光塗層在紫外線的碰撞下會發光，因而發出可見光。不同的螢光塗層會產生不同色調的白色或是其他顏色。

即使研究人員成功製造出技術上可行的螢光燈，通用電氣公司的營銷人員卻不太確定一般人能不能接受與白熾燈泡截然不同的燈光。螢光燈白光的色調比白熾燈光更冷。它長長的燈管不僅體積大，而且光線分布不均勻，也不能簡單地插入傳統的插座，或直接轉入白熾燈的燈座——螢光燈需要特殊的裝置。螢光也無法使任意替換其他燈具，十三吋燈管的燈具就只能裝上十三吋燈管。通用電氣公司大多數員工仍認為螢光燈主要還是用於裝飾目的，當通用電氣公司在一九三九年世界博覽會上向大眾介紹螢光燈時，他們用螢光燈當作現場三分之一的室外照明，有很明顯的裝飾用途導向。

在美國仍陷於經濟大蕭條的時期，博覽會自紐約皇后區的法拉盛草坪公園開始登場，主題是「明日世界」：旨在迎向光明的未來，想像中的未來會是一個整潔有序的一九六〇年城市，被衛星城鎮「歡樂鎮」包圍。每個城鎮人口一萬人，其中也夾雜了一些現代農場（雖然是背著鋤頭和鐮刀的工人在別具情調的黃昏中走回家的那種農場）和整治過的開放綠地空間。州際高速公路網可以安全地運送時速一百哩的汽車橫跨整個鄉間。電視也在博覽會上推出了，為家庭帶來視覺上的美麗新世界。正如埃爾文・布魯克斯・懷特清楚察覺到的，博覽會被各個品牌淹沒——有伊士曼柯達（Eastman Kodak）、通用汽車、通用電氣公司、西屋電器公司等。懷特寫道：

> 通往明天的道路會通過皇后區的煙囪，這是一段漫長而熟悉的旅程：要通過毛洗髮牌洗髮精（Mulsified Shampoo）和飛馬牌汽油（Mobilgas）；穿過布里斯街（Bliss Street）；奇克斯（Kix）、阿斯垂凝膠（Astring-O-Sol）和神奇自動椅墊（Majestic Auto Seat Covers）……越過曼氏特羅（Musterole）和果樹上精的巧粉紅色花朵；在人口稠密的市鎮那些希望勃發的後院中，經過齊莫藥水（Zemo）、阿斯匹靈（Alka-Seltzer）……還有皇后區無與倫比的春季，掛在樹下曬衣繩上的衣服與新綠的小葉片一同翻飛。9

在一九三九年，燈光設計師和建築師能採用各種明亮耐用的燈具，創造出自然的淡出效果和聚焦作用。漸變色調和強烈光線產生的效果比一八九三年芝加哥博覽會的燈光設計更為複雜，當時建築師靠泛光燈（floodlighting）來照明外牆，或用燈泡勾勒出建築物輪廓，儘管看起來煥然新穎，但夜間建築物的外觀看上去卻縮小了，也淡化了表面細節的精緻度。而一九三九年更進步的照明技術不僅凸顯了建築物的局部細節，還使建築在夜間具有與白天截然不同的鮮明外觀。建築師可設計出幾乎完全由玻璃構成的結構，既能在夜間展示建築物內部，而且也能整合室內光與外部照明，渾然一體。

博覽會上一位記者觀察後說：「建築物只有部分發光……白天堅固的建築結構被晾在一旁，留給光表現的空間。夜間博覽會的目的不同於白天的博覽會，天黑之後，博覽會成了燈光造景的盛宴。」[10]這一點在「明日世界」的中心區更為明顯，那裡建有亮白色球狀建築和尖頂的現代主義尖塔：一座六百一十呎高的三面方尖碑，名為特力昂（Trylon）；毗鄰它的是一百八十呎高、以水泥灰泥和鋼所打造的球體，名為圜層（Perisphere），圜層的八座支撐鋼柱被一圈噴泉遮住，所以從遠處看就像是球體浮在水面上。白天看上去簡單的建築形體在黑暗中變得奇幻：「夜幕降臨時，球沐浴在彩色燈光之中，首先是琥珀色，然後變成深紅色，最後換成鮮艷的藍色，而在更上面還疊加著移動中的（以雲母濾片來完成的）不規則圖形白光。」[11]一位歷史學家指出，燈光在球體上呈現的情景「與大約三十年後，阿波羅號太空船所見到的地球有驚人的相似度」[12]。白色螢光燈管聚集於高大旗桿中段，如腰帶般繫在上面，照亮了整個場地和走道。彩色螢光從壁畫背後照亮壁畫、標誌和牆壁。無論燈具是隱藏式或嵌入式，或沿著物體構造製造重影，燈光都創造出流暢而奪目的效果：

> 即使是最單調乏味的建築物，在創意照明技術的作用下也能生氣盎然。白天，唯一能夠減低鋼構圓頂金屬光澤的辦法，是用少量藍色塗料塗在作為結構支撐的外部鋼條上。但到了晚上，鋼

條發出明亮的天藍色，從閃亮的鋼鐵表面反射出來，讓整個圓頂閃著冷冷的光……其中最引人注目的燈光應用是「石油大廈」的設計：由上往下俯視為三角形的建築，周圍以波浪狀、內凹鋼板沿著建築外側表面向上層疊加，而每一層內凹鋼板後方有藍色螢光管，成為一種間接照明，使得建築物的每一層平面看起來就像漂浮在半空中。[13]

以如此壯觀的方式使用螢光燈，讓博覽會的照明展演取得了巨大成功，但它並未改善通用電氣公司營銷人員對銷售螢光燈的看法。是否能說服大眾將螢光燈用於普通家庭照明？螢光燈嗡嗡作響，閃爍不斷，打開時會有延遲。時間一長，光又會變得愈來愈暗。雖然螢光燈能以更低的成本提供更多的光線，但安裝時有特殊需求，整組買下來其實更昂貴。而且他們真的「冷」的可以，發出的冷調白光與我們的臉孔和一般生活周遭極不相稱。

通用電氣公司的廣告在宣傳螢光燈時，強調了它的實用性，並提出了裝設螢光燈方法及地點上的建議：螢光燈放置在廚房的水槽、爐灶和流理檯上，可以最有效地照亮手邊工作，減緩眼睛疲勞。一則廣告說：「它能讓你易於看清鍋碗瓢盆、秤量材料，也便於檢查碗盤是否洗乾淨了。」[14]螢光燈進駐家庭後取得的成功大致仍和實用功能有關：除了裝在廚房，就是用來照亮浴室和地下室的工作區，但很少有螢光燈能進入起居室和臥室。

螢光燈提供了一種有效而經濟的方式來照亮辦公室、工廠和百貨商店等大型室內空間，並且在紐約博覽會舉辦後的幾年內，大舉進駐配線安裝間、辦公室小隔間、醫生診間、生產線上以及貨倉中；

螢光燈甚至啟發了無窗工廠的概念。而彩色螢光燈也照亮了劇院和餐館，並用於展示和廣告中。通用電氣公司在一九四一年銷售了兩千一百萬盞螢光燈，到了二十世紀中葉，美國一半以上的室內照明都是螢光燈。

然而，也許正是螢光燈在公共場所和工作場所的無所不在，更顯得它在居家使用上會太過冰冷，畢竟人們想要的還是溫馨舒適的室內氛圍。螢光燈無法在居家照明領域取得進展，更證明白熾燈仍在美國人日常生活中占有一席之地。在「明日世界」開放參觀時，美國百分之九十的城市住宅都已電氣化，而白熾燈泡也充分激發了人們的想像力：它的形狀出現在「思考泡泡」中有「巧妙的想法」的隱喻，而這也是在向電燈這樣的革命性發明以及愛迪生的天才致意（幾乎每個人都認為愛迪生是燈泡的唯一發明者）。「冷光」對實驗室以外的大眾來說太過抽象，螢光燈的表現也無法與門洛帕克當年上演的戲劇性事件相提並論。白熾燈——乾淨、明亮、經濟實惠，只需輕輕一按開關，就可以立即提供照明——對人們來說舉足輕重，又怎麼還會想要其他種燈光呢？

參考文獻：

1 E. Newton Harvey, "Cold Light," *Scientific Monthly*, March 1931, p. 270.

2 Charles Steinmetz, quoted in "Scientists Racing to Find Cold Light," *New York Times*, April 24, 1922, p. 5.

3 Paul W. Keating, *Lamps for a Brighter America: A History of the General Electric Lamp Business* (New York: McGraw-Hill, 1954), p. 5.

4 "Nikola Tesla and His Work," *New York Times,* September 30, 1894, p. 20.

5 Harvey, "Cold Light," p. 272.

6 Walter Hough, *Fire as an Agent in Human Culture,* bulletin no. 139, Smithsonian Institution (Washington, DC: Government Printing Office, 1926), pp. 197–98.

7 出處同上。

8 Steinmetz, quoted in "Scientists Racing to Find Cold Light," p. 5.

9 E. B. White, "The World of Tomorrow," in *Essays of E. B. White* (New York: Harper & Row, 1977), p. 111.

10 Hugh O'Connor, "Science at the World's Fair — Rise of the Illuminating Engineer," *New York Times,* June 11, 1939, p. D4.

11 Helen A. Harrison, "The Fair Perceived: Color and Light as Elements in Design and Planning," in *Dawn of a New Day: The New York World's Fair, 1939/40* (New York: New York University Press, 1980), p. 46.

12 出處同上。

13 出處同上‥pp. 46–47.

14 Keating, *Lamps for a Brighter America,* photo, insert after p. 184.

第十五章　戰爭時期：昔日黑夜的回歸

當每個房子點亮自己家中的星星時，地球上綴滿了光的信號；當燈塔的光掃過大海時，探尋的是夜晚的浩瀚。現在，每個庇護人類生活的地方都閃閃發光。1

——安托萬・迪・聖－修伯里（Antoine de St.Exupéry）
《夜間飛行》（*Night Flight*）

一九三九年九月一日，當紐約的遊客為球狀的「圍層」讚嘆稱奇時，納粹軍隊入侵波蘭，而倫敦和其他英國主要城市也將人群撤離到農村。在這天的日落時分，英國政府發布了第一份官方停電命令，希望藉此讓倫敦從天上看起來跟橡樹林或荒野沒什麼兩樣，以此逃過一劫，避免落得像前一場戰爭那樣的下場。在整個歐洲第一次世界大戰期間，人們遭到自己的燈光背叛，因為轟炸機飛行員在夜間對城鎮進行戰略性轟炸時，可以追蹤人類使用的光源來導航，而試圖攔截轟炸機的戰鬥機，卻連轟炸機的影子都看不見。然而，所謂「戰略性」可能是誇大其辭，因為那時候的導航設備非常簡陋，除了在滿月的晴朗夜晚，轟炸機其實經常錯過他們的空襲目標。「就經驗來說，如果有五個中隊，很容易轟炸到特定的目標，」一名英國轟炸機飛行員根據觀察說道，「只要五個之中有一個中隊炸到正確目標，而其他四個中隊會誠心認為自己完成了任務，但其實卻分別轟炸了四座不同村莊，這些村莊與他們的攻擊目標也只有一點點像，像或根本毫無相似之處。」2

在整個第一次世界大戰期間，空中作戰當時還是令人陌生且生疏的一件事（歷史上第一次記載的「空襲」發生在一九一一年，當時一名義大利飛行員在飛越的黎波里〔Tripoli〕外的綠洲時，從飛機側面投下手榴彈），歐洲城市無法真正防禦來自空中的突襲。單單英格蘭就遭到大約一百次空襲，造成一千四百多人傷亡。那些倖存下來的人知道若有下一場戰爭，那時會更加危險，因為未來會有更多的光源、更好的飛機，和更複雜的導航系統。

在一九一八年一戰結束後，英國政府除了致力於建立空中戰隊、增加炸彈的繁複程度之外，還不時會考慮盡可能保護城市居民免受未來可能發生的空襲的方法——但一直到一九三六年，隨著來自希特勒治下的德國的威脅加劇，英國官員才開始正式制定計畫。他們制定的生存戰略包括建立公眾預警系統、擬定疏散計畫、建造避難所、挖掘戰壕，以及最令人難以忍受的——隱藏或熄滅所有人造燈光的準備。與空襲警告不同，停電不會是間歇性的，在戰爭期間內會持續好一段時間。而為了準備大規模的停電，需要事前幾年的規畫。所有比十七世紀鄉村房屋窗台上燭光還亮的光：照亮工廠第二和第三輪班的光、商場和店家傍晚發出的光輝、黑夜之後讓人活動自如的光，以及一切能抵抗漫漫長夜帶來的限制和恐懼的事物——同時也就是在夜晚大放異彩的休憩娛樂、生命力和信念之光——都必須隱藏起來。

有人認為，切斷主要的電力來源將對民眾造成十分吃重的負擔，所以英國政府的第一個熄燈計畫是藉由其他方法使城市變暗。可以想像，那些負責公共照明的政府單位會讓大批工作人員處於待命狀態，隨時準備穿過街區，一個又一個從街燈上拆下燈泡。光是拆下倫敦其中一區的街燈燈泡就要花上六個小時。（到最後，戰爭期間的路燈幾乎全暗。）而工廠和工業園區要遮蔽好窗戶、熄掉戶外照明；還得處理泥作和玻璃製程中產生的火光；解決鼓風爐和煉焦爐（coke ovens）中的火焰和燃燒的礦渣堆。鋼鐵業界估大概需要花上三年的時間來準備熔爐遮罩，單單處理煉焦爐的部分就要花上三十萬英磅。[3]商場和店家的營業時間受到限制，不能點亮招牌或平板玻璃窗。電影院和劇院要調暗遮簷招牌，甚至可能得直接關閉，因為政府官員擔心大型集會會成為轟炸機的有效目標。教堂和大教堂（面朝北方，為光的榮耀而建造）的窗戶幾乎不可能有辦法遮擋起來，所以把晚禱改到下午舉行。

鐵路官員想辦法在調車場（marshalling yards）和火車車廂內切掉燈光；消除電動火車的電弧；隱藏信號燈和火車燈。救護車、卡車和公共汽車的車前燈被掩蓋到只剩下一條細細的水平線。英國民的自小客車根本不許開車燈，人們得靠路邊和交叉路口處畫的白色油漆來導路，才有辦法在夜間行車。行人不能用手電筒，甚至不准點燃火柴。為了找到回家的路，黑暗中的英國公民得在門把把手或門鈴上塗抹一些白色油漆。冬天沒有月亮，光是就著星光（幾世紀以來倫敦難以看到的星星又變得可見）、將雙手舉到眼前，都無法把手看清楚。

家家戶戶必須用黑色油漆、油布或紙張覆蓋他們的窗戶，密封著窗框，不能讓一絲光線從縫流瀉出來。違反規定所受的罰款也很嚴厲，執法相當不留情。

第一次真正的大停電發生在一九三九年九月，以上的方法都真正落實了。許多人睡覺時在床邊的椅子上放著珠寶、錢、手電筒和急救箱。更謹慎的人會用膠布封住玻璃窗保護它不受到破壞，並在地下室建造出避難空間，還拿出一張堅固的桌子用來藏身在桌底下。另外，更備有床墊、毯子、食物、水、蠟燭、書籍和紙牌，好幫助自己打發時間。

對於在停電期間冒險上街的人來說，夜晚的世界是蠻荒之地。他們不僅會撞到剛堆放的沙袋和路障、遇見鐵絲網和機槍砲台、撞上原本熟悉的牆壁和樹木；還可能掉進運河、跌落火車月台；人跟人也會相撞。巴士售票員無法分辨銀幣和銅幣，而大家這時也才發覺自己並沒有想像中那麼了解自家的房屋和周圍的道路。許多人在街上擦身而過，在火車上比鄰而座，卻認不得熟識的人。沒有路燈，也遮擋著車前燈，夜間出門變得危險無比，在大停電期間頭四個月，有兩千六百五十七名行人死於交通事故，是前一年的兩倍。[4]

十月中旬放寬了第一階段的極端法規，在安全性與恐懼感之間協調出中間值。停電時間縮短：日落後半小時開始；日出前半小時結束。路燈可以在十字路口留有一小段照明（稱為「微光照明」或「星光照明」）。一般民眾的汽車駕駛可以使用頭燈罩，道路事故傷亡人數下降了——停電時間人口稠密街區的行車速限降為每小時二十哩的規定，也帶來一定幫助，而汽油配給的限制多少亦減少了交通流量。

電影院和劇院也得以重新開張。電影在戰爭年代十分非常受歡迎，只要人一坐在電影院的黑暗洞穴中，就會忘記外面更黯淡無光的世界、忘記日常生活的壓力、忘掉炸彈掉落的威脅、忘掉茶葉和雞蛋、糖和肉的少量配給。當放映機的鏈輪精確地移動膠片時，一幀膠片從光束下移開，另一幀又朝著光前進。同時快門先後閉合再開啟，在膠片一幀幀切換的短暫時刻，負責阻擋光線的投射。從幕上看來，影像運動彷彿沒有間隙，光線和陰影表現出上仰的臉、精心策畫的謀殺案，或照亮一排舞者。但如果沒有快門讓黑暗的時刻穿插在光與光之間，那麼電影不過是畫格生硬地垂直抽動，而觀眾所看到動作連貫性的幻覺——正在吃自己鞋子的男人，或是滑下樓梯扶手的西裝革履男人——就不能成立。

一九三九年聖誕節期間，商店就和部分劇院一樣，可以使用有限的照明，條件是在空襲警告發布後必須完全停業。一度關閉的博物館和美術館也開放了，雖然大部分珍貴作品已被運往更安全的地方。而行人得以再次使用手電筒，但一樣在警報期間須關閉，並且必須用兩層厚的白紙覆蓋著燈光，在這種情況下，不能有比更新世石燈更亮的光芒。

夜晚和白天之間的區別是絕對的，自從中世紀封閉、悄然無聲的夜晚以來，日夜之分許久沒有如此分明了。人們生活在匱乏和孤立之中，也躲在這樣的保護層之中，期待著和平再次到來。

到了一九四〇年夏末的倫敦大轟炸時，納粹德國空軍研發出無線電波束來幫助導航員定位目標，因此他們就能在惡劣天氣或漆黑的夜裡，精確瞄準目標。然而，滿月仍被稱為「轟炸機之月」。維拉．布里頓（Vera Brittain）描述了一九四〇年九月七日的夜晚：

> 各式各樣、大小各異的一千五百架飛機在八小時的恐怖襲擊中以不同角度、高度和速度投下了炸彈……熊熊大火從貧民窟和碼頭竄上午夜的天空，一瞬間摧毀了停電的簡單預防措施……平

民在避難所和地下室裡聽著飛機不斷飛過的轟鳴和陣陣轟炸聲，失去了所有的時間感、秩序感，甚至失去意識。那天晚上，至少有四百人喪生，在隔天，又有兩百人喪生……[5]

一九四〇年十月十五日，倫敦遭到了四百一十次空襲。[6]納粹德國空軍投下共計五百三十八噸的爆炸物，造成四百名平民死亡，超過九百人受傷。數百起火災橫掃整座城市。空襲連月來一夜又一夜地發動，就這樣斷斷續續持續了幾年。空襲警報在兩分鐘內發布又解除，聲音響徹大小市鎮，然後便迎來了襲擊者的轟炸機聲音。「無論我們住在倫敦的哪一區，」布里頓寫道，「無論白天還是黑夜，飛行員似乎總像剛好掠過頭頂那麼的近。」[7]接著，炸彈呼嘯而過的爆裂聲響起，「屋頂和人行道上的燃燒彈劈啪作響」，防盜警報、狗叫聲、玻璃破碎、防火鈴、如雨點般落下的瓦礫、牆壁翻倒、金屬撞擊、木柴裂開，各式各樣的聲音齊響，另外也有人們以此想像出來的聲音。「還有另一陣襲擊自東南方而來，」格雷安．葛林寫道，「咕噥著……如同孩子夢中的女巫咕噥著：『在哪裡？在哪裡？你在哪裡？』」[8]

如果遇上了安靜的夜晚呢？「安靜的夜晚就像一個令人窒息的床罩，那是種惡意的沉默——空襲期間的安靜夜晚總是這樣——卻讓我們感受到其他地方必有許多人正在遭殃……」[9]

在空襲警報中，許多人離開黑暗的房間躲往地下室，或到花園裡躲進波浪金屬板製成的防空洞，不然便是在教堂、學校和地下鐵的悶滯空氣中等待到天明。就算在地下深處避難的人，頭靠牆上時仍感受得到炸彈的衝擊力。而人在躲藏之中的樣態反而最為鮮明。「人們接管並占據了地下鐵……不僅月台，也包括正在挖掘的新線路的空隧道……我從未見過這麼多斜躺著的人，」雕塑家亨利．摩爾（Henry Moore）回憶道，「火車隧道甚至就像我雕塑中的空洞。」[10] 摩爾畫了人們將臉埋進床單裡，有些人嘴巴放鬆略微張開；有些人下巴緊縮；還有些人把頭埋在胳膊的彎曲處，或轉向另一個人。「在嚴峻緊張的情勢中，我注意到一團團陌生人親密地聚在一起，而孩子們即使在幾呎距離內有火車經過，仍舊照睡不誤。」[11]

白晝是「暫時得以遠離恐懼、純粹而怪異的休歇時刻……在剛過去的夜晚與即將到來的夜晚之間，每天正午會是某種張力來到高峰的時刻，此時無論工作或思考都令人痛苦。」[12] 在塵土和沙礫之中——停止的鐘錶、掉落的石膏；花瓶、馬桶和外露而面向街道的準備開飯的餐桌；被炸毀的工廠、染衣坊、制革廠、破碎的下水道和家用煤氣管道飄出的臭味（真有氣體外洩也沒有多少可損失了）；葬禮隊伍沿著瓦礫和碎石舉步維艱。夏季種籽飄進本來的廚房和臥室的斷垣殘壁中。恍惚的人們茫然上班去、做早餐、擦亮破碎的玻璃。

莫斯科、柏林、漢堡、東京、巴黎、德勒斯登和科隆的生活幾乎沒有什麼不同：持續不斷的空中轟炸；大家持續生活在大停電的政府命令中。石頭造的城市成了塵土；木造的城市焚燒殆盡。漢斯．埃里希．諾薩克（Hans Erich Nossack）寫下一夜的轟炸後，他所看見的漢堡：

在我們四周的東西，無法令人將其與我們所失去的事物聯想在一起。兩者根本無關。現在這些東西是完全不同之物，本身就是「怪異」的化身，根本不可能存在才對。我們太過困惑，不知道要如何解釋這種異樣感。曾經目光會落在房屋的某道牆上，現在看過去卻是一片沉默而延展到無盡處的平原……孤零零的煙囪則像新石器時代的石棚墓（dolmens），有如比出警告的手勢般，從地上冒出來。以前，我們曾在學校學到再多的東西；我們讀過了再多的書；為再多的圖畫而驚嘆不已，但有關眼前這種事情的紀錄，卻是前所為見的。[13]

美國東岸海濱受到海洋的屏障，未遭受空中轟炸的摧殘，轟炸機無法在中途不補充燃料的情況下飛越海洋。即使如此，一九四一年的紐約也開始為大停電做準備，一般國民的防衛計畫也已經施行了數個月。「有人認為真正值得擔心的是，」《紐約時報》寫道，「美國人民會推動無數計畫來保衛家園，然而這些計畫除了順應了發起人一時的激情之外，可能就別無其他優點。戰爭部門設立委員會的目的，正是要以事先規畫的方式來預防急就章壞了事。」[14]

曼哈頓因戰爭、資源配給已呈一片灰暗，而為了防止碼頭和航道上的船隻現蹤，成為德國U型潛艇的明顯攻擊目標，當局也調暗了時代廣場和海濱燈光。儘管如此，紐約仍然是首屈一指的電力化城市，雖然有倫敦的停電辦法可當作前例來效仿，紐約在第一次全面演習前，仍花了一年多的時間和好幾次分區演習，來為曼哈頓和此地一共四百九十三哩的街道、一萬四千英畝的範圍，做好演習前的準備工作。大規模演習開始的日期和時間是一九四二年五月二十二日晚上九點三十分，會持續二十分鐘，事先也經大力宣傳好讓一切就緒。那是一個吹著涼風的起霧之夜，在空襲警報響起前的時代廣場，巡查員和警察開始大叫：「離開街道……所有人離開街道。」[15]行人擠在門口和遮簷下，也擠滿地鐵入口處的樓梯。《紐約時報》報導說：

人群盡可能地融入黑暗中避難。你站在百老匯或第七大道的中心，卻幾乎看不出有人群在移動。克拉里奇飯店（Claridge Hotel）還有幾個房間仍然亮著蒼白燈光。巡這一區的巡查員和警察吹響口哨，或喊到聲嘶力竭：「熄燈，克拉里奇！關掉那些燈！」男人和女人的叫聲也紛紛響起，克拉里奇旅館的燈終於一一熄滅了……偶爾會有一些男男女女或夫妻檔，為了尋找避難處，匆忙的腳步踏出清晰可辨的噠噠聲響，步伐聲甚至還穿透那些已在避難處的人群耳語聲……第四十一街和第七大道的報亭燈在雨中還在發出模糊的球狀光芒。某個腦袋一熱的管理員找不到人來把它給關了，只好把一筐垃圾傾倒在其中一盞燈上，但光束從覆蓋物下方透了出來，照進排水溝裡，從水中映出光輝。16

無論在整條第五大道、整個格林威治村、哈林區（Harlem）的霧氣和雨水中，或是唐人街彎曲狹窄的街道沿路上，到處都沒有燈光。在東區，安息日蠟燭在窗戶上投出陰影。數百萬人在黑暗中凝神屏氣，他們坐在客廳裡，站在水槽邊、門廳、舞池和工作站一旁。雖然沒有保持肅靜的指令，但很少人發出超過低聲耳語的音量。

當解除警報聲在晚上九點五十分響起、燈又再度點亮時，演習時間的長度還不足以讓人的眼睛有時間適應黑暗，視網膜尚未發生化學變化。在時代廣場，演習一結束的當下，人聲便穿透交通噪音響徹四周，舞曲的樂音也從夜總會流瀉出來。人群從地鐵入口通道和樓梯中湧出，再次沿著街道穩穩地移動前進。「隨著旅館和商店櫥窗的燈光再次亮起，交通燈開始在雨中閃爍著紅光與綠光，人群歡呼了起來」[17]。

在倫敦，經過將近六年的夜間管制，解除停電命令後，疲憊的人們卻沒有興致再度點亮這座城市。《紐約時報》報導：「黑暗中有二十扇未有簾幕遮蓋的窗戶，一些遮光窗戶透出一絲光線——若在之前，這會引起空襲巡查員上門關切屋主……百貨公司一片漆黑；皮卡迪利圓環的電子招牌也是暗著的，這裡的電線整修還需要一段時間。」[18]路燈也是暗的，因為路燈電線也需要維修。「沒有幾個屋主的窗戶毫無簾幕遮蔽，因為他們都知道在黯淡無光的街道上，自家的客廳看起來會像舞台光十足的劇場，人的一舉一動就像在台上讓人一覽無遺。所以大多數的房屋仍保持如之前一般的黑暗。」[19]

參考文獻：

1 Antoine de Saint-Exupéry, *Night Flight*, trans. Stuart Gilbert (New York: Century, 1932), p. 8.
2 Quoted in Williamson Murray, *War in the Air, 1914–1945* (London: Cassell, 1999), pp. 69–70.
3 Terence H. O'Brien, *Civil Defense* (London: Her Majesty's Stationery Office and Longmans, Green, 1955), p. 229n.
4 出處同上：p. 322.
5 Vera Brittain, *England's Hour* (New York: Macmillan, 1941), pp. 213–14.
6 Angus Calder, *The People's War: Britain, 1939–45* (New York: Pantheon Books, 1969), p. 168.

7 Brittain, *England's Hour,* p. 121. "the clatter of little": Calder, *The People's War,* p. 170.

8 Graham Greene, *The Ministry of Fear,* in *3 by Graham Greene* (New York: Viking Press, 1948), p. 19.

9 Brittain, *England's Hour,* p. 113.

10 Henry Moore and John Hedgecoe, *Henry Moore: My Ideas, Inspiration and Life as an Artist* (London: Collins & Brown, 1999), p. 170.

11 出處同上。

12 Elizabeth Bowen, quoted in Calder, *The People's War,* p. 173.

13 Hans Erich Nossack, *The End: Hamburg, 1943,* trans. Joel Agee (Chicago: University of Chicago Press, 2004), pp. 37–38.

14 "Mission Develops U.S. Civil Defense," *New York Times,* February 14, 1941, p. 6.

15 "Fog Blanket Aids in Blackout Test of All Manhattan," *New York Times,* May 23, 1942, p. 1.

16 出處同上：pp. 1–2.

17 出處同上：p. 2.

18 "London Lights Up Somewhat Hesitantly; War Habits Persist After End of Blackout," *New York Times,* April 24, 1945, p. 19.

19 出處同上。

第十六章　拉斯科洞窟的發現

在整個歐洲熄燈的漫長日子裡，人們發現了拉斯科洞窟中的舊石器時代畫作。一九四〇年九月八日，在法國魏澤爾河谷（Vezere Valley）黑色佩里戈爾區（Black Périgord，當時屬於「維琪法國」的範圍），十七歲的馬塞爾・拉維達（Marcel Ravidat）帶著他的狗，和幾個朋友正在城鎮附近的小丘上晃蕩。十九世紀時，黑色佩里戈爾區的土地上種植了葡萄藤，但葉子和根受到根瘤蚜（phylloxera）蟲害，最終葡萄藤都活不下去。農民將葡萄藤挖走，改種植松樹。其中一棵樹在二十世紀初倒塌時，土壤從根部被帶走，在地面上露出一個狐狸洞大小的開口，農民封住了洞口以保護家畜不被絆倒。根據傳說，在拉維達走在這裡時，他的狗從這個陳年洞口掉了下去，於是拉維達匆匆趕去救援。然後，他注意到有一個深井的開口。他和朋友在四天後回到此地。「我用老舊的油泵做了一個簡陋但堪使用的油燈，還有一條幾公尺長的繩子，」拉維達回憶道，「當我們到洞口時，我把一些大石頭滾進深井裡，並且很意外石頭觸底所要花上的時間……我開始用大刀……努力擴大這個洞口，這樣我們才能鑽進去。」[1] 經過數小時的挖掘、盤算和爬行，他們終於到達了洞穴的底部。「我們把油燈舉到牆壁的高度，在它閃爍不定的光芒中，我們看到了幾條不同顏色的線條。受到這些彩色線條的吸引，我們開始仔細探索這裡的牆壁，我們很驚訝，因為在牆上發現到幾個與真實動物同等大小的動物壁畫……在這些驚人發現的鼓舞之下，我們開始穿過洞穴，一個又一個地發現新的圖像。當下的驚喜實在難以形容」[2]。

在接下來的幾天裡，其他的少年、地方上的校長以及當地男性和女性都前來探索洞窟。短短幾個星期內，整個黑色佩里戈爾區的人相繼前來，一週內有超過五百名遊客。「謠言就像火藥爆發那樣不可收拾，傳遍了整個地區」[3]。老婦人也提著蠟燭來一睹為快。人們走過粗糙的地面，爬入狹窄的入口。當時壁上的畫作在簡易的燈和明火的微光照射下，應該就和更新世早期人類眼中的畫作沒有不同。

科學家和考古學家也來了，他們繪製出洞窟的地圖，列出：「室」、「廳」、「廊」、「道」、「拱室」、「井」、「殿」。他們將這些畫作命名為：「馬背篷壁裝飾」、「小雄鹿」、「馬隊雕刻」、「游泳雄鹿的篷壁」、「貓之凹壁」……戰爭結束後，拉斯科洞窟的遊客人數大幅增加，裡頭也裝設了人走的通道。[4]

在尚未發現拉斯科洞窟的數千年中，它的溫度從未超過華氏五十九度，濕度也很固定。當洞窟擠滿了遊客時，裡面的溫度有時會上升到接近華氏九十度。一九五五年，遊客呼吸產生的過量二氧化碳首次導致畫作出現明顯劣化的跡象：牆壁上開始滲出水滴，而水滴下滑，也就擦掉了畫中動物的脖子和背上的色彩。一九五八年，為了改善二氧化碳濃度過量的問題，這裡擺了一台換氣機，但換氣機會吹散黏在遊客腳上進入洞裡的花粉。拉維達回憶道，被稱為「綠色麻風病」的藻類開始蹂躪這些畫，畫上的動物逐漸消失在藻類「草原」[5]中。同樣明顯可見的還有「白色疾病」：因為二氧化碳濃度、濕度和溫度升高，洞中出現了方解石（calcite）結晶現象。白色疾病逐漸遮蔽畫作。拉斯科洞窟最終在一九六三年關閉，不再向公眾開放。

一九八一年，法國文化部要求馬里奧・魯斯波利（Mario Ruspoli）拍電影來錄下拉斯科壁畫的電影紀錄。他花了好幾年才完成這項工作，因為一年准許進入洞穴的日子只有二十天，是在一年中洞穴最冷的三月和四月。他的工作人員一次只能工作兩、三個小時，其餘時間得讓他們的身體和石英燈發出的熱量消散。他們只能手持兩盞一百瓦石英燈，但這樣仍會讓溫度升高幾度，也會提高二氧化碳濃度和空氣中的水氣量。而一個人的身體會比石英燈發出更多的熱量。魯斯波利回憶道：

> 燈光從未在一個地方停留超過二十秒。每一個鏡次拍攝完畢時，燈會被轉向天花板或地上，圖像也會淡出視野回歸黑暗……拍攝完之後，同一個地方也最好一段時間內不要點亮燈，好讓人體和石英燈引起的環境略微升溫……有機會可以散熱。
>
> 我們的精密攝影鏡頭有時會超越肉眼的視力，帶出塗漆表面和圖畫周圍需仔細辨認才能看出的細節……一開始我們覺得幾乎無法在這麼少光源中拍攝……但結果卻證明正好相反……有限的資源和燈光迫使我們得對洞穴牆壁上的藝術品採取新的電影拍攝技巧……鏡次必須快速、精確且隨機自然，攝影機一面向前移動通過黑暗的洞穴時，會一面讓內部的空間逐漸浮現……而在沉默

的洞穴之中，緩慢展開的影像將我們帶到了另一個世界的邊陲……我們甚至漸漸開始如初學者般領悟到……「顛倒的馬」身形繞著支柱而彎曲；而「大黑野牛」則是利用凹壁打造出的奇特浮雕——隨著我們的腳步前進，而手中的燈順著牆逐漸深入洞穴後方，我們注意到：從走廊一端那個角度看過來，野牛只有頭部可見，身體被隱藏在岩石中的陰影處；只有在人朝著野牛的方向逐步移動時，牛身才會顯露出來……古代繪者繪製的圖像逐漸從岩石中的隱蔽處出現，這種圖像的變化在我眼前，就彷彿動物活了過來一般栩栩如生……對我和團隊成員來說，拉斯科洞窟也可說是成了我們的第二個故鄉。[6]

參考文獻：

1 Marcel Ravidat, quoted in Mario Ruspoli, *The Cave of Lascaux: The Final Photographs* (New York: Harry N. Abrams, 1987), p. 188.

2 出處同上。

3 出處同上：p. 189.

4 The names of the chambers of the Las- caux Cave and the figures in them are from Norbert Aujoulat, *Lascaux: Movement, Space, and Time,* trans. Martin Street (New York: Harry N. Abrams, 2005), p. 30.

5 出處同上：p. 191.

6 Ruspoli, *The Cave of Lascaux*, pp. 180, 182, 183.

第四部

順帶一提，科學讓我們了解到：如果「電」突然從世界上消失了，地球不但會瓦解，還會像鬼魂一般消失。*

——

弗拉基米爾・納博科夫（Vladimir Nabokov）／《幽冥的火》（*Pale Fire*）

哪怕是風暴、洪水，沒有任何事物能阻撓我們追求光——而且是益發明亮的光——的需求。**

——

拉爾夫・艾里森（Ralph Ellison）／《看不見的人》（*Invisible Man*）

* Vladimir Nabokov, *Pale Fire* (London: Weidenfeld & Nicolson, 1962), p. 193.

** Ralph Ellison, *Invisible Man* (New York: Random House, 1995), p. 7

第十七章　一九六五年大停電

……我們建造了偉大的城市，所以現在無法從中脫身。[1]

——羅賓遜・傑弗斯（Robinson Jeffers）〈圍網〉（*The Purse-Seine*）

在第二次世界大戰期間，當物資供應和人力資源重新分配至前線時，農村電氣化的進行速度已經趨緩，近乎停滯，但戰事停止後，美國農村電氣化的推動又恢復了。到一九六〇年，農村電力管理局創立二十五週年，百分之九十六的美國農場都已接通了電力線路，一般農村用戶每月大概使用四百千瓦時的電力；相較之下，一九三五年平均每月才使用約六十至九十千瓦時。[2]雖然農場數量逐漸減少，但鄉村電力的普及卻在馬鈴薯與甜菜田、牧場、蘋果園和橘子園被填埋起來、變成郊區住宅時，將更多人相連起來。隨著核能出現，有傳言說電力將會便宜到無法計價。

在二戰戰後這些年裡，美國電力產業穩定發展——羅斯福新政的規定依然有影響力，但該產業每年可以穩定成長七到八個百分比。一般認為公用事業公司是自然壟斷行業，電力網路已發展到具有十九世紀後期所無法想像的規模和重要性，哈潑雜誌（Harper's）的一位作者評論尼加拉的成就，說

「幾乎沒有人預期到可以有商業效益地把電送至紐約這麼遠的地方。」[3] 包括尼加拉在內的幾個發電站的規模也已發展到：有些甚至供應了整個州的電力需求，而且每個發電站不是各自為政，都會與電力網路中的其他發電站連接，也可以從中取用電力。生產電力的地方往往遠離有電力需求的地方——長距離電纜交錯地穿過粗礪而寂靜的鄉村農場，連接了農場、城市和郊區——這些地方原本就有不斷更迭的歷史因際會；地方間的關係也在不停改變之中。經電力網路一串連後，它們成了命運共同體。

在每個發電站中，觀察員無分日夜地守在指揮中心的控制台，瀏覽渦輪機的監控螢幕、鍵盤和儀表，並觀察當前在數千哩線路上來回奔流的電力。這樣的電力網路系統運作起來夠經濟：「在電力需求量一般時，電力公司可能會關閉一些昂貴的蒸汽系統，利用水力發電生產成本較低的電流。」[4] 而且總的來說，電力網路也更可靠。如果麻薩諸塞州東部發電站的發電機得進行維修，此時可以從紐約或威斯康辛州借用電力，因為在電流傳輸速度上，這些發電站之間的距離不會造成什麼差別。如有需要，可以從紐約生成電力，先輸往紐澤西州，然後抵達麻薩諸塞州。看似需要費一番工夫完成，但住在波士頓的人頂多只會察覺到自己的燈具瞬間閃了那麼一下而已。

但是在大規模電力供應這一方面，電力的生產也與一九一〇年一樣，得要維持住微妙的供需平衡——當時愛德華．亨格福德詳細描述了遠在天邊的雲朵是怎麼對紐約市區電力系統帶來壓力——在後來的年代，維繫電力供需平衡依舊無可避免。當然，比起一九一〇年代，後期的供電系統牽涉了更多利害共同體，要一起承擔風險：由於電力在電線之間來來回回，必須在眾多發電站之間保持平衡，一個發電廠若發生大量電力湧出、流量逆轉或中斷供電等狀況，都可能引致影響深遠的後遺症，最終或許亦將影響整個系統的同步性。

系統的同步性十分重要：一九六五年，洛磯山脈以東的所有公用事業發電站都保持同步，好讓交流電在整個系統內，從一台發電機無縫轉移到另一台發電機。不妨將它們此起彼落的運轉聲想像成天體運行的「音樂」和聲，如果其中一台發電機離開原本的「相位」（phase）以自己的速度運轉，那麼本來穩定且精準的樂音會變得不和諧，變得荒腔走板……

> 如果失誤的發電機很快銜接上，出一點狀況是可以容忍的。但如果變化太大，會迫使其他發電機各自為「相」……異相電流最終會導致電路上的其他發電機中斷下來。停擺的發電機愈多，陷入相同狀況的發電機也會愈來愈多；而對電網中還在供電的發電機而言，電流會過載，安全裝置（斷路器）會使其停止運轉。[5]

據說，整個電力網路中的情形「就像是一場拔河比賽，要發電站和負載中心（load centers）雙方勢均力敵才行。如果拔河的一方步履蹣跚，讓繩索向另一側移動得太遠，另一方的人也都會摔倒。」[6]

整個一九六五年十一月九日短暫的白晝中，由安大略省和波士頓四十二個相連發電站所組成的加拿大和美東地區互聯電力網路嗡嗡響地運作著。是日氣溫溫和，天空清澈，沒有特別高的電力需求。快到下午五點鐘時，太陽下山，農村的農民犁好田地，已在穀倉裡堆滿乾草，準備開始擠奶。小城鎮的商店翻轉了「營業中」標誌，關閉了商店。家裡的妻子和母親開始準備晚餐，而小朋友則守在電視機前看著《三個臭皮匠》（*The Three Stooges*）。城市裡，上班族忙了一天，擠在電梯、地鐵、電扶梯、街道和列車之中。汽車燈在大道和橋樑之間形成了鮮明燦爛的燈流，駕駛們或遵守、或眼巴巴期待著，甚至試圖跟引導交通的紅色、琥珀色和綠色號誌（交通號誌燈起初在一九二〇年代是用作鐵路控制燈而設計出來）搶快。

下午五點十六分，沒有什麼地方比紐約市通勤中的人數還更多了，北方三百哩處，安大略省的亞當貝克爵士二號發電站正向安大略省輸送電力，而一個繼電器（relay）（在當時約為電話大小，可以自動調節和引導電流）未發出正確的信號，斷路器沒有打開，導致過多的電流通過，系統因而過載。根據約翰．威爾福德（John Wilford）和理查德．謝潑德（Richard Shepard）所言：

> 因為繼電器沒有運作，電力線路過載，導致發電廠其他供電線路上的繼電器將斷路器給打開，電流無法照預期的方向流動，通過亞當貝克爵士發電站總計一百六十萬千瓦的電流便突然逆向。
>
> 大部分電流都流回紐約州北方，羅徹斯特、波士頓和其他地方的輸電安全機制自動切斷電流，第二階段的故障因而發生。紐約市的聯合愛迪生公司（Consolidated Edison）以及供應此地區電力的其他南部電力公司在電力線路上遭遇逆流，也中斷了供電。逆流急急湧入，像是空氣被真空的負壓吸入，電力湧入整塊紐約上州（upstate New York）——新英格蘭——安大略省北部地區。紐約市和其他地方的發電機不足以填補巨大的電力真空，只能自動斷電。[7]

在二十分鐘內，四十二個發電廠中有二十八個關閉，黑暗向南方和東方加速蔓延。五點十七分，紐約羅徹斯特和賓漢頓（Binghamton）電廠停電；接著是東麻薩諸塞州、哈德遜河谷（Hudson Valley）、紐約市和長島停電；整個康乃狄克州在五點三十分停電。最後是佛蒙特州和新罕布夏州西南部部分地區在五點三十八分陷入黑暗。史泰登島（Staten Island）的發電廠維持繼續供電，因為它搶在受逆流的電影響而失常以前，擺脫了與電力網的連接狀態，而這樣的好運和這一連串倒楣事一樣令人困惑：

> 紐約州的電力系統……是承載三十四萬五千伏特的線路網……其設計是要在某地區電力輸送失常的時候，可以從其他供電來源得到大量電力……為了要進行這樣的瞬時補償，系統必須要能承受幅度相當大的不同電力負載力。因此，紐約州電力系統內的主幹線路就像是雙向道「電力高速公路」，沒有配備對微小負載變化敏感的斷路器。而將地方供電系統從整個電力網路斷開的決定得人為操作才行，實際執行必須在當地控制中心手動完成。[8]

但是在史泰登島上，出於某種原因，斷路器自己意外跳掉，自動將發電站跟電力網路切斷連繫。史泰登島的電力系統運營經理只能說：「我不知道斷路器怎麼自己就開了。」[9]

紐澤西州北部、賓夕法尼亞州和馬里蘭州的電路系統電壓較低，斷路器設定為自動會跳掉，於是便可從電力網中即時脫離。緬因州的電力系統與新英格蘭其他地區只有微弱的聯繫，因此得以自外於大停電危機，並為新罕布夏州的部分地區提供電力。這些地區的燈火在一片巨大的黑暗外緣圍出了環繞它的光芒。在整個美國東北部和安大略省部分地區的八萬平方哩內，有將近三千萬人無電可用。

大停電當下未見明顯的斷電肇因，沒有暴雨、狂風或閃電，沒有樹木碰到高壓電線，後來用了幾天才搞清楚來龍去脈。而在各個發電廠中，工程師和技術人員都無法確知自己操作的系統有無任何問題引致停電，而農村的人習慣了即使在好天氣也會偶爾發生的局部停電，自然認為也許有某輛車在路上撞到了電線桿，引發了停電事故。在城市中，人們隱約提到了蓄意破壞一類的事。「是中國人。」[10]紐約東區一位家庭主婦從窗戶看到城市暗掉之際這樣想著，但之後感到有些慚愧。還有「兩位知識淵博的新聞記者約在同一時間閃過相同想法——他們後來發覺彼此不約而同以為『反越戰的抗議者達到目標了。』」[11]有人說是地震，也有人回憶起非常時期。「我可以從自家窗戶看到紐約的天際線，」一位布魯克林區的女士說道，「突然間到處都暗下來，有點死寂。上次看到這樣一片漆黑是在戰爭期間。」[12]

紐約市——世界上最密集的電力市場——有八十萬人被困在地鐵中，而有更多人被困在電梯裡或高樓大廈中的辦公室。「像籠子裡的倉鼠。」[13]《紐約時報》記者這麼形容，那些乘坐電扶梯的人「下行速度愈來愈慢，直到最後停了下來。」[14]不是每個人都敢冒險穿過黑暗的樓梯間，下樓回到街上。《生活》（*Life*）雜誌所在的大樓有四十八層，超過五百人被困在那裡一整晚，而大廳設立了緊急醫療中心。

那些已經在歸途車上的人燃料有限，氣體泵也需要電力才能運作。所有的交通號誌燈都失靈了，儘管有一些市民嘗試指揮交通，警察也在危險的交叉道和十字路口上設置閃光信號，以幫助駕駛互相協調，但城市中大部分的地區很快就陷入混亂僵局。一些土生土長的紐約人在人生中第一次拿著手電筒和電晶體收音機走過橋樑。有些人抓住了乘客爆滿的公車後保險桿搭便車。計程車司機拉抬載客費用。A．M．羅森塔爾（A.M. Rosenthal）寫道：「紐約人像往常一樣鼓勵暴利行為，他們站在車道上攔下計程車，高喊『三十美元到布魯克林！』『出十美元載我到格林威治村！』」[15]可以這麼說：那一晚從紐約市渡過大西洋前往開羅，都比從市中心回去康乃狄克州的斯坦福（Stamford）還來得容易。

***

沃夫岡．席維爾布希說：「科技帶來愈高的效率，崩壞所造成的災難就愈嚴重。」[16]這句話說的很對，但公用事業的主管和工程師雖然承認電網有可能發生大故障，卻不太認為這件事真的會發生，所以沒為大規模骨牌式故障預先制定應急計畫。他們太過自滿，過滿則溢：紐約市一百五十家醫院只有不到一半擁有足夠的備用電力，醫生只得用手電筒進行緊急手術；在聖方濟各醫院（St. Francis Hospital），有五個嬰兒是在燭光中出生的。

同樣地，機場對於無電可用這件事也毫無準備：六小時沒有雷達、也沒有戶外照明。在城市的高空，飛機失去了著陸方向，無法降落。「那是一個美麗的夜晚，」一位飛行員回憶道，「你可以看到下方一百萬哩的景象，看到韋拉札諾海峽大橋（Verrazano Bridge）和部分布魯克林區，但在布魯克林之外，我們常飛的甘迺迪機場和弗洛伊德貝涅特機場（Floyd Bennett Field）的跑道很暗……我還以為又上演一次珍珠港事件了。」[17]甘迺迪機場關閉了超過十二小時，但在停電幾小時後，拉瓜地亞（LaGuardia）機場透過水泵發電機來供電，足以照亮一條跑道，紐約另外的兩個機場卻只得取消或調動約兩百五十個航班，有些飛機甚至得改道飛去百慕達那麼遠的地方。

平常播報各地新聞的清晰聲音——越戰的死者、國內的抗議運動、前總統德懷特・艾森豪（Dwight D. Eisenhower）的心臟問題——變得微弱不清，只剩下電晶體收音機的聲音。第一批報導顯然與事實相差甚遠，聲稱停電一路停到邁阿密；芝加哥也是如此；而加拿大亦完全陷入黑暗。而民眾的恐懼在幾個小時內無法消除。「我們對真正發生的事情一無所知，」《紐約客》（*New Yorker*）一名作者回憶道，「這造成了一種窘境，那時擔心停電預示著即將有外國入侵占領國土的人，都會聽五角大廈透過小收音機播放府聲明，表示這次事件並未影響軍力部署……電力公司也很快發出了類似的安慰聲明，解釋說那一晚發生的是『斷電』。就算如此，謠言還是在燈光回復後持續很長一段時間。」[18]

世界真正安靜下來的感覺很奇怪，「好像黑暗以某種方式模糊了喇叭聲和其他交通噪音。」[19]電力設備發出的聲音一直以來都像是畢達哥拉斯所謂的天體音樂迴盪在人們耳邊，已被視為一種「安靜」時的聲音。在突然真正寂靜下來的時候，有一百萬個小生物面臨了生命危險。潮濕的玻璃溫室開始降溫。在布朗克斯和中央公園動物園內，「矮小又對溫度敏感的狐猴、飛鼠和小猴子開始了夜間活動，員工們得不眠不休地工作，在小型哺乳動物屋舍柵欄之間塞滿了毯子。爬行動物之家出現了棘手的問題，因為沒有人自告奮勇拿毯子去幫眼鏡蛇披上。小型便攜式丙烷瓦斯加熱器可以用來保持蝮蛇、蟒蛇、鱷蜥、鱷魚等冷血動物的溫度」[20]。外面的溫度在停電時介於華氏三十八到四十一度之間，對鱷蜥來說可能太冷了，但非常適合保存血液，因此醫院和血庫將血袋都帶到屋頂上保存。

夜晚就是夜晚，如同中世紀的夜晚那般，光再次變得珍貴。人們劃著一根又一根的火柴步下階梯。「小心保護好的話，兩根火柴足以照亮這一層與下一層樓之間樓梯的距離。下了十八層樓走到大廳，我們剛好用了三十六根火柴。」[21]人們互相分享蠟燭，想大賺一筆的人也在街上賣蠟燭。啤酒瓶和葡萄酒瓶中的細蠟燭、茶碟上的小蠟燭在家裡、餐館和咖啡館照亮冷冷的餐餚，也照亮在阿斯托舞廳（Astor Ballroom）舉行的宴會。燭光在撞球台旁閃動著，在演員臉龐閃爍著。演員們仍為上台作準備，畢竟電燈光隨時可能回歸。蠟燭也在新聞編輯室、報攤、消防站、警察局、市長辦公桌以及火車上的紙牌遊戲旁發出火光，蠟淚滴在桌面上和地板上，而幾天之後，報紙會刊出關於清理沾上蠟淚的物件表面的方法教學。

就在燈光熄滅的時候，剛過滿月之夜的月亮正升起：

月光照在街道上，像積雪盈尺，我們一直有會在月光上留下足跡的錯覺。在這綺麗的光輝中，建築和街角令人陌生之處顯現出來，整個城市呈現一種歪斜的模樣。有說有笑的路人經過我們時像是整個人都縮短了；同時也像跑著下坡路的樣子。再走過一個街區我們才發覺，月光映下東西的陰影竟然都朝著同一個方向，背離著自東方升起、照亮一切的明月……我們處在夜的叢林裡，而跟平時不同的是，我們的歸處不再只是「上城區」，而或許該說是「北方」。[22]

如果沒有當晚的月亮，那麼一九六五年十一月九日的狀況會大不相同。據說，空難得以避免，是因為有月光以及機場主要控制塔內輔助電源帶來的光線，足以讓正在下降的飛行員看清路線。而前一天晚上，暴風雨襲捲了整個地區，雲層遮住了月亮和星星，若換作前一天停燈無電，那肯定會造成更多災難。事實上，停電那天急診室裡擠滿了車禍和在人行道上絆倒的傷患。也有一些趁火打劫的事件，但直到黎明為止，犯罪事件比尋常的十一月夜晚還少。

時間和工作都陷入混亂。如果從我們的生活中移除所有依賴電力才能運作的事物，家中和辦公場所就會變得有如石灰岩洞穴中的空間和走道，只不過是聊堪遮風避雨的地方，用處還比不上美國早期普利茅斯種植園蓋出的第一間住所，無法長時間維持適宜的冷熱溫度；無法保存食物和烹飪。所有賦予我們定義的東西——沒反應的螢幕和鍵盤、只能徒然發出喀搭喀噠響的開關——變得如岩層露頭般安靜。如果失去了用途，這些東西就失去了衡量其存在之美的依據，我們也只剩下數不盡的黑暗中的無用之物。摩天大樓展現出地質岩相的光澤；星星如同古代的星辰在天空一般閃耀。

然而，與遠古時代不同的是，人們並不習慣就這樣對十一月的漫長黑夜善罷甘休，對於多數現代人來說，黑暗並不令人放鬆、適宜休息，尤其當第一個小時的新奇感消失了之後，只令人感到世界彷彿停了下來，人與物有如懸浮在琥珀中。沒有未來；也不知道未來；根本沒有人知道這種無助感要持續多久。幾個小時後，劇院取消了預定的演出；人們花光了口袋的零錢；還有人在電話亭外排隊等著打電話回家，但他們還能說什麼呢？一九六五年十一月九日至十一月十日的夜晚，對於試圖在旅館大廳、辦公室地板、理髮椅、宴會廳的便床上睡覺的人來說；對走道中縮著身體躺著、在地鐵樓梯和站內長椅半躺半坐的人來說；儼然是「漫漫長夜中的長夜」。

與此同時，在整個受影響的電力網路中，各個當地公用事業公司再次成為一座座孤島。受影響的電站中，因為管理人員仍不確定自己的發電站是否有故障，或只是連鎖反應中的一環，所以需要仔細查看沒有明顯故障的系統，也必須重新啟用關閉的設備來恢復系統，雖然幾秒鐘就能斷電，但卻需要幾小時的工夫才能重新回復線路。因為重新回復發電站運作並不是簡單的事，必須檢查所有開關、繼電器、斷路器、渦輪機、發電機和鍋爐才行。「渦輪發電機必須用機械緩慢轉動，以確認它們在停電時沒有彎曲變形」[23]。而停電本身也造成了一些損害，比方說，聯合愛迪生公司的雷文斯伍德（Ravenswood）發電廠的渦輪軸承在停電期間因潤滑不足而受損。

要重新復電仍得靠電力來幫忙。「不幸的是，許多受影響的公用事業公司覺得大停電可能性太低，沒有為整個系統同時停擺的狀況作準備，因此沒有獨立的輔助電源能解決問題。要有獨立輔助電源，必須先打造的復雜的電路，讓遠程的電力能送來，以提供輔助」[24]。即使有電，巨大的鍋爐（甚至高達十五層樓高）也得加熱到三千度，壓力須超過每平方吋兩千磅，而且得還不能統統一次啟動，否則會使系統過載。「通電時，必須小心地在分節同步的過程中加載，當每節都加載時，也必須與系統其他通電部分的頻率同步，然後才可以與電力網路的其他部分聯繫起來，而不干擾到同步性的維持」[25]。

幾個小時內，紐約州和新英格蘭部分地區恢復了供電，但等到紐約州北部完全重新接上電路，時間已經接近午夜。至於波士頓和長島，則要到凌晨一點才復電。而紐約市則用了超過十三個小時，才完全復電。

紐約的電燈光：豔麗的招牌、光亮無比的高樓大廈，幾十年來亮度遠超過了必要照明的水準——卻只占整體電力需求的一小部分。即使如此，多數人仍是透過燈光來度量自己與日常生活之間的聯繫，失去光是受影響最大的事。第二天，義大利報紙頭條寫著：「紐約被黑暗終結了。」[26]

剛過清晨三點，城市裡一區接著一區，再次有嗡嗡聲和滴答聲注入，由弱轉強，城市中萬物又活過來的跡象出現了，《生活》雜誌的編輯寫道：「拉爾夫・莫爾斯（Ralph Morse）從二十八樓窗戶拍下首張黑暗中的城市照片，在同一位置他也拍下最後一批這樣的的照片。慢慢地，在接下來的一個半小時內，這個城市再次活躍起來，這裡有璀璨的燈火，那裡也放著光明……莫爾斯的相機捕捉到了城市光芒四射的重生過程。」[27]

＊＊＊

那天早上，地鐵工人在列車再次行駛之前檢查了長達七百二十哩的所有軌道，以確保沒有人墜落、在鐵軌上受傷不起，或是沿著軌道徘徊、迷路。天然氣工人挨家挨戶檢查由電力啟動的爐灶和鍋爐指示燈。在火車站過夜的疲憊人群則與重回工作崗位的人擦身而過。

或許停電對於老人和病人來說尤其難熬，他們度過好一段神經緊張的焦慮時光。對一些人來說，黑暗足以致命：停電隔天，一名男子被人發現倒在電梯井的底部，手中仍抓著一小截熄滅的蠟燭。而對其他人來說，停電之夜不像紐約其他夜晚，那一晚美得靜謐而豐饒。人們花了幾個小時打牌、喝威士忌，或在黑暗的辦公室和地鐵車廂中與（有時根本看不到的）其他人閒聊，建立了只有在黑暗中才能培養出的患難情誼。「每個人都變得更理解其他人，」一位女士說，「雖然已經來往十年，而昨晚只不過是扶我上個樓，現在就成了會脫帽打招呼、問聲『早上好，菲利斯，你今天過得怎麼樣？』的關係。」[28]

光和電消失的那段時間，最終像褪入一場充滿怪誕之事的奇異夢境中，但人們之後會深刻記得某些特別的時刻：比如得要點燃蠟筆照亮黑暗；比如在黑暗的地鐵車廂裡等待地鐵員工發放咖啡和糕點；又比如，那晚的月色映在大樓牆上的光輝。

一九六五年的大停電促使人們第一次透徹檢討電力網路及其脆弱性。聯邦電力委員會（Federal Power Commission）不久之後提出了一份報告，除了提倡對電力網路系統本身進行大改造，希望能夠加強輸電網、預防未來可能再次發生的停電，另外也建議為機場、醫院、電梯、加油站、廣播站和電視台提供大量備用能源，還有替樓梯、出口、地鐵站和隧道裝設輔助照明，以及研擬地鐵疏散計畫和交通管制計畫。但即使採取了這些措施，一九七七年八月，當一連串雷擊讓紐約市電力系統內電流突然飆高而過載時，設計成自動跳電的斷路器仍未能關閉，城市也再次陷入困境。黑暗再次降臨。

雖然一九七七年很多停電中的狀況都與十二年前的大停電雷同——比如地鐵和交通停滯不前、牟取暴利的行徑、人與人之間患難見真情、他人展現善意（例如餐廳在人行道上設置桌椅繼續營業、風笛手在紐約中央車站提供表演）——但城市已截然不同，畢竟年代不同了。一些黑人社區和西班牙裔社區的年輕人失業率超過百分之四十。八月的夜晚悶熱又潮濕無比，而且這次燈光熄滅時間是九點三十四分，當晚只有蒼白的新月銀光，所以高樓大廈牆面上沒有寬慰人心的月光反射，漆黑的夜裡只有自由女神像手中的火炬照著一片黑暗。城市中所有地區都爆發了搶劫事件，縱火犯在各地點燃了超過一千個縱火現場。幾個小時後，人搶人、黑吃黑，任意妄為的事情層出不窮，而要過了二十五小時以上的時間才終於復電，惡行甚至在那之後還在繼續。警察逮捕了數千人；受了刀傷、玻璃割傷的患者擠滿醫院；火災中有三人死亡；一位搶劫者遭射殺。在許多醫院，一九六五年停電後強制執行的緊急備用照明系統沒派上用場：醫生仍就著手電筒的光縫合傷口；護士手動捏著氣囊維持著需要呼吸器的病人的呼吸。

在之後，關於一九七七年大停電的書面紀錄中，沒有「月光照在建築物上」那樣的詩意來美化事件，搶劫行為深深引起大家思考——「我們面對的麻煩比想像中還糟糕得多，」一位《紐約客》的作家評論道，「在那漆黑茫然的夜晚中，紐約乃至整個美國看見了暴力。我們得再次正視深痾，就算想繼續忽視貧困和種族問題的嚴重性，也必須有所警覺：正義與和平可能岌岌可危。」29

成就了我們生活的電力網路已經大到幾乎無法估算，有人會說它是世界上最大的機器。然而，一旦故障，社會中頓時便瀰漫著十九世紀失去煤氣燈的人也曾有過的心情：我們把生活過度託付給這部機器，自己也變得脆弱、不堪一擊。拉塞爾．貝克（Russell Baker）在於一九六五年大停電後，在

《紐約時報》寫下他想像中脆弱的電力網路最為極端的情形：

> 末日在一九七三年九月十七日到來。麻省理工學院的大學生在自己的電腦上，用機率法則算出……連鎖效應的事件自當天下午四點四十三分的謝亞球場（Shea Stadium）開始，當時是大都會隊對上墨西哥城勇士隊比賽的九局上半，大都會隊成為史上唯一一支在一個棒球賽季中輸掉一百五十五場比賽的球隊……兩分鐘後，布朗克斯區的家庭主婦厄瑪．安姆施塔特（Irma Amstadt）打開廚房水龍頭，發現沒有水出來。她拿起電話撥打給水電工人，卻不知道在那個時刻，紐約有其他六百七十三萬二千五百四十八人同時撥打電話。安姆施塔特夫人的那通電話是壓死駱駝的最後一根稻草。[30]

電力網路可能正如貝克所想像的那般脆弱。二〇〇三年八月，在炎熱天氣中電力需求急升的情況下，整個電網內輸電線路因溫度升高而膨脹、下垂。在俄亥俄州的沃爾頓山莊（Walton Hills），下垂的電線碰到底下長得較高的樹，引發了一連串連鎖效應，美國東部有五千萬人陷入了黑暗之中。這是美國歷史上最大規模的一次停電事故。

參考文獻：

1 Robinson Jeffers, "The Purse-Seine," in *Rock and Hawk: A Selection of Shorter Poems*, ed. Robert Hass (New York:

Random House, 1987), p. 191.

2 Statistics on Rural Electrification are from *The Rural Electric Fact Book* (Washington, DC: National Rural Electric Cooperative Association, 1960), pp. 3, 56.

3 R. R. Bowker, ed., "Electricity," no. 12 in The Great American Industries series, *Harper's,* October 1896, p. 728.

4 Paul L. Montgomery, "And Everything Was Gone," in *The Night the Lights Went Out,* ed. A. M. Rosenthal (New York: New American Library, 1965), p. 19.

5 John Noble Wilford and Richard F. Shepard, "Detective Story," in *The Night the Lights Went Out,* p. 84.

6 Matthew L. Wald, Richard Pérez-Peña, and Neela Banerjee, "The Blackout: What Went Wrong; Experts Asking Why Problems Spread So Far," *New York Times,* August 16, 2003, http://www.nytimes.com (accessed May 3, 2007).

7 Wilford and Shepard, "Detective Story," p. 86.

8 Donald Johnston, "The Grid," in *The Night the Lights Went Out,* p. 75.

9 Quoted in Montgomery, "And Everything Was Gone," p. 23.

10 A. M. Rosenthal, "The Plugged-in Society," in *The Night the Lights Went Out,* p. 11.

11 出處同上‥p. 14.

12 Quoted in Montgomery, "And Everything Was Gone," p. 20.

13 出處同上‥p. 24.

14 "The Talk of the Town: Notes and Comment,"*The New Yorker,* November 20, 1965, p. 45.

15 Rosenthal, "The Plugged-in Society," p. 12.

16 Wolfgang Schivelbush, quoted in David E. Nye, *Technology Matters: Questions to Live With* (Cambridge, MA: MIT

Press, 2007), p. 163.

17 Quoted in Paul L. Montgomery, "The Stricken City," in *The Night the Lights Went Out,* pp. 37–38.

18 "The Talk of the Town," November 20, 1965, p. 44.

19 出處同上，p. 43.

20 Montgomery, "The Stricken City," p. 44.

21 "The Talk of the Town," Novem- ber 20, 1965, p. 45.

22 出處同上，p. 46.

23 William E. Farrell, "The Morning After," in *The Night the Lights Went Out,* p. 66.

24 Gordon D. Friedlander, "The Northeast Power Failure — a Blanket of Darkness," *IEEE Spectrum,* February 1966, p. 66.

25 *Report to the President by the Federal Power Commission on the Power Failure in the Northeastern United States and the Province of Ontario on November 9–10, 1965,* December 6, 1965, p. 29, http://www.blackout.gmu.edu/archive/pdf/fpc_65.pdf.

26 Bernard Weinraub, "From Abroad: Smiles, Sneers, and Disbelief," in *The Night the Lights Went Out,* p. 119.

27 George P. Hunt, "Trapped in a Skyscraper," *Life,* November 19, 1965, p. 3.

28 Farrell, "The Morning After," p. 65.

The subsequent Federal Power: *Report to the President,* pp. 43–45.

29 "The Talk of the Town: Notes and Comment," *The New Yorker,* August 15, 1977, p. 15.

30 Russell Baker, quoted in Bernard Weinraub, "Bewitched and Bewildered," in *The Night the Lights Went Out,* pp. 124–25.

第十八章　想像下一種電網

一九六五年，也就是美國東北部大停電的同一年，紐約藝術家丹．弗萊文（Dan Flavin）將螢光燈當作他創作的唯一媒介。他說：「關注光會使你太著迷而無法把握它的極限。」弗萊文在一九六五年十二月時寫道：

> 雖然燈管本身的實際長度有八呎，但燈的支撐盤投下了陰影，讓兩端產生漸漸消失的錯覺。我們得忽略它的視覺效果並打破這詩意的畫面，才能真正衡量這淡出的陰影。當我意識到這一點時，我想到可以藉由構成螢光燈燈光交相輝映的幻覺，來分解和玩弄房間的實體空間。比方說，垂直掛置八呎的螢光燈在轉角，就可以藉由眩光和雙重的陰影來模糊角落。而當你從牆壁一側到另一側放置對角線的螢光燈時，可以將一塊牆從視覺上分解成一塊塊的三角形。[1]

在接下來的三十年裡，弗萊文使用藍色、綠色、粉紅色、紅色、黃色，和四種色調的白色標準螢光燈來探索燈光的效果，包括光線和空間、光線和固體、光顏色的混合、眩光，和陰影消解固體堅實感的作用。弗萊文認為光是他的創作中細緻而難以窮盡的媒介，但弗萊文也知道，如果沒有電力無窮綿延下去的穩定性，他的作品就和一般的普通燈具無異，只不過是由玻璃和金屬製成的無機而笨重之物。「恆常性蔑視一切，」他曾說過，「但沒有恆常這回事……我寧願看到我的作品全部消散在風中，將一切帶走……這些無從把握的、開開關關的電流……還有生鏽的破碎玻璃。」[2]

在丹・弗萊文幾十年的職業生涯中，他與創作中最重要元素間的連繫變得愈來愈無從把握，原因不只是因為停電。到了一九七三年，美國、歐洲和日本的經濟依賴於廉價而豐沛的石油。石油推動了永不饜足的汽車文化，是的，它對於工業化國家的能源網絡而言也不可或缺，占了美國發電燃料中百分之二十的比例。「石油在世界上已成為工業發展的經濟命脈，」丹尼爾・葉爾金（Daniel Yergen）觀察後說道，「石油經開採、流通，幾乎就所剩無多。在整個戰後，從沒出現過供需關係如此緊張的時期。」[3]不僅少有剩餘石油，西方國家和日本消耗的石油中，有很大一部分是從中東進口的，當沙烏地阿拉伯在一九七三年秋季為了抗議美國向以色列運送武器，而禁止石油出口時，全世界的燃料供應於是變得吃緊。到了當年十二月，全球市場在十月初每桶售價低於六美元的石油價格幾乎翻了三倍。

隨著農村生活步入冬季，美國農民極看重、在田野中看似屹立不搖的「自由之桿」，卻在突然間暴露了自身的脆弱。為了節約現有的燃料供應，理查・尼克森（Richard Nixon）總統除了限制燃料和汽油用量、降低州際公路行車速限，也呼籲大眾節約用電：尤其廣告和聖誕燈裝飾（包括公共和私人的聖誕燈飾）等不必要的照明，也包括紐約時代廣場的燈光。雖然裝飾照明所需的電力僅占紐約市所有能源消耗的百分之二到百分之三，而一般照明也只占全國能源使用量的百分之六左右，官員們希望降低裝飾用燈能鼓勵市民在家中也節約能源。「讓一個以光出名的城市開始風行減少燈光，是非常可悲的，甚至讓人心碎，」紐約市市政服務處處長評論道，「但這訴諸的是心理作用，因為人們如果看到公共場所燈光不輟，自己就很難節約用光。」[4]

雖然共享和歡慶的燈光——如絢麗的廣告燈或季節性出現的節慶燈光——似乎是講求實際的時代中最不必要的東西，但它們從泛泛的日常燈光中格外秀出於眾，抓住我們的注意力，所以當那些燈也熄滅了，其中似乎具有更大的意義——好像從文化中消除了某些重要事物，尤其是在人造光別有重要意義的冬日。當這些燈光真的暗了下來，也就真帶走了些什麼；被帶走的，是比純粹的照明更重要的事物——也就是我們在生活中不關心能源時，往往視為理所當然的事物。

作家喬納森・謝爾（Jonathan Schell）了解到，石油暫停出口的危機反映出世界大局的架構出現了根本性變化：「今年冬天，舉國坐在黑暗之中，在冰冷客廳觀看即將劃過天際的柯侯德（Kohouteck）彗星（在黑暗時節是一種最好的聖誕節裝飾）……我們剛了解到全球自然資源的有限性……這迫使我們美國人、阿拉伯人、歐洲人、日本人，以及地球上所有其他人要相互依存、共生。歸根究柢，全球都得節約能源。」[5]

然而，如果說解決方案需全球共同參與，每一個人其實也可共襄盛舉。誰可以責怪六〇年代末到七〇年代初，那些隨海倫・奈林（Helen Nearing）和斯科特・奈林（Scott Nearing）回歸大地，過著簡單生活的城市人？回歸鄉間運動（back-to-the-land movement）不僅是對當時能源危機的回應，也是與自然交互影響、卻遠離自然的現代生活之解套辦法。詩人巴隆．沃瑟（Baron Wormser）和家人在緬因州鄉下的森林中「斷電」生活了二十多年。正如沃瑟所經歷的，他的煤油燈光屬於不一樣的時間向度、不同類型的夜晚。黃昏慢慢地、一步步地來臨——「夜晚的到來是如此深刻、犀利、又如此溫柔而難以磨滅，我在敬畏之際，同時感到驚愕又昏然沉醉，」他寫道，「我非常清楚記得我的感受，一瞬間天色變暗，黑暗悄然降臨，勢不可當，卻又步態輕巧。」[6]

他承認自己浪漫化了三〇年代農村人急切「埋葬」的煤油燈：

> 多年來，一些訪客發現煤油燈氣味極臭，光又微弱。儘管他們真的想要體會煤油燈的魅力，得到的感覺卻截然相反。我喜歡用小煤油燈照亮屋內，躺在床上看書。我在真實的火焰面前看著書……時間雖然穩定，但在火焰的運動之中感覺變化多端……這是一種浪漫的光芒……搖曳的燈光令人屏息。煤油燈確實會引起煙灰和惡臭，得經過採礦、加工和運送的艱辛勞動……但那股用燈當下的感受仍然不變。當我們觸摸玻璃燈罩，會被代表著光亮的熱度給燙著。[7]

無論煤油燈光多麼浪漫，沃瑟也逐漸了解到現代社會遲早要承認的、煤油燈背後的成本和辛勞。「光不是憑空而生，」他寫道，「人們需要花力氣產生光。火柴必須擦亮，我們的雙眼也得擦亮，看看這個世界。」[8]

雖然中東國家在以色列同意從西奈（Sinai）半島撤軍後，最終於一九七四年四月解除了石油的出口禁令，但石油價格仍然高於禁令以前的水準，多年之後燃料供應仍然起伏且不穩定。在一九七七年吉米·卡特總統上台後，他將能源獨立當作政策首要目標。在人們普遍認識化石燃料對氣候的影響之前，卡特想利用美國現有煤炭儲量，來緩解對外國石油的依賴。卡特還強調資源保護，他穿著開襟羊毛衫出現在電視上，敦促大家在夜間將空調降到華氏五十五度，他計畫立法以促進更清潔有效的能源發展。

「我們必須在能源的需求和快速減少的資源之間取得平衡，」卡特在一九七七年四月向全國發表談話時堅稱：

現在開始行動，我們就可以掌控未來，而不是讓未來宰制我們……我們在能源方面所做的決定將考驗美國人民的勇氣，以及總統和國會的治理能力。如此艱苦的努力在道德層面上，已可說是無異於一場戰爭——但不同的是，我們團結努力是為了建設自己的國家，而不是去摧毀敵國……一九七三年的石油危機已經落幕，我們的房屋再次溫暖起來。但是今夜我們的能源問題比一九七三年，或幾個星期前的寒冬更糟糕。更糟糕，是因為更嚴重的浪費已既成事實，我們對未來沒有規畫，所以錯過了許多時機。若我們再不採取行動，每天都會繼續走下坡……世界沒有為未來做好準備。在一九五〇年代，人們使用的石油量是四〇年代的兩倍，而在六〇年代，石油的使用量是五〇年代的兩倍。在這幾十年的每一年中，消耗的石油都超過人類歷史在過去所使用的石油量。[9]

卡特簽署了《國家能源法案》（National Energy Act），作為推動能源保護、能源開發計畫的一部分，其中《公用事業監管政策法案》（Public Utilities Regulatory Policy Act，PURPA）正是自羅斯福新政以來，第一個又牽涉到電力網路的相關重要立法。原本電力市場被公用事業公司獨占，但《公用事業監管政策法案》允許符合嚴格燃油效率標準的非公用事業發電機所有者，也得以進入電力市場。卡特希望透過這樣的立法帶來競爭，鼓勵建設更高效的燃煤電廠，以及開發如風能、太陽能和生質柴油（biodiesel）等替代能源。《公用事業監管政策法案》沒有真的在替代能源開發上取得重大進展，但它確實鬆綁了對能源產業的管制，開闢了新道路。

喬治・布希總統簽署了一九九二年《能源政策法案》，鼓勵進一步放寬州級到聯邦的電力行業管制，並擴展可生產電力以供應輸電網的能源公司類型，使它們相互競爭。此舉將安然能源公司（Enron Energy Corporation）、德能公司（Dynegy）和信能（Reliant Energy）等能源貿易公司也囊括進來。這些公司基本上是不受監管的電力「經紀人」公司，可能也根本沒有任何發電設施，他們在開放市場上買賣電力，並且就類似其他根據市場供需來買賣的商品（如玉米或豬隻）那樣，還發展出金融衍生品的交易。安然公司首席執行長杰弗里・斯基林（Jeffrey Skillings）聲稱這樣的市場發展對消費者來說是個福音：「我們正努力創造開放競爭的公平市場，」他說道，「而在開放競爭的公平市場中，客戶能比較物品價格，獲得更好的服務。我們可是站在正義這一方的好人。」[10]

實際上，電力網路管制的鬆綁決策很大程度取決於各州政府，在一九九〇年代後期、時人大致還算對放鬆管制熱烈支持，許多州通過立法解除對電力行業的管制，加州是其中之一。加州的電費費率來到歷史上的最高點，它的電力網路也存在一些地方性問題。其中一個問題是加州近年來沒有新建發電廠，但電力需求飆升，所以當地重度依賴從其他州購買電力：他們仰賴太平洋岸西北美的水力發電。州議員希望藉由放鬆管制、促進競爭來加強州內的電力生產，降低家用和企業的電力成本。

加州放寬電力網路管制的法律很複雜，而實際上電力的買賣要做到適時適地，更是複雜，因為電力仍然無法儲存起來，供需的拿捏始終很需要精打細算。每套傳輸線線路的負荷量也有限，這就表示在高需求、高用量的市場中，所有客戶的供電路線需要事先制定，以避免線路壅塞。為了應對管制鬆綁後的市場，加州政府為電力交易設立了代理商制度，按小時計算電價，可在交付前一天或買賣當天透過該單位購電。另一個機構則負責管理輸電線路，並進行即時電力買賣，這種買賣可以在最後一刻、供需出現意外變化時進行調整，並確保有充足的電力儲備量。

最初，放寬電力網路管制確實降低了電力成本。但是一九九九年和二〇〇〇年之交的太平洋西北地區正值乾燥的冬季，那年中較少的積雪表示到了春天時，加州公用事業公司得自俄勒岡州的水力發電電量也會減少。二〇〇〇年五月，與季節不符、過於溫暖的天氣又導致大家對空調的需求飆升，已經稀缺的能源變得更加稀缺。在這緊繃的市場中，一些善於趁火打劫的牟利者做了一些事：安然和其他能源貿易公司利用加州法律的漏洞，在市場高需求時創造出更嚴重的能源短缺。能源貿易商對單純獲取能源這件事不感興趣，他們透過「轉售」（買進後出售，以在交易中獲利）來為公司賺取大多利潤。事實證明，他們的首要目標不是以合理的利潤為客戶提供更好的服務，而全然只為了發財。

貿易商藉著儲備他們不需要的能源來創造人為的短缺，並且在不需要維護的情況下，也以進行維護的名義操縱發電機，使之關閉。他們還為容量有限的輸電線路排程了大量的電力輸送，因此真正有需求要輸電時，反而變得不可行。以上做法都限制了電力供應，迫使加州公用事業公司在即時電力買賣期間以緊急價格購入電力：電力的批發價比起前一年增加了百分之五百以上。

然而，在此期間的零售價格是固定的，因此，連加州最大公用事業公司，如南加州愛迪生公司（Southern California Edison）和太平洋瓦斯和電力公司（Pacific Gas & Electric）從貿易公司購買的能源成本，都遠高於他們能售出給私人客戶的價錢。沒有資源購買電力的公用事業公司只能請求用戶節約能源，有時也採取「輪流限電」，以減輕他們滿足不了的高需求量。一個又一個街區在白天不得不暗下來一、兩個小時。

杰弗里．斯基林將電力短缺歸咎於失敗的立法。「大概沒人能設計出比這還要差的制度了。」[11]他說。一次在拉斯維加斯的會議上發言時，他抓住機會開加州電力短缺的玩笑。「你們知道加州和鐵達尼號之間有什麼區別嗎？」他問，「至少鐵達尼號沉船時燈還亮著。」[12]安然能源公司交易員的冷血也毫不輸給斯基林，其中一個人的發言被記錄下來：「加州人應該重新啟用該死的馬和馬車、該死的油燈、該死的煤油燈……」[13]

這場危機只有在州政府和聯邦政府出面干預後才得到改善，最終加州花了數十億美元善後，其他州也因此退出放寬電力網路管制計畫。安然能源公司倒閉，杰弗里．斯基林最後也鋃鐺入獄，新的聯邦立法旨在統理能源貿易商，但加州該次災難證明了：一百萬個紀律嚴明之人的人力總和或許不及強大的電力；但這些能源卻不敵人性的貪婪。

今天，在尼加拉瀑布的第一條長距離輸電纜線向水牛城供電的一百多年後，這條長度超過三十萬哩的線路，仍承載了超過一百萬兆瓦的電力，而就算過去半個世紀中，有包含大停電在內等各種焦慮，我們之中大多數人仍信仰著電力，因為現在的我們會覺得一沒有電力，我們就看不到東西，甚至無法思考！它的嗡嗡聲不僅是「天體運行之音」，更有如大教堂的聖樂一般。對於研究空拍照片的製圖師史蒂文・瓦特（Steven Watt）來說，他使用全球定位系統製作地圖時，縱橫交錯在全國的電力傳輸線會在玻璃平面上，呈現出如窗上玻璃的花飾鉛條外觀：

我使用衛星和航拍圖來幫我將道路位置與景觀中其他特徵連繫起來。在繪製美國地圖時，我一次製作一個郡，在一個郡中我重新畫每個道路和交叉路口的位置……打算找一組與道路不同且固定、可靠的參考點，用它來細分每個郡，而我決定使用電力線路，這些線在大多情況下是直的，而且因為在電力線下方的樹木必須清除，所以電力線路在俯瞰圖像中清晰可見，通常看起來也比周圍環境色調更亮。電力線路穿越公路、河流和城鎮，將土地劃分為分明的多邊形，隨著人口密度增加，這些多邊形面積會變小。

當我每完成圖上一個多邊形，就會沿電力線路的邊緣描線，直到線條圍出一個完整的多邊形，然後我再用顏色填滿它。接著，我會再用黑色描深邊緣、更凸顯出電力線路的走向。我用這種方式持續畫下去，之後產生了想意不到的美麗效果——畫面令人聯想到中世紀彩色玻璃窗的圖樣。[14]

然而，當代人也來到了迫切需重新思考電力網路的關口了。此一巨大成就早先被美國國家工程院（National Academy of Engineering）稱為「二十世紀最顯著的工程成就」[15]。現今，電力網路陳舊而疏於整理，也招架不住電子時代用戶大增的電量需求。發電廠和變電所也都過於老舊，運作了超過了它們正常情況下約三、四十年的年限。電力公司通常都沒做到必要的保養維護，比如沿著線路修剪樹木這種重要任務。四十年來發生的五次大規模停電，其中三次發生在過去十年內並非偶然。更重要的是：在美國，煤炭是最大的單一發電燃料來源，占總發電量的百分之五十五以上——石油現在占不到百分之三的發電燃料）。更何況，進一步開採化石燃料在氣候變遷的時代實在非上策。

未來的電力網路（目前仍只停留在想像階段，還未實現），或許可以採取美國能源部（the United States Department of Energy）設想的形式：一個依賴美國中心再生能源的系統，從沙漠中大型太陽能發電廠和大平原上的風力發電廠，將產生的能量輸送到對能源需求最高的大西洋和太平洋沿岸地區。在這種情況下，輸電線路需要承載比現有線路更高的負載，而且傳輸效率也必須比今日使用的銅線更高，因為銅線在傳輸過程中，會損失高達百分之七的電力。早在一九九〇年代，萊斯大學（Rice University）碳纖維奈米技術實驗室的前任主任理查．斯莫利（Richard Smalley）就建議：新的電力傳輸線可以用奈米碳管構建，奈米碳管比血球細胞還小，有彈性、能夠導電，傳輸上比銅更有效率，也就代表更多的電力可以用更少的線路傳輸，過程中損失也更少。至今，奈米碳管技術的實際應用仍不可行，而且建構這種電力網路的成本極高。

同樣地，建構這樣的中心系統還會有其他挑戰。首先，依賴太陽能和風能的電力網需要想辦法補償這些能源的自然起落、波動。支持打造更強的全國性電網的人認為會出現配有先進監控系統的智慧型電力網路，可滿足大範圍地區用電的需求：當風在平原上靜止了下來，系統也許能立即從其他地方的太陽能發電機，將電能重新引導進線路中。

智慧型電力網路最終應該要能監控家庭用電情形，並與能量存儲協調搭配。雖然少量的電力難以有效存儲，但理查．斯莫利想像所有家庭和企業在未來都能擁有短期儲電（十二到十八小時）的供電系統。這種電力存儲能力將與即時定價系統結合，意思是：既然需求最大時刻的電力成本也最高，客戶可以避開在高峰時段購買電力，反而可以在睡覺時才購買電力，以平衡系統不同時段的整體需求。

每個國家的電力網路也要加強在地的能源生產系統。在智慧型電力網路中，電錶可以雙向運轉，讓當地小型電力供應設施能有多餘電力，甚至私人住宅後院的風車和屋頂上的太陽能板也可以將多餘電力立即售回給電網系統。

但其他能源專家，如環保作家比爾．麥克基本（Bill McKibben），設想了不同版本的未來電力網路——也就是更注重將智慧型電力網路應用於本地能源生產，而不需要開發昂貴的長距離電力線路。美國的每個地區都可利用自己豐富的再生能源，如風力、潮汐力、太陽能、水力。麥克基本設想了一個去中心的小規模地方電力網路，無縫銜接、複雜而精細：「想像一下，你居住的郊區，所有朝南的屋頂都是太陽能電板。再想像一下，建築規範要求所有新建築都配有太陽能屋頂瓦片和太陽能百葉窗。然後再想像一下，風車散落在城鎮周圍的落風點和熱泵處，從地球提取能量。最後再想像一下，所有這些設施都連接在當地電力網路中，並輔以小型燃料燃燒發電廠，不僅可以產生電力，產生的熱還可以用熱汞送回給當地建築物使用。」[16]

認識到電力網路不足是一回事，但更重要的是推動可行的替代方案。奈米碳管技術、能量存儲和智慧型電力網路技術的發展，得經由大規模的研究和計畫以及對科學教育的投資，這些都需要大量的私人和公共資金才可能辦到。斯莫利在二〇〇五年因白血病過世前曾說：

> 能源幾乎是人類目前面臨的所有問題的核心。我們不能在這上頭犯錯。我們應該質疑那種「現有能源產業能夠設法解決一切」的樂觀心態……而美國，身為技術樂觀主義者之國、湯瑪斯·愛迪生的家園，應該起帶頭有所作為。我們應該推出大膽的新能源研究計畫，光是從每加侖汽油、柴油、燃料油和噴射機燃料的花費中提出一千美元，每年就能湊集一百億美元……新能源研究計畫年復一年持續發展，將激勵新一批美國科學家和工程師，做到好比史普尼克（Sputnik）在冷戰時代曾催生出的科技盛況那樣……我們至少要解決下一代的能源問題，為了我們自己去解決，也樹立典範，為了這個星球上的所有人類解決問題。[17]

我們不僅需要重新想像電力網路的可能性，家庭和企業也得更加節能，比如光的使用，照明仍然占百分之六到百分之七的美國能源消耗量，現在許多人使用著比以往更多也更亮的燈。我們可以創造出任何想要的燈光效果：氛圍燈光瀰漫整個房間；我們可以嵌入、屏蔽、將燈具分層；燈光可因感應器啟動或漸暗。房間內的照明可以隨情緒氛圍或用途的不同而每小時改變。在美國家庭中，這些照明效果仍主要由白熾燈實現。

最有效的實用冷光源仍然是螢光燈，自螢光燈在一九三九年世界博覽會上展示以來，品質在某些方面改善良多：開燈後延遲的時間縮短；嗡嗡聲和閃爍情形減少；緊密式螢光燈泡（compact fluorescent lights，CFL）可與傳統的白熾燈插座相容。但是，緊密式螢光燈的整體品質不穩定也是事實，尤其近年來電燈公司打算調降價格。螢光燈仍沒有燈絲燈泡那般用途廣泛：有些緊密式螢光燈不能與調光開關一起使用；而有些則是在狹窄的地方使用時，例如在嵌入式天花板燈具中，會因過熱而使燈的壽命減少。

但是螢光燈仍然是較不會造成升溫且效率良好的選擇：新的十三瓦緊密式螢光燈可產生與六十瓦白熾燈泡一樣多的光亮，卻只用了白熾燈四分之一的電力。使用螢光燈也會減少超過一千磅的全球暖化污染物。由於效率極高，緊密式螢光燈在過去幾十年中受到許多國家青睞。英國照明歷史學家布萊恩．鮑爾（Brian Bowers）指出：「從大約一九九〇年開始，緊密式螢光燈在一般商店街中很容易買到，而到了一九九五年，英國有半數家庭至少家中有一處使用緊密式螢光燈。」[18] 在一九九〇年代中期，德國也有一半的家庭使用緊密式螢光燈；日本有超過百分之八十的家庭也使用緊密式螢光燈。在亞洲國家，緊密式螢光燈比白熾燈泡更常見。最近一位到訪韓國的旅客說：「在我看到第一個（「老式」）白熾燈泡之前，我已經在韓國生活將近兩個月。其他的都是節能緊密式螢光燈……事實上，緊密式螢光燈在這裡很常見，只有一間賣著各式各樣貨品的雜貨店裡，我才終於看到老式燈泡在出售。」[19]

然而，緊密式螢光燈仍然很難賣給美國人：「你一起床，還有點昏昏沉沉的，然後看到這些蜷曲的燈泡正嗡嗡作響，你就會覺得……呃……」[20]緊密式螢光燈在這個時代的焦慮包圍之中，充其量只能令人聯想到有如行軍般的堅忍與逆來順受：「光線品質不太理想，有時你還會聽到輕微的嗡嗡聲……但畢竟還是很難教小孩：我們只因為審美的講究，所以不去做能緩解氣候變遷的事。」[21]

雖然緊密式螢光燈的開發人員持續在尋找更能令人接受的白光（也就是更接近白熾燈的白光），但在美國，緊密式螢光燈的使用率其實也漸漸提升了，到了二〇〇八年，緊密式螢光燈占所有燈泡銷售量的百分之十九。可能因為二〇一二年美國國會通過新的最低能源效率標準，法規生效後，消費者別無選擇。根據新的標準，市場上大多數的白熾燈泡不合法。而也因為新的標準，研究人員目前正在開發效率更高的白熾燈泡，如飛利浦（Philips）的鹵素燈泡（Halogená），但它比標準燈絲燈泡貴十倍。

使用高效能的緊密式螢光燈也能降低燃煤發電廠的汞排放量，但緊密式螢光燈本身就如所有的螢光燈，都含有汞。汞是一種劇毒的金屬元素，會在環境中累積，可能影響生物的神經系統。目前，廢棄緊密式螢光燈的處理不受管制，幾乎所有的廢棄燈泡（連同汞）都會進入垃圾筒，造成了相當大的環境問題。二〇〇九年，緬因州推動了第一套規範緊密式螢光燈的全面法規，法律一生效，會限制製造商在燈泡中所用的汞含量，政府也要求製造商支付二〇一一年之後螢光燈強制性回收計畫的費用。

同時，緬因州環境保護局也非常重視從燈泡逸漏到環境中的汞，不僅督促住戶小心回收緊密式螢光燈，也發布了如何清理破碎螢光燈的十四個要點說明書。說明書上一開始寫著：「不要使用吸塵器清理破碎螢光燈，因為會讓汞蒸氣和塵粒擴散得到處都是，也會污染吸塵器。直到清理完成前，應該讓人和寵物遠離燈泡破碎的區域。要打開窗戶讓空間通風十五分鐘後再回來開始清理，因為十五分鐘可讓汞蒸氣濃度降低。」[22]

由於緊密式螢光燈中的汞會造成環境問題，最好將緊密式螢光燈當作過渡時期的照明選擇，最終還是要以發光二極體（light-emitting diodes）——即LED燈——取而代之。LED燈是由半導體電子運動所致使發光的微小塑膠燈泡組成，沒有會燒壞的燈絲，也沒有需要回收的汞。它們是貨真價實最「冷」的燈。LED已大量用於數位時間顯示、記分牌、交通信號，以及聖誕節等慶典的裝飾燈。隨著過去幾年的技術進步，LED燈開始用在街道照明，少數才用於室內照明，因為它的白光還是「白得發藍」，而且LED燈與傳統燈泡不同，只朝一個方向發光。雖然LED燈可以持續使用數十年，但它們的價格仍然相當昂貴——通常是白熾燈泡價格的十倍以上（**編按：此為作者寫書時〔約二〇一〇年前後〕的數據**）。

通用電氣公司和飛利浦等知名電燈公司已經開始研究LED以外的有機發光二極體（organic light-emitting diodes, OLEDs），它是藉著使電流通過夾在帶電基板中的有機半導體薄層來運作。OLED照明仍處於研發階段，但擁護者相信它會比白熾燈的使用壽命長上十倍，並且有十倍「燃燒」效率。與過去的光源完全不同，OLED很平，整個表面直接就能發光，可產生大面積的均匀照明。雖然在當前階段OLED還比較僵硬，關掉的時候看起來像一面鏡子，但最終OLED的二極體將嵌入可彎曲的塑膠基板中，當電源關掉時會是透明的，燈光本身變化可以很靈活，能改變成各種形式。

螢幕可以當成燈來用嗎？我們會將光帶到任何地方而不用再集中於一處嗎？光能從插座、燈管和燈絲的限制中解脫嗎？還是我們會迷失於光無所不在的世界？加斯東·巴舍拉頌揚孤獨的靈魂和謹小慎微而生的火焰之間的親密感，他禮讚思考者、燈光和書籍之間的交流，因為他認為一盞燈是一頁書的北辰之星：一個人讀著書，看著火焰，看到了夢想，夢想——閱讀和思維交織在一起，在火光可及的範圍內，一切忽然活了過來。「蠟燭無法照亮空蕩蕩的房間，但照亮了一本書。」[23]巴舍拉寫道，光和文字都擁有自己獨特的時間向度，「在讀通這本困難的書之前，蠟燭會先燃盡。」[24]

如果今天有人在黑暗的房間裡遇上了一道光，那很可能是從電腦螢幕發出來的藍白閃爍之光：我們今日的窗口是視窗：點一下按鍵（一種新的孤獨聲響）會讓頁面一再改變，思緒在信息的流動中閃爍不止，從新聞、天氣、工作、朋友的話語、建議，到線上購物的資訊。我們往前盯著直看；觸碰；點按；敲擊按鍵——但無論如何都沒有北辰星照耀我們的頁面，因為光線和文字之間沒有距離，只是一同在螢幕上顯示出來。

很快地，燈絲斷掉的微弱帕擦聲已成為過去時代的異音，但信仰愛迪生之光的頑固之輩仍然存在，有些囤積著白熾燈泡；有些購買了早期電燈的複製品。一份燈具型錄除了列出各種緊密式螢光燈，鼓勵提高能源效率，還銷售十九世紀燈泡的複製品。碳絲華麗而古怪，形狀像籠子，一絲絲又扭又轉，讓人聯想到參觀門洛帕克實驗室的訪客當初可能會看到的燈泡。複製的燈泡就像所有過去的燈一樣昏暗：「一八九〇年燈泡」和「籠式燈泡」，四十瓦；「維多利亞時期燈泡」，三十瓦。你要為這麼微小的光芒付出「沉重的代價」。廣告文案指出，碳絲燈泡的「獨特燈泡組是標準燈泡亮度的三分之一，而價格是標準燈泡價格的十倍，但它們用在裝潢上無比綺麗。」[25]

對白熾燈時代的執迷不僅是懷舊之情，也代表白熾燈之於人們的重要意義，它在現代生活中用起來無比合適，是世紀加速發展之中穩定而燦爛的光；是人造、但看上去溫暖且用途廣泛的光。白熾燈光可靠而經濟（所以很民主）；白熾燈光造就了閃閃發光事物充斥的全新世界；光源早已久久不用從鯨魚身上取得，也不需捕捕鯨船在寒冷的水域上搏鬥；現代的光中也聞不到煤油的污臭。而的確，這種光也不像煤油燈光——雖然煤油最初曾是幾世紀以來人們夢寐以求的燃油——在短短幾十年內，卻成了受現代化杜絕在外的象徵。「老式」燈泡至今卻比任何替代物都教人滿意。也許，白熾燈永遠都是人們心上的白月光。

參考文獻：

1 Dan Flavin, "'. . . in Daylight or Cool White': An Autobiographical Sketch," *Artforum*, December 1965, p. 24.
2 "Dan Flavin Interviewed by Tiffany Bell, July 13, 1982," in *Dan Flavin: The Complete Lights, 1961–1996*, ed. Michael Govan and Tiffany Bell (New Haven, CT: Dia Art Founda- tion / Yale University Press, 2004), p. 199.
3 Daniel Yergin, *The Prize: The Epic Quest for Oil, Money, and Power* (New York: Simon & Schuster, 1991), p. 588.

4 Quoted in "The Talk of the Town: Other Lights," *The New Yorker,* December 10, 1973, p. 40.

5 Jonathan Schell, "The Talk of the Town: Notes and Comment," *The New Yorker,* December 10, 1973, p. 37.

6 Baron Wormser, *The Road Washes Out in Spring: A Poet's Memoir of Living Off the Grid* (Hanover, NH: Univer- sity Press of New England, 2006), p. 9.

7 出處同上，p. 11.

8 出處同上，p. 10.

9 Jimmy Carter, speech, April 18, 1977, "Primary Sources: The President's Proposed Energy Policy," *Ameri- can Experience,* http://www.pbs.org/wgbh/amex/carter/filmmore/ps_energy.html (accessed May 2, 2008).

10 Jeffrey Skilling, quoted in Steven John- son, "New New Power Business: Inside 'Energy Alley,'" *Frontline,* http://www.pbs.org/wgbh/pages/frontline/shows/blackout/traders/inside.html (accessed December 2, 2008).

11 Jeffrey Skilling, quoted in Bethany McLean and Peter Elkind, *The Smartest Guys in the Room: The Amazing Rise and Scandalous Fall of Enron* (New York: Penguin Books, 2004), p. 281.

12 出處同上。

13 Quoted in "Enron Trader Conversations: 'Pow- erex and Bonneville . . . ,'" Ex. SNO — 224, pp. 5–6, *Seattle Times,* February 4, 2005, http://seattletimes.nwsource.com/html/localne ws/2001945474_webenronaudio02.html (accessed September 27, 2009).

14 Steven Watt, conversation with the author, October 2008.

15 U.S. Department of Energy, *The Smart Grid: An Introduction* (Washington, DC: U.S. Department of Energy, n.d.), p. 5.

16 Bill McKibben, *Deep Economy: The Wealth of Communities and the Durable Future* (New York: Times Books, 2007), p. 145.

17 Richard E. Smalley, testimony to the Senate Committee on Energy and Natural Resources, Hearing on Sus- tainable, Low Emission, Electricity Generation, April 27, 2004, http://www.energybulletin.net/note/249 (accessed October 18, 2008).

18 Brian Bowers, *Lengthening the Day: A History of Lighting Technology* (Oxford: Oxford University Press, 1998), p. 190.

19 Gavin Hudson, "Korea Shines for Compact Fluorescent Use," *EcoWorldly,* January 9, 2008, http://ecoworldly.com/2008/01/09/brilliant-asia-cfls-are-turning-korea-on (accessed March 11, 2009).

20 Quoted in "Making the Switch (or Not)," *New York Times*, January 10, 2008, p. D6.

21 出處同上。

22 "What If I Accidentally Break a Fluorescent Lamp in My House?" Maine Department of Environmental Protection, Bu- reau of Remediation and Waste Management, http://www.maine.gov/dep/rwm/homeowner/cflbreakcleanup.htm (accessed April 11, 2009).

23 Gaston Bachelard, *The Flame of a Candle,* trans. Joni Caldwell (Dallas: Dallas Institute Publications, 1988), p. 37.

24 出處同上。

25 "Reproduction Light Bulbs," Rejuvena- tion: Classic American Lighting & House Parts, http://www.rejuv enation.com/templates/collection.phtml?accessories=Reproduction%20Bulbs (accessed May 3, 2009).

第十九章　任光擺布

即使我們打造出更具韌性，且耐久用的電網，滿足了不斷增長的電力需求；即使將白熾燈換成同樣亮度的LED照明，我們仍需要重新設想一路疊加、演進至今所謂的「一般」亮度，因為無論燈光來源為何，大量的人造光都會對我們的身心健康產生影響。不僅如此，現在哺乳動物、昆蟲、鳥類、植物和魚類都落得「任光擺布」的景況。

人造光對生物的不利影響仍是一個未被徹底解開的謎團，但我們現在知道無所不在的光會嚴重破壞我們的晝夜節律，包括體溫、荷爾蒙濃度、心搏速率，和生理時鐘所控制的睡眠／清醒週期。在人類體內（如同所有哺乳動物），生理時鐘是由下視丘的一群神經細胞組成，信號來自從外部到達視網膜不同程度的光，在沒有人造光的情況下演化出來，大致上受到的是日出和日落調控。

研究人員曾經認為，我們這些生活在現代工業社會中的人，可能已經脫離人類原本的生理時鐘，因為就算生理時鐘對早期人類有作用，我們身體現在的內在調控機制運作並不那麼顯而易見。我們可以離開環境限制幾天、幾個月甚至幾年；可以控制熱量和光線；不依季節性循環來繁衍後代。然而，根據法國地質學家米歇爾・西弗（Michel Siffre）的經歷，他在一九六三年夏天進入了斯卡拉松

（Scarasson）洞穴（在法國和義大利交界濱海阿爾卑斯山脈中的一處冰川洞穴），在那裡度過了暗無天日的兩個月。西弗幫助我們確認了：生理時鐘在離開現代生活方式後，能繼續維持時間感。

西弗在地下冰川旁搭了營地，周圍是濕暗寒冷的冰蝕、冰溶洞穴。雖然他在洞穴中有一個白熾燈泡可用來視物，但他無法知道時間。「我想研究時間，」他解釋道，「這是最難以理解、不可逆轉的事情。我想研究一下從生命之初就開始困擾人類的時間概念。」[1]他在日記中記錄下每一天，藉由睡覺和醒來去計算他待在洞中的天數。另外，他也打電話給地面上的科學家，然後記錄下講電話時的實際時間，在談話中對方不會告訴他今天是什麼日子、當下是幾點幾分。

在他獨自於黑暗中度過的幾個月裡，必須忍受孤立和寂寞；忍受周圍搖搖欲墜的穴壁和穴頂崩塌的威脅。「今天早上我大受驚嚇，」他在聽到一連串巨大岩石和冰塊崩塌聲響後寫道，「我的脈搏很快、思緒中充滿了晦暗的想法。在這樣的時刻，一個人會意識到自己的生命毫無意義……出生、生活、死亡，然後——什麼都不是。不！不行！至少該是：出生、創造力，和死亡——用這樣總結一個人的一生才像話。其餘部分才是屬於動物界的。從恐懼中多少回神後，我看著鏡中的自己：一張蒼白浮腫的臉，上面有雙盈滿淚水的憔悴眼睛，從玻璃中瞪視回來。」[2]

這幾個月的焦慮、惶惑和身體壓力造成了傷害。「我逐漸成為……」他後來說，「一個半瘋狂、四分五裂的提線木偶。」[3]即使如此，他還是仔細記錄了他對時間的觀察，他的日記紀錄呈現出一個對時間的推移徹底失去理解的心智：

> 第四十二次醒來：……我似乎對時間的流逝一點把握都沒有。比如今天早上，我打了電話給

地面上的人，談了一會兒之後，我很想知道電話談話持續了多長時間，卻連猜也無法猜……第五十二次醒來……我正在失去所有時間觀念……比如，當我打了電話給地面上的人，並說著我認為現在是什麼時間，以為從我醒來到吃早餐之間只過了一個小時，但實際上有可能已過去了四、五個小時。這有點難以解釋，主要是我認為的時間是我在打電話那一刻的想法，但如果提前一小時打電話，我可能也會說出同樣的數字……很難回憶起我今天所做的事情，要想出來，得耗上一番腦力。[4]

西弗待在地下的幾個月之間，地面上的科學家記錄著他每天清醒和睡覺的週期，從中發現他仍維持在二十四又半個小時左右的一日週期上，他的體內時鐘沒有變，只是人所意識到的時間改變了。西弗吝於配給自己合理的食物量，因為他誤判了所感受到的一天長度，以為自己還有好幾個星期得捱過。在第五十七次醒來（也是此實驗的最後一天）後，西弗認為那天是八月二十日，事實上，已經是九月十四日了，他的時間感比實際日期落後了二十五天。「我低估了將近一半的工作時間或清醒時間，我所認為的七小時『白日』時段，實際上平均為十四小時又四十分鐘。」[5]西弗在離開洞穴後這樣說道。

西弗的經驗證明了，我們的晝夜節律或許能夠承受週期性的光線缺乏，但此後進一步的研究顯示，即使是少量的人造光也會嚴重擾亂這些節律。人造光對睡眠的影響特別深，因為沒有光才能誘導我們的生理時鐘讓松果體發出信號，以增加睡眠誘導激素——褪黑激素的生成。雖然明亮的燈光難以與其他可能導致睡眠問題的事物分開來各自探討——比方說，噪音、咖啡和忙碌的夜晚，不過查爾斯・切斯勒（Charles Czeisler）醫師在波士頓布萊根婦女醫院（Brigham and Women's Hospital in Boston）進行了一項人體對光反應的研究，他發現不僅高強度的人造光會造成影響，長時間低亮度的人造光也會干擾人體生理時鐘，將其向後推遲長達四、五個小時的程度。「這代表大多數的美國人實際上都在過著『夏威夷時間』。對他們來說，睡眠高峰期不是在午夜到凌晨一點，而是在凌晨四點到五點之間……人們卻得被迫早早醒來，在白天又感到疲倦不已。」[6] 克斯勒也指出：「每一次的開燈，我們等於無意間服用著影響我們睡眠、也影響著我們隔天醒來狀況的藥物。」[7]

除此之外，在現代工業社會中，人們往往不會於入睡之前空出在黑暗和安靜中的放鬆時間。儘管現在人類的生理時鐘仍會受季節和一天中的日照量的影響而變化，人們卻不再根據日夜長短的季節變化來改變睡眠時間。比如，在北方溫帶地區的冬季，生理時鐘界定的夜晚很長，而在夏季則很短，但在我們這個時代，一年中四個季節人們都沐浴於十六個小時的光照中，似乎黑夜來臨前的時光，都像盛夏白晝般漫長。

即使是現在眾所期待的「八小時不間斷睡眠」，也可能是工業社會強加的概念——一年中的每一天、一天中的所有小時都被分割，也以同樣的方式來分割：現在要工作；等等要放鬆；再晚則要睡覺。歷史學家羅傑・埃基希發現中世紀的人與現代人睡眠方式不同，每天晚上他們的睡眠是分段式的，在日落後立即上床，睡了四、五個小時（這被稱為「第一期睡眠」），然後在午夜後醒來一兩個小時。有些人得在清醒時分起床工作；學生們埋首讀書；婦女們繼續做白天沒法做的家務；有些人甚至在此時拜訪鄰居，或溜到自家屋外偷木柴和打劫果園；也可能，春宵一刻值千金。但是，人們更常安靜躺在床上休息或聊天，然後再回到充滿夢境的睡眠中（稱為「第二次睡眠」），一直睡到日出。在每天的工作、任務做都做不完的情況下，凌晨那些安靜而自由的時光顯得無比珍貴。

艾克里希指出，隨著人造光的增加，這種分段式睡眠逐漸消失了。[8]到了十七世紀，那些重視夜生活的富人不再繼續用這種睡眠方式睡覺。後來，隨著中產階級也獲得更多的光源，分段式睡眠也從中產階級生活中離開。最後則是勞動階級不再流行這種睡眠模式——儘管這個習慣仍斷續留到十九世紀末。羅伯特．路易斯．史蒂文森在他旅行至法國南部塞文山（Cévennes）的途中時常露天就寢，他觀察到，夜半的清醒期不僅是親近自然的人生活中的尋常現象，也是整個自然界中的常見現象：

> 待在房子裡的人不會知道有這麼樣激動人心的時刻，在熟睡的地球上，一處的清醒會被擴散、傳播出去，讓整個戶外世界都隨之起舞。公雞初啼，但尚未宣布黎明，倒像一個歡欣的守夜人，期待夜晚加速離去。牛隻在草地上醒轉過來，綿羊在帶有露水的山坡草地上嚼食，然後踱步到另一個有蕨類植物的棲地；無家可歸的人和禽鳥躺成一團，忽然睜開了迷濛的眼睛，見到夜晚的美麗……在寂靜的召喚中，在自然溫柔的撫觸中，這些睡著的人突然在此刻清醒，重返塵世？……即使是最熟悉這種奧祕的牧羊人和年邁鄉下人，也料想不出這種夜間清醒的方法和目的。在凌晨兩點，事情就忽然這樣發生了。[9]

如果有機會，許多人會重新回到中世紀的睡眠模式，甚至可能也是原始人類的睡眠習慣。當湯馬斯・懷爾（Thomas Wehr）醫師和美國國立精神衛生研究院（National Institute of Mental Health）的研究人員試圖複製史前人類睡眠狀態時——給定十小時的白晝時間於一群男人身上（生活在中緯度地區的寒冬時所經歷的情形）——發現他們：

> 晚上睡覺時間比平常多一個小時左右，但睡眠時間分散在總共大概十二小時的區間中。他們先早早睡了大約四到五個小時，然後又睡了四、五個小時到早上，隔開兩段睡眠的中間幾個小時是安靜而無慮的清醒時間。稍早的晚上那一次睡眠以深度睡眠、慢波（slow-wave）睡眠為主；清晨的睡眠主要是REM睡眠（rapid eye movement sleep，快速動眼期睡眠），其特點是會有生動的夢境。而清醒時間，腦波測量顯示類似於冥想狀態。[10]

「我們認為湯馬斯・愛迪生對人體生理時鐘的影響比所有人想的都還要大。」[11]克斯勒醫師說。喜歡在自己實驗室桌上小憩的愛迪生，可能也會很樂意這樣想，因為他曾經說過：「只要減少人類睡眠總量，就會增加人類能力的總和。人根本沒有什麼理由上床睡覺。」[12]現在很少有人會同意愛迪生，因為就算我們可能不知道為什麼需要睡覺，但大都了解睡眠是不可或缺的。隨著研究者更深入理解睡眠，他們發現了有關睡眠匱乏造成人類生理和心理健康上巨大損害的更多根據：睡眠不足的人更容易有高血壓和高血糖現象，睡眠不足會抑制免疫系統作用，也會影響記憶力和大腦功能，並改變控制食慾的瘦體素（leptin）的荷爾蒙濃度，而導致肥胖。

我們可以設法減輕人造光對生理時鐘造成的嚴重破壞：睡眠研究所、睡眠計畫、睡眠醫生都開出了回復古老生活的處方，除了建議失眠者每天運動，避免服用讓中樞神經興奮的物質，在晚上將步調放慢，也建議夜間應避免使用強光，睡覺要在黑暗的房間裡睡到天亮。然而，受到我們光害影響的其他生物就只能默默承受，自己想辦法適應這些光。無論是在黑暗中狩獵的夜行動物，或是白天出外、夜間睡覺的動物，另外還有睡覺時保持站立、可能睜著一隻眼睛、或躲躲藏藏的各種動物——全都任光擺布、任憑宰割。人類的光不只影響牠們的晝夜節律，也可能會影響到動物的生存機會，甚至改變演化方向。

與人類一樣，無處不在的光對野生動物的影響不太容易能單純分開來看，因為伴隨而來的還有環境變化的影響和棲地的減少：建築物和道路擾亂了覓食路線，噪音和人類活動損害了許多動物的捕獵能力。人類的活動創造出新的生態系統，人造光只是其中的一部分。威廉・A・蒙特維奇（William A. Montevecchi）說：「離岸開採碳氫化合物的平台很快帶來了人工礁岩構成的海洋生物群落。這種礁岩吸引來植物、甲殼類動物、魚類和魷魚的聚集和繁衍……平台的燈光吸引了無脊椎動物、魚類和鳥類，而較高營養階層的生物又被較低營養階層的生物和燈光照明吸引過來。」[13]

單單是光，也改變了一切。對於許多夜行動物來說，牠們要在夜晚中找出藏身和視物之間的平衡點。哺乳動物喜歡待在陰影中，避開會暴露自身、容易受到捕食者攻擊的滿月夜晚。人造光不僅使哺乳動物更難以躲藏，也讓它們原本敏銳的夜視能力下降，變得無法保護自己的安全和覓得食物：

> 許多夜行物種只使用視桿細胞，而太過明亮的照明會使其視網膜達到負荷上限。雖然很多動

物……基本上有視錐細胞，可以在幾秒鐘內切換過去，但這幾秒內會是眼盲的。而一旦切換到使用視錐細胞，照明較暗的區域看起來會變成黑的，動物可能因而迷失方向，無法正確分辨黑暗區域……遇到危險也不願意逃到自己看不清的陰影中……還有，如果動物長時間處在高明亮度的地方、使用著視桿細胞，時間長到令視桿細胞飽和的程度，那麼返回黑暗之後，牠在十到四十分鐘內會處於極度的劣勢。[14]

光也改變了夜間動物與世界協調的方式。一條鋪有路燈的道路會產生一種視覺障礙：動物看不到燈光之外的地區，必須花費更多時間、更加謹慎和更多心力來行動。一位科學家在研究南加州南美洲獅的習性時發現，一隻美洲獅「在夜間第一次探索新棲地時，停在一條橫跨牠移動路線的發光高速公路上……有時美洲獅會一直睡到天亮，日出後找個可以看到高速公路以外地形的位置。隔天晚上，如果越過公路後是野地，美洲獅就會試圖過馬路；如果越過之後是工業用地，它就會轉身回去。」[15]

對生物而言，夜晚的自然光線跟黑暗同等重要。由於光線是以直線傳播，鳥類和哺乳動物可以利用天體的光線進行導航和定位，當人造光源入侵時，便會造成誤導，令動物混淆。想想人造光對鳥類造成的影響：幾個世紀以來，夜間飛行的動物會被燈塔吸引。當埃迪斯通燈塔管理員還在吃可食用油做成的蠟燭那個時代，燈塔燈光較弱，沒造成什麼麻煩。但在一張描繪一九一二年埃迪斯通燈塔的插畫中，可見到被鳥群包圍的燈塔，一隻又一隻鳥紛擾而混亂地竄上天空，盤旋在白色石塔周圍。到了現代，人造光之於鳥類的危險倍增，鳥類受高樓大廈燈火通明的窗戶、天線塔和通信塔上的燈光所吸引，要不是直接撞上去，就是不斷繞圈圈直到筋疲力盡為止。鳥類也會聚集在海上開採石油天然氣平台的火光周圍，特別是「在霧氣瀰漫的夜晚，當鳥類飛近、穿過火焰，當場會被燒死」[16]。不只有高處的燈光會造成問題，水鳥和沼澤鳥類可能會將燈光反射表面誤認為是水面，一旦降落在乾燥的地面上，就無法輕易再次起飛，在掙扎著要飛走的同時，鳥正好就暴露在危險中，非常脆弱。尋找生物性發光獵物的夜行海鳥也被燈光誤導，感到迷惑，覓食變得困難。而就算被光線困住的鳥類設法逃過一死，卻也得消耗本來不能浪費的寶貴體力。對於遷徙動物來說，人造光造成的混亂，往往也導致延遲抵達繁殖地或越冬地。

不只光本身，光所持續的時間也會影響鳥類，牠們沐浴在整整十六小時光照下，也會筋疲力盡。人造光觸發了鳥類對早晨時間的感知，也導致鳥兒在日落後鳴叫不止，甚至會延續一整夜。人為所延長的一天時間也會影響鳥類的遷徙和繁殖模式。

在動物世界中，即使是入夜後一盞街燈下發生的事情，也會帶來複雜而深遠的影響，因為一盞燈就可能改變生態系統的平衡。飛蛾和昆蟲聚集在路燈周圍，蝙蝠和蟾蜍則過來獵捕好捕食的獵物。一位科學家指出：「在蝙蝠之中，靠人工照明捕食的習慣變得普遍，我們甚至要把人工照明當作許多蝙蝠物種的一般棲地的一部分。」[17]這卻增加了昆蟲面對捕食者所受到的壓力，也改變了不同蝙蝠物種之間的關係，因為儘管都以類似的昆蟲種類為食，但不是所有蝙蝠都依靠光來捕食。路燈的存在使利用燈光捕食的物種比其他蝙蝠更有競爭優勢，而不靠光捕食的蝙蝠因為競爭力下降而數量隨之減少。人類改變生物的棲地，刺激了昆蟲、哺乳動物、鳥類和爬行動物重新適應環境，影響未來生物的生命編碼，「人類正在改寫這些受影響物種的演化軌跡，使牠們適應新的演化條件，」生物學家布萊恩・布坎南（Bryant Buchanan）寫道，「單純保護物種豐富度或族群規模，並不能保障這些分類群（taxa）中演化和行為的多樣性。」[18]

有時，人造光會成為演化上的陷阱，一個物種一直以來的生物必然性（biological imperatives）有助其生存許久的時間，現在人造光卻將這種必然性變成了物種的負擔。這類演化陷阱最著名的例子，是赤蠵龜面臨（loggerhead sea turtle）的困境。赤蠵龜的壽命可達一百三十年，早在地球上有人類之前，就居住在沿海水域，在淺灘覓食：沙錢、蛾螺（whelks）和海螺為都是其獵物。年復一年，雌龜會從海浪中爬上來到沙灘上築巢。為了安全，赤蠵龜一直偏好有黑暗當掩護，而現在人為開發過的海岸燈光明亮，常讓牠得要遠離主要的築巢地點才行。最後終於找到築巢的地方時，她用鰭肢（flippers）沿著沙岸挖一個坑，然後將一堆卵放在裡面，「因為赤蠵龜這種習慣維持了一億年，」大衛・埃倫費爾德（David Ehrenfeld）寫道，「牠用同樣緩慢的節奏、有著同樣巨大的身體（為其屏障著頭上的星光和雨水）、尖頭和近視眼——眼眶周圍沾上了一些沙子，又被淚水沖刷掉。」[19]

然後雌龜蓋住巢穴，返回大海。龜卵需要數月才會孵化，在此期間，如果雌龜沒有選在最理想的地方築巢，龜卵就容易受到暴漲的潮水、暴風雨和捕食者的攻擊。如果卵在孵化期間存活下來，那麼幼龜就會自己破卵而出，得要拚命挖掘表面的沙土然後離巢。如果表面的沙子是熱的，他們就知道還是白天，會往下挖洞待在裡面，等到日落沙子冷卻後，再開始跋涉前往大海。幼龜會自動往最亮的地平線移動，數千年來牠們都會從黑暗的沙丘和植被爬到比內陸更明亮、倒映著星光與閃閃發亮的月光的海洋。在一片黑暗中，小海龜跋涉到海上的路途通常不會超過兩分鐘。

但是開發過的海濱有公寓大樓、街燈和商業區的光亮，小海龜會被人造景觀夜間的光彩誤導，並爬向陸地高處而不是大海，牠可能爬上公路而被汽車撞死，或是就這樣一路爬到筋疲力竭而亡。如果小海龜真的順利重新定位，也回到水中，牠們的死亡率（已經相當高，因為蠵龜寶寶得突破充滿捕食者的浪潮，至少再游一整天才能到達棲地）這時就更高了。

光的影響無遠弗屆。光影響魚類的覓食、生長模式以及遷徙的時間。光改變了昆蟲在水面上的漂流時的流向，以及浮游動物和魚類的垂直遷移。光降低了生物性發光動物的效果：螢火蟲曾經明亮到足以點亮夜晚的整個村莊，但現在，人造光在上，螢火蟲無法與之爭輝，難以用光吸引到配偶。植物也無法對光免疫，適度的光照和黑暗讓植物能獲得當下有專屬授粉者（pollinators）的信號，也就不需要跟其他植物競爭。粗糙多刺的蒼耳（*Xanthium pensylvanicum*）可以在空地和垃圾堆之中蓬勃生長，也會附著在衣物及毛皮上。然而，夜晚的長度是主導蒼耳理想開花時機的關鍵，而且黑暗必須連續不中斷：「在漫長的夜晚中間即使有短短一分鐘的光線也會阻止蒼耳開花。」[20]

最令我們人類感動的溫馨燈光，卻會對野生動物造成不良影響。二〇〇四年，為懷念二〇〇一年九月十一日九一一事件罹難者舉行的年度燈紀念「光塔」期間，紐約市的觀眾對「成千上萬的小星星漂浮在空中」[21]的狀況相當驚奇。那時正值秋季鳥類遷徙期間，是一個平靜無月之夜。飛蛾順著著燈柱中上升的暖空氣，向上盤繞、飛到了超過十五層樓高的高度，數千隻鳥也被吸引到燈柱，在飛蛾上方的燈光中盤旋著。很少有人知道他們看到的「小星星」是什麼。「有些人認為它們是點點塵埃，」

《紐約時報》報導。其他人，或許還記得幾年前那個晴朗日子裡碎片殘骸如雨落下的情景，在正確答案公布前說道：「有些人看到後認為是灰燼；有些人覺得那是從燈柱中放出的煙火；有些人則以為看到了逝者之靈。」[22]

當然，沒有人看到星星，因為城市的夜晚光輝太過燦爛，蓋過了星光。

參考文獻：

1 Michel Siffre, *Beyond Time: The Heroic Adventure of a Scientist's 63 Days Spent in Darkness and Solitude in a Cave 375 Feet Underground,* ed. and trans. Herma Briffault (London: Chatto & Windus, 1965), p. 25.

2 出處同上：pp. 154–55.

3 Michel Siffre, "Six Months Alone in a Cave," *National Geographic,* March 1975, p. 428.

4 Siffre, *Beyond Time,* pp. 166, 181–82.

5 出處同上：pp. 222, 225.

6 Warren E. Leary, "Feeling Tired and Run Down? It Could Be the Lights," *New York Times,* February 8, 1996, http://www.nytimes.com (accessed August 9, 2007).

7 Dr. Charles Czeisler, quoted ibid.

8 See A. Roger Ekirch, "Sleep We Have Lost: Preindustrial Slumber in the British Isles," *American Historical Review*

106, no. 2 (April 2001), http://www.historycooperative.org/journals/ahr/106.2/ah000343.html (accessed July 4, 2007).

9 Robert Louis Stevenson, "A Night Among the Pines," in "*Travels with a Donkey in the Cévennes*" *and* "*The Amateur Emigrant*" (London: Penguin Books, 2004), pp. 56–57.

10 Natalie Angier, "Modern Life Suppresses an Ancient Body Rhythm," *New York Times,* March 14, 1995, http://www.nytimes.com (accessed August 9, 2007).

11 Czeisler, quoted in Leary, "Feeling Tired and Run Down?"

12 "Edison's Prophesy: A Duplex, Sleepless, Dinnerless World," *Literary Digest,* November 14, 1914, p. 966.

13 William A. Montevecchi, "Influences of Artificial Light on Marine Birds," in *Ecological Consequences of Artificial Night Lighting,* ed. Catherine Rich and Travis Longcore (Washington, DC: Island Press, 2006), p. 100.

14 Paul Beier, "Effects of Artificial Night Lighting on Terrestrial Mammals," in *Ecological Consequences of Artificial Night Lighting,* pp. 32–33.

15 出處同上，p. 34.

16 Sidney A. Gauthreaux Jr. and Carroll G. Belser, "Effects of Artificial Night Lighting on Migrating Birds," in *Ecological Consequences of Artificial Night Lighting,* p. 77.

17 Jens Rydell, "Bats and Their Insect Prey at Streetlights," in *Ecological Consequences of Artificial Night Lighting,* p. 43.

18 Bryant W. Buchanan, "Observed and Potential Effects of Artificial Lighting on Anuran Amphibians," in *Ecological Consequences of Artificial Night Lighting,* p. 215.

19 David Ehrenfeld, "Night, Tortuguero," in *Ecological Consequences of Artificial Night Lighting*, p. 138.

20 Winslow R. Briggs, "Physiology of Plant Responses to Artificial Lighting," in *Ecological Consequences of Artificial Night Lighting*, p. 401.

21 Michael Pollak, "'Towers of Light' Awe," *New York Times*, October 10, 2004, http://www.nytimes.com (accessed October 13, 2008).

22 出處同上。

第二十章　少即是多

在劃下第二支火柴時，燈芯點燃。光線鮮豔而變幻多端，帶我遠離此方世界的同時，周圍夜晚的黑暗倍增。[1]

——羅伯特・路易斯・史蒂文森
《塞文山脈的騎驢遊記》（*Travels with a Donkey in the Cévennes*）

在十九世紀末，文森・梵谷在法國南部黑暗天空中看到了無窮細節。「有一天晚上，我沿著空曠的海岸在海邊散步，」他在一八八八年寫給弟弟西奧的信上提到，「深藍色的天空中點綴著更深藍的雲，不是鈷藍色那種基本的藍色或者其他清晰的藍色，而像是銀河中帶藍的白色。在藍色的縱深處，星星閃著綠色、黃色、白色、粉紅色的光芒，比房屋裡的寶石、甚至比巴黎夜空更加璀璨，你可以說分別像是蛋白石、祖母綠、青金石、紅寶石、藍寶石的光芒。」[2]正如梵谷在煤氣燈的幫助之下畫出的天空，他描繪了星辰和人類之間千絲萬縷的關係。在《星夜》（*Starry Night*）這幅畫中，相較於翻騰的星群和新月，亞爾村莊的燈光看起來親切而微小；而在《隆河上的星夜》（*Starry Night Over the*

Rhône）一畫中，人類之光和星光彷彿彼此交談，一對夫婦站在畫作的底部偏中央，被亮光構成的同心圓環住，在夫婦身後遠處亞爾的路燈在河上映射出光帶，像一條條緞帶攤開在河面上。而更遠處，小鎮本身就是地平線上的亮點，不至於太亮而干擾頭頂上的星光，也不減損夜晚的龐大、有別於地上的人造光之感。星芒凸顯出的那片夜空，恰恰占據了畫布的一半。

《夜晚露天咖啡座》（*The Café Terrace at Night*）畫上的亞爾鎮中，人類在鵝卵石街道的生活與星辰之間協調出一個適度距離：煤氣燈的光芒流瀉在咖啡館的牆壁和屋頂罩篷上，二樓和三樓的窗戶這裡一點、那裡一點，透出私人住宅的紅光，一些商家櫥窗也亮著光，但在露天咖啡座之外，黑暗陡然增加；星光灑落在建築物之間的縫隙。今天天體物理學家查爾斯・惠特尼（Charles Whitney）認為，「有鑑於咖啡館燈光可能產生的干擾，梵谷讓這小塊夜空的星光『過亮』了」[3]。但梵谷本人曾經堅持說：「如果我呈現的畫是正確的，我才會該覺得糟糕……我不希望我的畫有客觀上的正確性……反而正希望帶有某種不正確——對現實的偏差、重塑和改變。所以我的畫——如果一定要這麼說的話——就是謊言……但比現實更真。」[4]我們可以想像，梵谷那個時代的真實，是與塵世生活相對的。那是身處在夜晚的生活中，仍不忘對星星沉思、堪稱以天為家的雅趣。

對於許多人來說，光污染現在已相當普遍，妨礙了觀察夜空的機會，特別是霞光——夜空在城市、城鎮和工業區周邊映出了橙色亮光，在更高的空中會褪為紫色亮光——阻礙了我們的視野。雖然從月球、地球和宇宙塵埃中反射出來的陽光，以及通過大氣層散射的星光，都會產生一些自然的霞光，但是無處不在的家庭、商業和路燈燈光，才是霞光的大宗來源。在二十一世紀，連從空曠郊區的後院所見到的夜景，也只能少少看到幾顆昏暗的星星。已開發國家的人常見的夜空，彷彿永遠沐浴在月光的銀輝中，至少是上弦月的亮度。對於大城市的人來說，頂頭的夜空比鄉間滿月之夜前後的天空更亮。至於銀河，那橫在塵埃、星群和大氣間的星橋——奧維德（Ovid）曾形容它「擁有自己的佼佼光輝」[5]，但三分之二的美國人和一半歐洲人的肉眼卻看都看不到。

銀河的存在一直具有傳奇性，也有各種稱呼：「鹿躍」、「銀色河流」、「偷稻者之路」、「群鳥之途」、「白象之道」、「冬之路」、「天堂的尼羅河」……銀河在晚上引導朝聖者的路途，因此也被稱為「天河」、「聖地亞哥之道」、「羅馬之道」。但現在銀河的樣子之於人卻非常陌生，以至於當一九九四年大地震，加州洛杉磯的燈光熄滅時，「洛杉磯地區的緊急應變機構、天文台和廣播電台接到了一百通電話想詢問：是不是星星突然變亮，以及『銀色雲朵』（銀河）的出現引發了地震？」[6]

如果你看不見銀河，應該也就分辨不出四等星。星等（magnitude）的衡量是根據地表上星星看起來的亮度來計算，最亮的星體可以是負的：天狼星為-1.5，金星是-4.5。在銀河無法現形的中度光污染的天空中，大約有三百顆二等星和三等星仍然可以見到，但所有較暗的星星——八千顆四等、五等和六等星都消失無蹤。此外，受到光污染的天空中的所有星星之於我們，都不如我們祖先所能看到的那樣明顯，因為我們生活中的人造燈光總是太過明亮，抑制了眼睛的視桿細胞：「因為夜空太亮，世界上約十分之一的人口（超過百分之四十的美國人口和六分之一的歐盟人口），不再用能夠適應夜視的眼睛來觀察天空。」[7]

天文學家是伽利略真正的傳人，他們最深切感受到星星的消失。正是伽利略立起第一架望遠鏡、朝向夜空來觀看。他在一六一〇寫道：「當然，看到更多昔日肉眼可見的恆星是一件很棒的事情，但絕妙的是能看到更多前所未見的星星，比我們熟知的古老星辰還多上十倍。」[8] 伽利略第一次觀星，就發現了四顆繞行木星軌道的衛星，加強了他日心宇宙（以太陽為中心的宇宙）的信念：

在此我們有著細緻而優雅的論據，可以平息那些人的懷疑，因為他們的心靈即使能平靜地接受哥白尼所提出的革命性系統中的太陽，卻無法不受月亮孤伶伶繞著地球旋轉這件事而困擾……但現在我們不只有一顆星球繞著另一顆星球旋轉……還可親眼見到四顆星球環繞在木星周圍——就像月球繞地球一樣，所有的線索都描繪出一張以太陽為中心旋轉的圖像。[9]

伽利略還觀察到，亞里斯多德所認為的完美月亮「外表卻沒有打磨得光滑，實際上到處都像地球表面一樣看起來粗糙和不平整，有巨大的隆起，也有深谷和裂隙」[10]。而關於銀河：「在望遠鏡的幫助下，可以直接檢視銀河，所有長久以來困擾哲學家的爭議都獲得了解決，我們終於可以擺脫冗長的辯論。銀河事實上只不過是無數星團的集合體。」[11]

在伽利略之後的幾個世紀中，隨著望遠鏡演變得更加強大和精細，愈來愈多天文學家可以看到更遠的太空，也可以看到更久遠之前的時間。他們看到了仙女座星系（Andromeda）、類星體（quasars）和黑洞。觀星的最佳位置之一是在海拔較高的加州南部，那裡的夜晚一般都很晴朗，山脈高度剛好，沒有高到讓山峰陷入在雲層或風雪中，卻能高出沿海平原密度較高的大氣層和霧氣。山峰上的空氣通常也很平靜：太平洋海流上盛行的向岸風（on-shore winds）平順地經過。這種穩定性也使星辰外觀看起來同樣很平靜，天文學家稱這樣很「好看」，因為流過地表的氣流會使光線扭曲並導致星星閃爍（地球上一般人看到的星光會閃動，但相對來說在軌道上的太空人看到的星星卻亮得很穩定）。

在加州南部山脈峰頂上所見的景況非常難得，於是二十世紀上半葉這裡成為世界上一些重要天文台的所在地，第一座是建於一九〇四年的威爾遜山天文台（Mount Wilson Observatory），位於洛杉磯郡聖蓋博山（San Gabriel mountains）。歷史學家羅納德·佛羅倫斯（Ronald Florence）說：「許多天文學家認為，在一個空氣寧靜、星辰清晰的美好夜晚，這可能是世界上觀察夜空的最理想的地方。」[12]但到了一九二〇年代後期，當喬治·埃勒里·海爾（George Ellery Hale）開始尋找可以建造他兩百吋望遠鏡的適當位置時，洛杉磯市區和郊區已經擴散到威爾遜山山腳，都市的燈光已經影響到黑夜中的觀測工作。因此，海爾決定將他的望遠鏡安置在離城市更遠的地方——位於有著蕨類植物植被、海拔五千六百呎的帕洛馬山（Palomar Mountain）上。帕洛馬山仍然是人們到達得了的地區，但離聖地亞哥四十五哩，距洛杉磯盆地一百哩，而根據一九三〇年的人口普查，聖地亞哥的人口大概二十一萬，洛杉磯和奧蘭治的人口不到二十五萬——似乎可以避免光污染的影響。

雖然海爾和他的資助人在一九三〇年已經決定好兩百吋望遠鏡的放置處，但望遠鏡的完成還需要將近二十年的時間：單單在紐約的康寧玻璃工廠（Corning glass factory）用派熱克斯玻璃（Pyrex）打造好就要花上幾年的時間，另外還要花一年的時間在退火爐（annealing oven）中慢慢冷卻，之後要以每小時二十五哩的速度乘火車穿越全國，在白天行駛，天黑後停止。離開康寧工廠的十六天後，望遠鏡抵達加州帕薩迪納（Pasadena）市的一家光學實驗室，在那裡待了十多年，讓技術人員用研磨漿料（slurries of abrasive）和紅色細粒研磨劑（polishing rouge）磨掉一萬磅的玻璃，並將鏡片塑造成拋物面。同時，工作人員改善了通往帕洛馬山頂的道路，在山上接通水電，並建造了一個半球體建築來容納海爾望遠鏡。一九四一年，日軍襲擊珍珠港，大多數參與計畫的人在戰時被徵召入伍，帕洛馬山的工事暫停了幾年。而一九四八年，望遠鏡終於被卡車載上山。雖然南加州的人口顯著增長，羅斯福新政電氣化政策也增加了家庭和街道上的照明，但帕洛馬山仍是一座從沙漠中拔地而起的遙遠山峰。牛在高山草原上吃著青草，光再亮，也無法影響到此處的天文台。

一九四九年一月，海爾望遠鏡首次亮相，著名的天文學家愛德溫·哈伯（Edwin Hubble）那時候聲稱：「兩百吋望遠鏡可以探測的空間大約是以前研究用望遠鏡的八倍……我們現在可觀察到的太空範圍已相當大，可以將其作為整個宇宙的小範圍取樣。」[13] 經過幾個月的最終調整——望遠鏡技師用手持式軟木塞拋光器和自己的拇指，拋光了鏡頭最後薄至五、六百萬分之一吋的部分——望遠鏡正式開始用來進行太空探索和研究。透過望遠鏡可辨識出星星，科學家調查它們的誕生、演進和死亡；研究了星系的運作；探尋宇宙本身的年齡。「天文學是一門漸進的科學，」佛羅倫斯寫道，「每個夜晚增加著數據；多瞥了宇宙片段幾眼；丈量了更大的範圍……在宇宙知識不斷的積累中，海爾望遠鏡功不可沒，成就了二十世紀天文學的重要歷史進展。」[14]

但到了六〇年代，光污染開始影響帕洛馬山天文台進行的暗空研究的品質——情況就如同過去五十年來世界各地的天文台受到的影響。某些地方由於光污染的緣故，幾乎難以或無法再進行暗空觀測，比如多倫多郊外的大衛．鄧拉普天文台（David Dunlap Observatory）和芝加哥郊外的葉凱士天文台（Yerkes Observatory），都轉變成歷史景點和教育中心。至於還在運作中的天文台，有相當多的天體也根本無法讓天文台的人看到。「那就像在明亮的日光下尋找筆式手電筒的小小閃光，」一位圖森（Tucson）郊外基特峰國家天文台（Kitt Peak National Observatory）的天文學家評道，「天空一增加百分之二十的亮度，代表需要多花百分之四十的時間記錄同樣微弱而遙遠的物體。同樣在操作昂貴望遠鏡的寶貴時間內，你能做到的觀察變得更少。」[15]

有時夜晚甚至沒有足夠的黑暗時間來記錄天體。此外，水銀燈（最受歡迎的街道照明燈）不僅會遮擋星光，也影響了天文學家所拍攝的天體光譜——會把經過望遠鏡的光線分解出組成它的各色光線。天文學家大衛．科恩里奇（David Kornreich）解釋道：

當拍攝一系列像星系這樣的發光物體時，你會發現光譜並不平順，而是由多條線所組成。每條線都是有某種化學物質存在的獨特指標。透過研究這些線的強度，天文學家可以推測出觀察到的天體的化學成分和溫度……而水銀燈光在光譜的所有區段都有大量的光譜線，這些光譜線會干擾天文觀測。[16]

到了一九八〇年，當聖地亞哥的人口增長到快要兩百萬時，帕洛馬周圍的光污染已經變得非常嚴重，之後幾年天文台科學家為了阻止光害的增長，開始與周圍的城鎮合作，郡政府也試圖減少該地區不必要的照明和眩光。光污染本身可能跟現代照明一樣複雜，因為除了遍地都是個人光源，人造光種類也相當繁多——白熾燈、低壓或高壓鈉汽燈（sodium vapor）、低壓或高壓水銀燈、鹵素燈、螢光燈、LED——種類不同，影響周圍環境的方式也不同。而無論是哪種類型的燈光，每個地方的照明效果總是在變動中，因為燈的強度和光輝的清晰度會受到天氣、大氣中的灰塵和氣體，以及天空的多雲或清澈程度所影響。照明的方向和路徑也會造成不同效果，天文學家巴布·米容（Bob Mizon）寫道：「光線以小角度從水平線切往上照的路徑……會引起更多的霞光，因為光往大氣層前進的路線會經過更多的粒子和水滴，因而散射出去。」[17] 光最終照到什麼樣的物體表面也很重要，潮濕或乾燥、光滑或粗糙、暗或亮都會影響光線的反射率。

帕洛馬天文台的科學家和各級政府官員試圖制定分區照明條例來減少天文台所受到的光害。他們對裝飾性燈光（比如廣告看板燈和戶外銷售區域的照明）規定了嚴格的遮擋要求，人造光得朝下照射。他們還訂立晚上十一點過後禁止非必要照明，並規定在天文台半徑十五哩範圍內禁止裝飾性照明。加州河濱郡（Riverside county）還用更高效的鈉汽燈取代了原本的水銀燈路燈，因為鈉汽燈不會干擾天體的光譜。

而即使傾南加州官方和民間之力，試圖要控制光污染，帕洛馬天文台的觀測視野還是逐漸受到光害影響。來自鄰近城市的水銀燈光已經太過燦爛耀眼，天文學家再也無法觀察到天體某些區段的光譜。一位天文學家在一九九九年指出：「當我們透過山脈間的空隙就可以直接看到城市的燈光，代表城市的光線甚至未經天空反射就直接射入了望遠鏡。許多觀測人員已經放棄了對西南方天空的觀察，因為這個方位的光污染已經太過嚴重。」[18]

理查德·普雷斯頓（Richard Preston）指出，光污染模糊了我們對外太空的理解，也等於模糊了我們對時間的理解，因為望向遠方「相當於望向過去的時間」：

> 宇宙正如我們所見，可以想像成一層層以地球為中心的同心圓，也是一層層倒回去的時間。最接近地球的這層包含著與我們時間和空間最接近的星系影像。較遠處的是較遙遠星系（在我們現在這個時代之前才存在的星系）圖像。更遠的是早期宇宙的那層，從那裡到達望遠鏡鏡頭的光子幾乎和宇宙本身一樣古老。類星體則是明亮的極小光點，看起來環繞著地球四面，閃耀著來自遠古時期的時間。在類星體之外，可觀測的宇宙有一道水平線盡頭，可以想像為最外層的內壁，水平線是我們回望過去時間的極限，也代表著初始時期的影像。[19]

雖然第一個被送上太空的哈伯太空望遠鏡（Hubble Space Telescope）位置已凌駕於大氣層造成的扭曲和光污染影響之上，傳回地球的圖像比之前的觀測都來得清晰和深入，但太空望遠鏡非常昂貴且不穩定，不能完全取代人類在地表上對暗天的觀察和思考——無論是在條件難得的帕洛馬山，科學家人數過多，只好在排隊等待使用望遠鏡前，打發時間玩撞球的景況；或是業餘天文學家在偏遠牧場以木頭和鏡子自製成的望遠鏡細數星辰；還是在農莊的後門某個孩子的舉頭仰望。

也或許，目前已失去的夜空蘊含的意義，比我們所能知道的還有著更深遠的影響。「於是人類誕生，」奧維德在《變形記》（Metamorphoses）中寫道：

無論人類是來自更善美的世界的造物主所播下的天賜種子；或者是方從至高天孕育出的新生大地中，取來含有天空殘餘的碎片；普羅米修斯將之與雨水混合，以全能神的形象塑造出人類，當其他動物匍匐在地，普羅米修斯給人上仰的面孔，令他們保持直立，朝向天際，仰望星辰。因此，先前未經雕琢且無形的土地，賦予了人類前所未有的形象。[20]

參考文獻：

1 Robert Louis Stevenson, "Upper Gévaudan," in *"Travels with a Donkey in the Cévennes" and "The Amateur Emigrant"* (London: Penguin Books, 2004), p. 30.

2 Vincent van Gogh to Theo van Gogh, letter 499, in *The Complete Letters of Vincent van Gogh*, vol. 2 (Greenwich, CT: New York Graphic Society, 1959), p. 589.

3 Charles Whitney, "The Skies of Vincent van Gogh," *Art History* 9, no. 3 (September 1986): 353.

4 Vincent van Gogh to Theo van Gogh, letter 418, in *The Complete Letters of Vincent Van Gogh*, vol. 2, p. 401.

5 Ovid, *Metamorphoses*, quoted in Bart J. Bok and Priscilla F. Bok, *The Milky Way* (Cambridge, MA: Harvard University Press, 1981), p. 1.

6 Terence Dickinson, *NightWatch: A Prac- tical Guide to Viewing the Universe* (Buffalo, NY: Firefly Books, 1998), p. 47.

7 P. Cinzano, F. Falchi, and C. D. Elvidge, *The First World Atlas of the Artificial Night Sky Brightness*, abstract, p. 1,

http://www.inquinamentoluminoso.it/cinzano/download/0108052. pdf (accessed June 8, 2009).

8 Galileo Galilei, *The Starry Messenger,* p. 1, http://www.bard.edu/admission/forms/pdfs/galileo.pdf (accessed June 8, 2009).

9 出處同上：p. 14.

10 出處同上：p. 1.

11 出處同上：p. 10.

12 Ronald Florence, *The Perfect Machine: Building the Palomar Telescope* (New York: HarperCollins, 1994), p. 106.

13 Edwin Hubble, quoted ibid., p. 395.

14 Florence, *The Perfect Machine,* p. 404.

15 Quoted in Mari N. Jensen, "Light Pollution in Tucson," *Tucson Citizen,* August 21, 2001, http://www-kpno.kpno.noao.edu/pics/lighting/tucsoncitizen_8_21_01light.html (accessed October 14, 2008).

16 Dave Kornreich, "How Does Light Pollution Affect Astronomers?" *Curious About Astronomy? — Ask an Astronomer,* April 1999, p. 1, http://curious.astro.cornell.edu/question.php?number=194 (accessed September 18, 2007).

17 Bob Mizon, *Light Pollution: Responses and Remedies* (London: Springer-Verlag, 2002), p. 34.

18 Kornreich, "How Does Light Pollution Affect As- tronomers?" p. 2.

19 Richard Preston, *First Light: The Search for the Edge of the Universe* (New York: Atlantic Monthly Press, 1987), p. 24.

20 Ovid, *Metamorphoses,* trans. A. S. Kline, 1.68–88, http://etext.virginia.edu/latin/ovid/trans/Metamorph.htm (accessed June 29, 2009).

第二十一章 一瞬之光，未來之光

靈氣之光一閃即逝，那便是我們的生命……[1]

——亨利・福西永（Henri Focillon）《藝術中的生命形式》（*The Life of Forms in Art*）

我們想像出遠古時代的世界，是由一簇簇搖曳不定的陰暗燭火、由一群陌生的人、陌生燈光發出的劈啪聲和氣味向黑暗雕鑿出的世界——那些光來自燈芯草、苔蘚、雲杉嫩枝、牛羊油脂、鯨油和松樹。在光線匱乏的世界裡，絢爛至極的光是曇花一現的夢想，迅即幻滅。那時的光是一回事，發光用的原料是另一回事：窮人用的是燈芯草；教會用蜂蠟。但那些人、那些光離我們並不是那麼遙遠。生活在光明世界的我們，仍然延續那些沒有光明之人的渴望，儘管只要我們想要，就能擁有任何光，能在瞬間擁有任何一種光——我們仍然夢想著極至的絢爛、奪目的光輝。

基於我們所擁有的光，也基於我們所了解的光的力量，和資源的有限，也考量到氣候變遷的問題——我們該選擇什麼光來照亮我們的未來？我們能否克服對更多、更強、更明亮的光源的欲望？我們能理性思考光，思考它之於我們的意義嗎？我們對光的首要要求，就是希望它在黑暗中帶給我們一些安全感。除了空襲轟炸的威脅，或是訊問光的刺目，光幾乎總讓我們感到更安心。然而，光是否真的能保障我們的安全，這是一個懸而未決的問題，自十七世紀以來一直有爭議——當時一些歐洲城市明令禁止路燈，因為他們擔心路燈會鼓勵盜賊和醉鬼，即使其他城市希望維護夜晚的秩序，而正要開始裝設路燈。

儘管歷來犯罪分子會躲著光（至少中世紀的小偷會避開滿月的夜晚），但當他們逮住好機會時，連光也趕不走他們。英國天文學家巴布．米容指出：「根據犯罪受害者的經驗，以及二〇〇〇年十月出版的《內政部犯罪調查》（*Home Office Crime Survey*）表明，擁有安全照明的房屋跟沒有安全照明的房屋一樣可能會被入侵。」米容還提到一段故事：「有座夜間無人、燈光也不太亮的車庫，坐落在一條主要高速公路附近，竊賊會開車停在旁邊，在柵欄上挖一個洞，拿走一些零件，再快速離去。當警察終於逮到一名竊賊時，問他說『如果光更亮，會有幫助嗎？』竊賊答：『當然，我可以更快進出，而不會被抓住。』」[2]

從伊利諾州刑事司法訊息管理局（Illinois Criminal Justice Information Authority）的一項研究來看，光照與犯罪之間的關係相當複雜。他們評估了一九九〇年代後期芝加哥小巷道增加照明所帶來的影響，芝加哥市街道衛生清潔局（Department of Streets and Sanitation）用兩百五十瓦燈替換了九十瓦的路燈，在之後幾個月中，暴力犯罪實際上增加了百分之十四，財產侵害的犯罪增加了百分之二十；濫用藥物的情況增加了百分之五十一；而小巷裡白天的犯罪減少了百分之七。[3]研究者對於犯罪率為何提高這麼多背後的原因尚未得出明確結論，但他們認為可能是公民和警察在燈火通明的小巷中見到了更多的罪行，因此也通報了更多的罪行。但也許，更強的照明使居民感到更加安全，因此更多的人趕冒險在天黑後行動，活動的增加，可能導致犯罪增加。

而光和安全之間的相互關係可能永遠也無法解釋清楚，因為光可以做到什麼，和我們想像光能做到些什麼——兩者難以分開來看。我們堅持明亮的夜間照明必然與我們的安全感有關，但這種感覺也與我們所習慣的環境有關。米歇爾．西弗生活在冰川洞穴中時只有一盞小燈，這樣的微弱光線卻讓他感到放心。「是的，我的帳篷成了我的宇宙，」他寫道，「它對我的心理影響非常明顯。當我在帳篷裡留著燈光，走到外頭，帳篷在寒冷的黑暗中閃耀著特別令人安心的紅色光芒。我在冰磧上回看帳篷時，經常感受到愛、安全和保障，就算這份安全和庇護在岩石和冰塊可能崩塌的危險之下顯得不切實際。」[4]

即使在人類日常生活中，足以讓我們感到安全的光亮也是一道不斷推進的前線：我們習慣的光愈多，我們對安全的光的亮度需求就愈大。對於現在大部分的人而言，在太陽西沉後習慣成自然的是充足的人造光，而非黑暗。我們不僅要走在明亮的光下，也想將亮光留在我們身後——外出的晚上，無人的清晨時，我們的房子仍開著燈，光也閃耀在農村十字路口加油站、空蕩蕩的停車場、關門的夏季度假屋和旅館。我們一到黃昏就開燈，在就寢時還亮著室外照明。在煤氣燈時代保護我們先人夜晚安全的燈光，對今日的我們來說遠遠不夠。

有鑑於光穩定增長的歷史，必須要集結全世界的努力，才能力保未來我們也能過著與現在相當的光明生活。或者，該如天文學家大衛．克勞福德（David Crawford）和蒂姆．亨特（Tim Hunter）所希望的：我們反而應過著大量減少燈光的生活。克勞福德和亨特是第一批呼籲重返黑夜的人，在一九八八年，他們成立了國際暗天協會（Dark Sky Association），主要宗旨是要減輕光污染，促進大眾對過剩光線所致惡果的認識。國際暗天協會提出了減少照明的策略：單單是要推行關閉不需要的燈光，就有很長的一條路要走（只看美國的話，浪費的燈光每年就耗費超過十億美元的成本，讓一個一百瓦燈泡點亮一個晚上，一整年大概就製造了五百磅的二氧化碳）。國際暗天協會也宣傳著藉由遮擋和引導所需燈光，可以準確控制光只照亮該照明的區域。對於任何新研發的照明方法，協會也主張應考量對周圍環境的影響以進行更全面性的規畫。

二十年來，國際暗天協會的影響遠遠超出了天文觀測圈，得到了建築師、都市計畫專家和燈光設計師的支持：

> 愈來愈多的企業重新思考他們對環境的態度……這種轉變也對政府作為產生了影響，包括如何規畫白日與夜晚的都市景觀……「永續性」在都市計畫和夜間人工照明須域內，被特別強調來提高照明品質，而非增加光線的量。更全盤考量過的照明設計——因為得自發電廠的電能減少了——比起不重設計的傳統方法，對環境的影響較少……而且，對企業來說能省錢……由於地球上大多數人口居住在城市或都會中心，夜間照明是都市發展和提高公民生活品質政策中的關鍵……雖然社區規畫專家在安全、實用和環境氛圍方面的要求依然有所堅持，但有些專家也開始審視關於夜間照明的迷思、光效用上的意義，以及如何有效率創造出環境氛圍所需要的光。5

這些再檢視和再思考在最近的紐約市天際線上，可看到顯而易見的變化：那裡出現了微妙而復雜的光照模式，不僅僅是亮而已。在某種程度上，新的模式是舊模式的回歸。一九二五年，《紐約時報》的一位作者寫道：

一個充滿光和顏色的新城市從舊城市中崛起……曼哈頓的燈光高塔正在快速竄起，應用在頂端的泛光燈顯現出建築藝術的迷人魅力。如果繼續發展下去，卡梅洛傳說中那雲霧繚繞的輝煌城堡，會在城市街道上新拔地而起的絢麗城堡、塔樓、尖塔和拜塔等現實景象前相形失色……標準石油大樓頂端光冠如金字塔，由四個巨大的燈光照亮，是海上數哩之外也可見的燈塔……大都會塔的紅黃光團團簇簇，映照著時鐘……東河（East River）甲板上的水手和哈德遜河（Palisades，又稱 Hudson River）上望過去的人都可以讀出時與分。[6]

螢光燈的出現，不僅增加了高樓大廈的熠熠光芒，也改變了建築物在夜晚的外觀。辦公室天花板上螢光燈組在清潔人員下班離開後還亮了整個晚上，幾十個全亮的高樓層連成的天際線（頂樓的光冠只是其中一部分），是人們不斷拍攝和想像的天際線，也體現了二十世紀電與光的輝煌與力量。但近年來，隨著具有動作感測器（motion detectors）、調光器和定時器控制的節能照明出現，另外更有可分作多個區域的天花板燈——燈光設計師可設計出更細緻的效果，更類似於一九二五年得以保留每座高樓標誌性獨特外觀的效果。一位燈光設計師觀察後說道：「整晚亮著許多層樓光線的高樓可能已成為過去式。你不是依靠發光的樓層讓建築物有存在感……而是要設計出頂端的光冠。」[7]光冠可能是由LED燈構成，而不是燈光強就好，甚至比舊時代的光冠設計得更柔和。

調暗或遮擋燈光可以提升夜空的黑暗度，這麼做能幫助鳥類、哺乳動物和昆蟲在夜間定位。但要減低我們對野生動植物棲地造成的影響或改變，這方面的環境策略相當複雜，因為即使是經遮擋的路燈，也還是會改變蝙蝠和昆蟲的習慣，最簡單的小事可以造成（尤其對鳥類而言）死亡率的巨大差異。芝加哥位於鳥類遷徙主要的飛行路線上，在春季和秋季期間會有超過五百萬隻鳥、兩百五十種物種飛越城市的天空。在過去幾年裡的夜間，許多遷徙鳥類要不是撞上光亮的建築物，就是在建築物周圍繞圈直至筋疲力盡。每天早上，芝加哥高樓大廈的管理員都得從屋頂上撿拾鳥屍。當都市規畫專家制定了自願熄燈計畫，要求建築管理員在深夜調暗或關閉裝飾性照明，盡量減少在鳥類遷移季節（從三月中旬到六月中旬，還有八月下旬至十月下旬）使用明亮的室內燈，並且鼓勵高層住戶在深夜拉上窗簾或調暗室內燈，鳥類死亡率因此下降了約百分之八十。

當然，在任何主要城市的市中心，夜空不可能是一片黑暗，但是盡量將城市和郊區的燈光回復到幾十年前的樣子，可以使黑暗的天空親近更多的人。創造出光污染九級測量表波特爾暗空分類法的天文學家約翰．波特爾（John Bortle）在二〇〇一年指出：「不幸的是，今天大多的觀星者從未在真正的黑暗天空下觀察過天體，所以他們要評估觀星地的光害程度時，缺乏可參照的基準……三十年前，人們可以在離人口集中的市中心一小時車程內，找到真正黑暗的天空，但今天動輒要行駛至少一百五十哩，可能都還找不到。」[8]

為了幫助觀星者獲得評估光害的基準、保存只有漆黑暗夜能提供的知識，國際暗天協會一直致力於打造一系列的暗天保護區，遠離開發區帶來的人類之光。人們可以到暗天保護區旅行，觀賞原始的夜空。在美國，暗天保護區通常位於最偏遠、最黑暗的鄉村中的國家公園。在東部有少數暗天保護區，櫻桃泉州立公園（Cherry Springs State Park）位於賓夕法尼亞州的中北部，距離最近的城市有六十多哩，位在一座兩千三百呎高的山頂上，每年有超過一萬人支付四美元去站在公園中心位置的觀測台，為一個世紀以前人們一般所見到的景觀所驚豔：銀河的陰影、浩瀚的星辰。

在中度光污染的天空中（也是已開發國家一般所見的夜空），主要的星座大都由二等星和三等星界定，如獵戶座、大熊座的北斗七星和仙后座——在可見的群星中脫穎而出。但在最黑暗的天空中，我們常見的星座泯然於眾星之中。「有優點也有缺點，」一位業餘天文學家提到晴朗夜晚他在櫻桃泉州立公園可以看到足足一萬顆星星，「優點是：星星好多；缺點也是：星星太多，我們會很難定位。」9

但是片刻後，夜空中的一萬顆星星看起來益發自然。無論你是否能以星座定位天空，處在真正黑暗的天空之下，都是一種難忘的感受，星星是那麼鮮明，彷若伸手便可觸及，你幾乎感受到「披星」戴月的壓力。

儘管減少人類光線是一項巨大挑戰，但卻也只能解決問題的一部分而已，因為世界上三分之一的地區仍沒有連接上電力網路，而有些地方的電力網路可能是舊型發電機，或無法提供穩定一致電力的水力發電廠，而且供不應求。有些社群繼續依賴傳統光源工作，與一九三〇年代美國農村的農家一樣處於不利的地位，在生活中掙扎著等待現代化。在這個電氣化更加普及的世界中，沒有電的人對缺乏光和電的感受愈來愈強烈。在我們錯綜複雜、相互依存的全球經濟體系中，人們生活在截然不同的環境，但經濟上卻幾乎沒有距離。單單打造出永續產業而無法改善生活水準，對於身在發展落後國家的人來說意義不大。比起掙扎著要生存下去的人，生活無虞且安全者才會對建立永續產業有興趣。

缺乏足夠光線這一點就可能讓人落後於世上其他地方。在非洲西海岸的幾內亞（Guinea），由於近年來政治局勢惡化，發電量的確下降了。在最好的情況下，幾內亞的水力發電資源可供應百分之六十的公民使用，但主要是在雨季，而且只有一天中的部分時間有電。住在鄉下的幾內亞人通常根本沒有電力可用，所以鄉下學生用燭光來讀書。「我的母親買蠟燭給我在家裡讀書，但蠟燭撐不了多久時間。」一名學生說。有些學生走到家附近的加油站在室外燈光下學習，其他學生則在富裕屋主的院子裡露營，就著室外燈光和窗戶透出來的光線來閱讀。那些居住在離首都柯那基里（Conakry）機場一小時步行路程內的人會在機場的停車場、在國際航班起飛降落的引擎轟鳴聲中、在人們來來往往的喧囂聲中學習。年紀較大的學生坐在混凝土樁、頭頂上有螢光燈光——俯身看著筆記；而年輕的學生則在卸貨區和交通分隔島上流連。「我幾乎沒有注意到飛機或汽車的往來……我是來這裡讀書的。」[10]一名學生說。另一名學生也說：「我曾經在家裡用燭光學習，但那讓我眼睛不舒服，所以我更喜歡來這裡讀書。」[11]

雖然單有光不會改變一切，但把光帶到幾內亞這些地方，能夠保障的不只有照明。太陽能手電筒、野營燈和其他發明可以減輕黑夜的威脅，讓成年人在天黑以後工作和移動，讓孩子們在天黑以後能讀書。對於住在墨西哥西馬德雷山脈（Sierra Madre Ocidental）的胡伊丘（Huichol）印第安人來說，他們生活在崎嶇且人口稀少的地域，深掘洞穴而居，新式照明的出現對他們的生活帶來明顯的實質差異。建築師希拉・肯尼迪（Sheila Kennedy）試圖消除胡伊丘人與現代照明之間的藩籬，於是設計了一種便於攜帶型的燈光系統，可以在白天獲得並儲存太陽能，然後在天黑後提供長達四小時的照明。它由一塊矩形織物組成，一面嵌有兩個LED晶片，織物塗有鋁箔，能反射二極體產生的光；在背面，兩塊有彈性的太陽能電池板縫在織物上，太陽能電池板將鋰電池包在板上一角的小袋子中，讓它發電。胡伊丘婦女可以將織物折疊成肩背包，在白天隨身攜帶。當太陽下山時，重量不到兩百五十公克的攜帶式燈具可輕鬆應對不同的任務：它可以作為閱讀燈毯，或披在肩上當作雨衣斗篷，或是捲起來當作手電筒。

當肯尼迪為胡伊丘人調整攜帶式燈具時，她也發現了一些對美國社會有用的新想法：「在所謂第三世界工作，我們不但可以帶給人多一點力量和好處，還可以轉化這些技術、應用在自己的國家，我們可以從中獲得很好的想法……我發現住房和建築中自上而下的中央照明系統的設計已經過時了。」[12]她和合作夥伴法蘭西斯・維奧里奇（Franco Violich）設計了「軟房屋」（Soft House）（命名是根據埃默里・羅文斯〔Amory Lovens〕的「軟能源」——依照使用者所需規模的多樣化，來尋求當地的多樣化再生能源），其中窗簾、彈性牆壁和半透明紡織螢幕不僅可以發光，還可以獲得太陽能。雖然「軟房屋」仍處於實驗階段，但肯尼迪認為它是通向未來的一條路：

我們需要的不是集中式電力網路，而是要想像分散的能源網路，而能源真的是「軟」的——由多種可相互適應、協調的發光紡織物組成，根據屋主的需要，可觸摸、懸掛和利用……「軟房屋」體現了與發電和發光紡織品共處的日常體驗。半透明的可移動窗簾沿著……周圍，白日時能將陽光轉化為能量，在夏天可遮擋日曬，在冬天可創造隔熱空氣層保暖。中央窗簾向下折，就能當作不與電網連通的獨立電能收集處；向上折，發光窗簾就成了柔軟的懸掛吊燈。[13]

我們需要效法肯尼迪，想像出超越全球文化和地理疆界的解決方案，也需要回顧過往，捫心自問：是否比起祖先受到黑暗的限制，我們受到光亮的阻礙更多？我們應該要想像：從富於黑暗的夜所能獲得的新式夜晚，或許也充滿著可能性；更該如耶路撒冷的西里爾自問：「有比夜晚更有益於智慧的事嗎？」此外也應想像一下除了璀璨光亮外，應該涵納更多事物的夜晚：蒼耳得以開花、向晚咖啡館散發出溫暖、赤蠵龜的安全歸途，和摩天大樓的新面貌。至於星星，則「更加璀璨，可以說分別像是蛋白石、祖母綠、青金石……」而我們那層層堆疊起的自我，在無垠的黑包圍下，感到悠然自適。

參考文獻：

1 Henri Focillon, *The Life of Forms in Art*, trans. Charles Beecher Hogan and George Kubler (New York: Zone Books, 1992), p. 152.

2 Bob Mizon, *Light Pollution: Responses and Remedies* (London: Springer-Verlag, 2002), p. 61.

3 For information on the study of Chicago's alleyways, see *The Chicago Alley Lighting Project: Final Evaluation Report,* April 2000, http://www.icjia.state.il.us/public/pdf/ResearchRe ports (accessed June 8, 2009).

4 Michel Siffre, *Beyond Time: The Heroic Adventure of a Scientist's 63 Days Spent in Darkness and Solitude in a Cave 375 Feet Underground,* ed. and trans. Herma Briffault (London: Chatto & Windus, 1965), pp. 99–100.

5 "Sustainability, Urban Planning, and What They Mean to Dark Skies," *Newsletter of the International Dark-Sky Association,* http://www.darksky.org/news/newsletters/60-69/nl66_fea.html (accessed May 23, 2007).

6 Hollister Noble, "New York's Crown of Light," *New York Times,* February 8, 1925, p. SM2.

7 Ken Belson, "Efficiency's Mark: City Glitters a Little Less," *New York Times,* November 2, 2008, http://www.nytimes.com (accessed March 11, 2009).

8 John E. Bortle, "Introducing the Bortle Dark-Sky Scale," *Sky & Telescope,* February 2001, p. 126.

9 Quoted in Dave Caldwell, "Dark Sky, Bright Lights," *New York Times,* September 14, 2007, p. F10.

10 Alhassan Sillah, "Fuel for Thought in Guinea," *BBC News,* http://newsvote.bbc.co.uk/mpapps/pagetools/print/news.bbc.co.uk/2/h (accessed March 14, 2009).

11 Rukmini Callimachi, "Kids in Guinea Study Under Airport Lamps," *Washington Post,* http://www.washingtonpost.com/wp-dyn/content/article/2007/07/19 (accessed March 14, 2009).

12 Sheila Kennedy, quoted in "Light unto the Developing World," *Miller-McCune Magazine,* http://www.miller-mccune.com/article/light-unto-the-developing-world (accessed December 13, 2008).

13 Kennedy, quoted in "Energizing the Household Curtain," JumpIntoTomorrow.com, http://www.jumpin totomorrow.com/template/index/php?tech=82 (accessed December 14, 2008).

後記：重訪拉斯科

拉斯科洞窟仍然不對公眾開放，但是自從馬里奧．魯斯波利在洞窟創作了電影紀錄以來，法國文化部為遊客造了一個拉斯科複製洞窟，而洞窟的壁畫也以明亮的色彩拍攝成了照片。考古學家用更精確的儀器和鏡頭檢視了洞窟壁畫，目前計算出有一千九百六十三種不同的圖畫，其中九百一十五種可以被視為動物；四百三十四種是符號；六百一十三種無法命名；之中還有一個代表著人。而考古學家現在認為，畫中厚重皮毛的馬代表冬日結束和春季初始，而極光代表仲夏，雄鹿（在獸群中有畫出鹿角的）則代表著快到交配季節的秋天。

雖然文化部改善了空調系統，但在二〇〇一年，一名技術人員在入口處的氣閘發現了黴菌，幾週內洞穴地板和壁架變成白茫茫一片。工人用生石灰抑制了黴菌爆發，但在接下來的幾年裡，黴菌在洞穴中四處生長。二〇〇三年，文化部開始實施更全面的根除計畫，再次壓制了黴菌。雖然技術人員不斷檢查和維護場地，但在入口的密封門之後，舊石器時代畫家的筆觸愈來愈難辨認，在一萬八千年前的記憶中畫下的動物毛皮，顏料逐漸褪色。

同時，我們的燈光閃耀著，並藉由煙霧和灰塵向上反射，穿過讓群星看起來撲閃撲閃的疾疾夜風，在黑暗裡繪製了自己的圖案。如果你看著夜間地球的地圖，假想自己身處太空，你或許就能想像待在靜默星系間的軌道上的太空人，他眼中所見的我們：白日將盡時，地球看起來像是光照構成的固體加上無光區產生的空洞，形成了一種圖像，是由過度和稀缺、當下與後來的思想、財富、創新、堅持和偶然積聚而成。而這樣的圖像已經積聚了兩萬年，令人浮想聯翩。只需一瞥，你就會對光賜福於人的豐盛感到驚訝。再定睛一瞧，你可能會因為光無法饜足的程度和範圍感到警醒。再接著看，無數的燈光似乎無意間化成了某些形狀：東海岸擁擠的海岬形成了一顆伸長了脖子的鹿首；佛羅里達半島是牠的前肢；而太平洋海岸則是牠敏捷的後腿——一隻跑得飛快的雄鹿蹬著後腿加速，一頭扎進黑暗的大西洋之中。

參考文獻：

1 欲了解更多減少光害的方法，請參考國際暗天協會網頁http://www.darksky.org, and Fatal Light Awareness Program (FLAP), http://www.flap.org.

銘謝

我特別感謝麥道爾藝術村（MacDowell Colony）為我提供了最好的工作場所，並感謝約翰．西蒙．古根漢紀念基金會（John Simon Guggenheim Memorial Foundation）給我時間來完成這本書。在我多年的研究中，鮑登學院圖書館（Bowdoin College Library）、緬因州布倫瑞克（Brunswick）的柯蒂斯紀念圖書館（Curtis Memorial Library）和緬因州館際互借服務都給了我難以估量的幫助。另外感謝紐約海德公園的富蘭克林．德拉諾．羅斯福總統圖書館暨博物館（Franklin D. Roosevelt Presidential Library and Museum）、新貝德福德捕鯨博物館（The New Bedford Whaling Museum Library），以及聯合愛迪生公司的大衛．洛（David Low），洛提供我關於電力網路運作的寶貴見解。

在寫這本書的過程中，我得到了許多朋友的支持，特別是伊麗莎白．布朗（Elizabeth Brown），她首先讓我有成書的靈感；E.F. 衛斯立茲（E.F. Weisslitz）的無限熱情；安德里亞．蘇爾澤（Andrea Sulzer）總是既好奇又關心；還有約翰．畢斯比，始終樂於傾聽。非常感謝辛西亞．坎納（Cynthia Cannell）擔任我的經紀人以來長久的支持。感謝芭芭拉．札特可拉（Barbara Jatkola）的仔細審稿。還有一如既往地，我要感謝戴恩．厄米（Deanne Urmy）的覺察、精確和信念。